JN028219

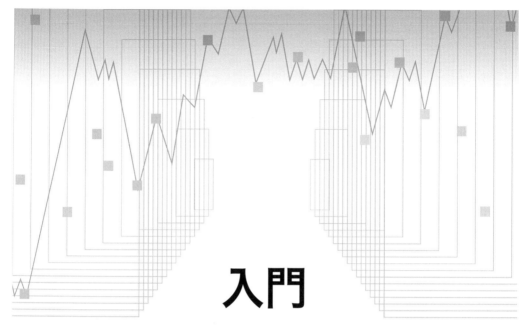

入門
確率過程

竹居 正登 著

An Introduction to
Stochastic Processes

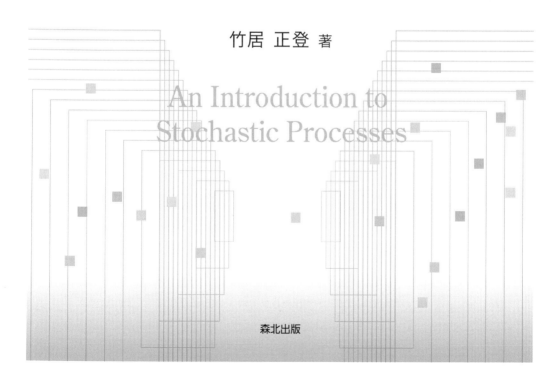

森北出版

まえがき

　確率論はランダムな現象を扱う数学であり，その重要性はますます高まっている．本書は，時間を考えに入れた確率モデルである，確率過程の入門書である．幅広い読者に親しんでいただけるよう，高校までに学んだ数学の知識をベースに読み始められるよう工夫した．とくに，類書で最初に提示される「確率空間」の概念ができる前の，より素朴な道具立てから出発し，徐々に確率論の現代的な捉え方が理解できるように努めた．準備にあたる第0章では，全体の流れを概観しながら確率の計算ルールを確認し，大学のはじめのほうで扱われる重要事項のいくつかについても紹介している．

　本編の前半では，有限マルコフ連鎖，ランダムウォーク（独立確率変数の和），分枝過程といった離散時間マルコフ過程の古典的な話題を紹介する．後半は，類書で扱われていない，過去の履歴・学習が将来の行動に影響を及ぼす確率過程を含め，より新しく応用上も重要なモデルをとりあげる．このような複雑な対象を解析するには，「賭け事の公平性」を数学的に定式化したマルチンゲールの概念が重要な役割を演じる．最後に，連続時間のマルコフ過程の代表例についても触れる．

　著者が確率論に魅せられたきっかけは，宮本宗実先生の京都大学総合人間学部における講義「確率過程論とその応用」である．聴く者に予備知識がなくても面白さが伝わるよう工夫がこらされていて，わくわくし，大いに感動した．宮本先生に直接本書をご覧いただくことが叶わなかったのは残念でならない．

　樋口保成先生（神戸大学名誉教授）には大学院生のときからずっと温かいご指導を賜ってきた．本書の初期段階の原稿もお読みくださり，お励ましをいただいた．また，本書の仕上げの段階では，森北出版の村瀬健太氏に大変お世話になった．ここに厚く感謝の意を表する．

2020年6月

竹居　正登

目　次 ────────────────────────

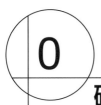

0 確率過程の世界へようこそ

時間を考えに入れた確率モデルを**確率過程** (stochastic process) という．この章では，最も基本的である独立試行列を中心に，確率の基本的な考え方や計算規則を手早く紹介する．

0.1 / 独立試行列

◆独立試行列◆

赤玉 a 個と白玉 b 個が入った壺があるとする．この壺から玉を 1 個取り出し，色を見てもとに戻す，という試行を繰り返す．このとき，毎回の取り出しにおいて，他の回の取り出し結果によらず，

$$確率\ p := \frac{a}{a+b}\ で赤玉が，\ 確率\ q := 1 - p = \frac{b}{a+b}\ で白玉が出る$$

ことがわかる．このように，同じ条件の試行を繰り返す確率モデルを**独立試行列** (independent trials) という[†1]．

2 回の取り出しで起こりうる状況全体を 1 辺が 1 の正方形で表すと，図 0.1 のようになる．各々の状況の起こる確率は面積と対応すると考えてよい．

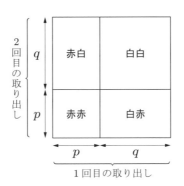

図 0.1　独立試行列の確率と面積の対応.

本書では以降，「・・・ の起こる確率」を $P(\cdots)$ と表すことにする．確率の計算規則は，面積の計算規則と同様で，

[†1] 各試行の結果が 2 通りである場合は，**ベルヌーイ試行列** (Bernoulli trials) とよばれることが多い．

- 全体の確率は 1
- A と B が同時に起こることがなければ，$P(A \text{ または } B) = P(A) + P(B)$
- A と B が互いに影響されないならば，$P(A \text{ かつ } B) = P(A) \cdot P(B)$

である．これらを用いると，図 0.1 からも読みとれるように，

$$P(2 \text{ 回の取り出しで赤玉がちょうど 1 回出る}) = pq + qp = 2pq \qquad (0.1)$$

となる．「重ならないように場合分けして足し算する」ことが確率計算の極意といえよう．3 回以上の取り出しについても同様に，

- 互いに影響されない複数の出来事がすべて起こる確率は，各々の起こる確率の積

と考えて，つぎのように計算する．

$$P(\text{最初の 3 回で赤白赤の順に取り出される}) = p \cdot q \cdot p = p^2 q \qquad (0.2)$$

◆確率変数，確率過程◆

上記の試行において，n 回の取り出しで赤玉が H_n 回出るとすると，式 (0.1) は $P(H_2 = 1) = 2pq$ と表すことができる．（ ）内の $H_2 = 1$ は，「2 回の取り出しで赤玉の出る回数 H_2 を観測したところ，1 という結果が出た」という出来事（事象）と解釈するとよい．n 回の取り出しで赤玉がちょうど k 回出る確率は，

- k 個の赤玉と $(n-k)$ 個の白玉を 1 列に並べる並べ方は $\dfrac{n!}{k!\,(n-k)!}$ 通りであり，
- 各々の場合が起こる確率は，順番に関係なく $p^k q^{n-k}$ である

ことから，

$$P(H_n = k) = \frac{n!}{k!\,(n-k)!} p^k q^{n-k} \quad [k = 0, 1, \cdots, n] \qquad (0.3)$$

と求められる．

$$\frac{n!}{k!\,(n-k)!} = (n \text{ 個の異なるものから } k \text{ 個を選ぶ，選び方の数})$$

であり，$_n\mathrm{C}_k$ と書くこともあるが，本書では，

$$\binom{n}{k} := \frac{n!}{k!\,(n-k)!}$$

という記号を用いる．

i 回目の取り出しで赤玉が出たら $X_i = 1$，白玉が出たら $X_i = 0$ と表すと，式 (0.2) は

$$P(X_1 = 1, X_2 = 0, X_3 = 1) = P(X_1 = 1)P(X_2 = 0)P(X_3 = 1) = p^2 q$$

と書ける．**確率変数の列** $X_1, X_2, \cdots$ は，壺から取り出される玉の色を順次観測することを表す．添字 i を時刻とみなし，このような列を離散時間の**確率過程**とよぶ．

◆**二項定理，二項係数，二項分布**◆

$(a+b)^n$ を展開すると，

- k 個の a と $(n-k)$ 個の b を 1 列に並べる並べ方は $\binom{n}{k}$ 通りであり，
- k 個の a と $(n-k)$ 個の b をどのような順番でかけ合わせても，その積は $a^k b^{n-k}$ となる

ことから，

$$(a+b)^n = \sum_{k=0}^{n} \binom{n}{k} a^k b^{n-k}$$

が成り立つ．これを**二項定理**といい，$\binom{n}{k}$ を**二項係数**とよぶ．さらに，確率変数 H_n の値の散らばり方（式 (0.3)）を表すために，「確率変数 H_n は成功確率 p の**二項分布** (binomial distribution) $B(n,p)$ に従う」という．

> **問 0.1** $0 < p < 1$, $q = 1-p$ とし，
>
> $$p_k := \binom{n}{k} p^k q^{n-k} \quad [k = 0, 1, \ldots, n]$$
>
> とおく．p_k は $k = \lfloor (n+1)p \rfloor$ で最大となることを示せ．ここで，$\lfloor (n+1)p \rfloor$ は $(n+1)p$ を上回らない最大の整数である．

◆**二項分布の期待値**◆

宝くじの賞金の**期待値** (expectation) は

$$[(賞金の額) \times (その額が当たる確率)] \ の総和$$

と計算され，すべての状況を見渡しての平均的な賞金の値を表す．これと同様に，H_n が二項分布 $B(n,p)$ に従うとき，その期待値を

$$E[H_n] := \sum_{k=0}^{n} k \cdot P(H_n = k) = \sum_{k=0}^{n} k \binom{n}{k} p^k (1-p)^{n-k}$$

で定義する．$k = 1, \cdots, n$ のとき

$$k \binom{n}{k} = k \cdot \frac{n(n-1)\cdots(n-k+1)}{k(k-1)\cdots 1} = n \cdot \frac{(n-1)\cdots(n-k+1)}{(k-1)\cdots 1} = n \binom{n-1}{k-1}$$

となるから，

$$E[H_n] = \sum_{k=1}^{n} k \binom{n}{k} p^k (1-p)^{n-k} \quad (k=0 \ の項は消しても影響がない)$$

$$= \sum_{k=1}^{n} n \binom{n-1}{k-1} p^k (1-p)^{n-k} = np \sum_{k=1}^{n} \binom{n-1}{k-1} p^{k-1} (1-p)^{(n-1)-(k-1)}$$

$$= np \sum_{k'=0}^{n-1} \binom{n-1}{k'} p^{k'} (1-p)^{(n-1)-k'} \quad (k' := k-1 \text{ とおく})$$

$$= np\{p + (1-p)\}^{n-1} \quad (\text{二項定理より})$$

$$= np$$

が得られる．また，n 回の取り出しで赤玉の出た割合 H_n/n については，

$$E\left[\frac{H_n}{n}\right] = \sum_{k=0}^{n} \frac{k}{n} \cdot P(H_n = k) = \frac{E[H_n]}{n} = p$$

となる．なお，n が大きいとき，H_n/n の確率分布が期待値 p 付近に集中することを，3.4 節で示す．

◆確率母関数◆

ここで，H_n の期待値の計算に便利な道具を紹介しよう．$P(H_n = k)$ を x^k の係数とする多項式

$$f(x) := \sum_{k=0}^{n} P(H_n = k)\, x^k$$

を，二項分布 $B(n, p)$ の**確率母関数**という．具体的には，二項定理によって，

$$f(x) = \sum_{k=0}^{n} \binom{n}{k} p^k q^{n-k} \cdot x^k = \sum_{k=0}^{n} \binom{n}{k} (px)^k q^{n-k} = (px + q)^n$$

と求められる．さて，$f'(x) = \sum_{k=0}^{n} k \cdot P(H_n = k) x^{k-1}$ だから，

$$f'(1) = \sum_{k=0}^{n} k \cdot P(H_n = k) = E[H_n]$$

になっている．具体的には，$f'(x) = n(px + q)^{n-1} \cdot p$ より，$E[H_n] = f'(1) = np$ と求められる．

> **問 0.2**　二項分布の確率母関数を利用し，任意の $n = 1, 2, \cdots$ と $k = 0, 1, \cdots, n$ に対して，次式が成り立つことを示せ．
>
> $$\int_0^1 \binom{n}{k} p^k (1-p)^{n-k}\, dp = \frac{1}{n+1}$$

◆記号と計算規則のまとめ (1) ◆

今後は，「事象 A の起こる確率」$P(A)$ について，以下のような記号や規則を用いて，計算を進める．

- 必ず起こる事象（**全事象**）を Ω と表し，$P(\Omega) = 1$ と定める．
- 絶対に起こることのない事象（**空事象**）を $\emptyset$ と表し，$P(\emptyset) = 0$ と定める．
- 一般に，事象 A の確率 $P(A)$ は $0 \leqq P(A) \leqq 1$ を満たす．
- 事象 A と事象 B の少なくともいずれか一方が起こる事象を $A \cup B$ と表し，A と B の両方が起こる事象を $A \cap B$ と表す．$A \cap B = \emptyset$，すなわち事象 A と 事象 B が同時に起こることがないとき，

$$P(A \cup B) = P(A) + P(B)$$

  が成り立つ．
- より一般に，事象 $A_1, A_2, \cdots, A_n$ に対して，この中の少なくともいずれか一つが起こる事象を $\bigcup_{i=1}^{n} A_i$ と表し，これらの事象すべてが起こる事象を $\bigcap_{i=1}^{n} A_i$ と表す．有限個の事象 $A_1, A_2, \cdots, A_n$ のどの二つも同時には起こらない，すなわち「$i \neq j$ ならば $A_i \cap A_j = \emptyset$」となっているとき，$A_1, A_2, \cdots, A_n$ は互いに**排反する** (disjoint) といい，

$$P\left(\bigcup_{i=1}^{n} A_i\right) = \sum_{i=1}^{n} P(A_i)$$

  が成り立つ（**確率の有限加法性**）．
- A ではないことが起こる事象を A^c と表す．A^c を A の**余事象**という．$P(A^c) = 1 - P(A)$ が成り立つ．
- 事象 A が起これば事象 B も起こるという関係を $A \subset B$ と表す．$P(A) \leqq P(B)$ が成り立つ（**確率の単調性**）．

0.2 ポリアの壺

過去の履歴が将来に影響を及ぼすような確率過程の例を考えてみよう．

◆ポリアの壺◆

つぎの確率モデルは，**ポリアの壺** (Pólya's urn) という問題の最も基本的な場合である．

① 壺の中に赤玉 1 個と白玉 1 個を入れておく．

② 壺から 1 個を取り出し，色を見てもとに戻す．

③ 取り出した玉と同じ色の玉を 1 個壺の中に追加する．

④ 以下，②と③を繰り返す．

n 回の試行の後の壺の中の玉の総数は $(2 + n)$ 個となる．最初の 2 回の試行における壺の中身の変化を図 0.2 (a) に示す．また，2 回の取り出しで起こりうる状況全体を 1 辺が 1 の正方形で表すと，図 0.2 (b) のようになる．

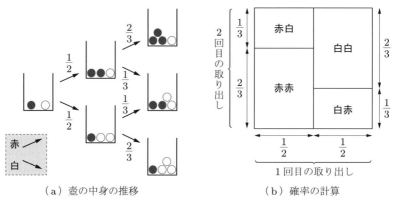

（a）壺の中身の推移　　　　（b）確率の計算

図 0.2 ポリアの壺の確率と面積の関係.

ここで，A が起こった場合に B が起こる度合いを $P(B \mid A)$ と表すことにする[†1]．すると，$P(A \cap B) = P(A) \cdot P(B \mid A)$ と計算される．

この式から，i 回目の取り出しで赤玉が出たら $X_i = 1$，白玉が出たら $X_i = 0$ とするとき，

$$P(X_1 = 1, X_2 = 0) = P(X_1 = 1) \cdot P(X_2 = 0 \mid X_1 = 1) = \frac{1}{2} \cdot \frac{1}{3} = \frac{1}{6},$$

$$P(X_1 = 1, X_2 = 0, X_3 = 1)$$
$$= P(X_1 = 1, X_2 = 0) \cdot P(X_3 = 1 \mid X_1 = 1, X_2 = 0)$$
$$= P(X_1 = 1) \cdot P(X_2 = 0 \mid X_1 = 1) \cdot P(X_3 = 1 \mid X_1 = 1, X_2 = 0)$$
$$= \frac{1}{2} \cdot \frac{1}{3} \cdot \frac{2}{4} = \frac{1}{12}$$

のように求められる．n 回目までの取り出しの様子 $X_1, \cdots, X_n$ がどうなるかに応じて $(n+1)$ 回目の取り出しで赤玉が出る度合いが変わるので，$X_1, X_2, \cdots$ は過去の履歴全体が将来に影響を及ぼす確率過程である．このような確率過程は，

$$P(X_{n+1} = x_{n+1} \mid X_1 = x_1, \cdots, X_n = x_n) \tag{0.4}$$

のいう形の式を用いて確率を計算する必要があるため，一般にその性質を調べることは容易でない．一方，過去の行動に基づいて学習し，将来の行動を決めるような状況は実際よく現れ，現在さまざまな分野で重要な研究テーマとなっている．

さて，n 回の取り出しで赤玉が H_n 回出るとしよう．$H_n = k$ のとき，n 回目の取り出しの後の壺の中身は，赤玉が $(1 + k)$ 個，白玉が $(1 + n - k)$ 個であるから，$(n+1)$ 回目の取り出しで赤玉［あるいは白玉］が出て $H_{n+1} = k + 1$［あるいは $H_{n+1} = k$］と

[†1] 高校の教科書では $P_A(B)$ がよく用いられるが，本書では 'B given A' と解釈される $P(B \mid A)$ を用いる．

なる度合いは，$\dfrac{1+k}{2+n}$ $\left[$あるいは$\dfrac{1+n-k}{2+n}\right]$ となる．これは，$H_1, \cdots, H_{n-1}$ の値がどうであったかを忘れても，H_n の値さえわかれば H_{n+1} の確率分布が決まることを意味している．この $H_1, H_2, \cdots$ のように，直前の時刻の状況だけがつぎに影響を及ぼす確率過程を，**マルコフ連鎖** (Markov chain) という．マルコフ連鎖は，式 (0.4) の代わりに $P(H_{n+1} = j \mid H_n = i)$ という形の式を用いれば確率が計算できるので，その性質が調べやすい．

◆独立試行列との類似点，相違点◆

ポリアの壺の n 回の取り出しで，赤玉が k 回，白玉が $(n-k)$ 回出る場合は $\dbinom{n}{k}$ 通りあるが，その各々の確率は赤白の出る順序にかかわらず一定である[†1]．代表として，

$P($はじめの k 回が赤玉で，続く $(n-k)$ 回が白玉$)$

$$= \frac{1}{2} \cdot \frac{1+1}{2+1} \cdots \cdot \frac{1+(k-1)}{2+(k-1)} \times \frac{1}{2+k} \cdot \frac{1+1}{2+(k+1)} \cdots \cdot \frac{1+(n-k-1)}{2+(n-1)}$$

$$= \frac{k!\,(n-k)!}{(n+1)!} \tag{0.5}$$

となるから，n 回の取り出しで赤玉が H_n 回出るとすると，

$$P(H_n = k) = \binom{n}{k} \frac{k!\,(n-k)!}{(n+1)!} = \frac{1}{n+1} \quad [k = 0, 1, \cdots, n] \tag{0.6}$$

となる．この H_n の確率分布を $\{0, 1, \cdots, n\}$ の上の**一様分布** (uniform distribution) という．このとき，

$$E[H_n] = \sum_{k=0}^{n} k \cdot \frac{1}{n+1} = \frac{1}{n+1} \cdot \sum_{k=0}^{n} k = \frac{1}{n+1} \cdot \frac{n(n+1)}{2} = \frac{n}{2},$$

$$E\left[\frac{H_n}{n}\right] = \frac{E[H_n]}{n} = \frac{1}{2}$$

となって，H_n/n の期待値は二項分布 $B(n, 1/2)$ の場合と同じである．しかし，つぎの小節で確かめるように，ポリアの壺の場合は，H_n/n の確率分布が期待値 $1/2$ 付近に集中する傾向が見られない．

ところで，式 (0.6) と問 0.2 の等式から，

$$P(H_n = k) = \int_0^1 \binom{n}{k} p^k (1-p)^{n-k}\, dp \quad [k = 0, 1, \cdots, n] \tag{0.7}$$

という積分表示が得られる．したがって，式 (0.5) の確率も

$$\int_0^1 p^k (1-p)^{n-k}\, dp \tag{0.8}$$

と表される．これらの式に秘められた意味は，6.4 節で詳しく説明する．

[†1] この性質は独立試行列とも共通し，重要なので，**交換可能性** (exchangeability) と名付けられている．

◆**連続確率分布**◆

n を大きくすると，H_n/n の値は 0 以上 1 以下の範囲（区間 $[0, 1]$）に「まんべんなく散らばる」状況に近づくだろう．このことを数式で表す方法を考える．

$0 \leqq a < b \leqq 1$ に対して，

$$
\begin{aligned}
\lim_{n \to \infty} P\left(a \leqq \frac{H_n}{n} \leqq b\right) \\
= \lim_{n \to \infty} \sum_{\substack{k=0,1,\cdots,n: \\ a \leqq k/n \leqq b}} P(H_n = k) = \lim_{n \to \infty} \sum_{\substack{k=0,1,\cdots,n: \\ a \leqq k/n \leqq b}} \frac{1}{n+1} \\
= \lim_{n \to \infty} \frac{n}{n+1} \cdot \sum_{\substack{k=0,1,\cdots,n: \\ a \leqq k/n \leqq b}} \frac{1}{n} = \int_a^b dx = b - a
\end{aligned}
\tag{0.9}
$$

となる．ここで，最後から 2 番目の等号では区分求積法を用いた．

さて，確率変数 X が

$$
f(x) := \begin{cases} 1 & (0 \leqq x \leqq 1) \\ 0 & (その他の x) \end{cases} \quad \text{に対して} \quad P(a \leqq X \leqq b) = \int_a^b f(x)\,dx
$$

を満たすとき，X は区間 $[0, 1]$ 上の**一様分布**に従う，という．$f(x)\,dx$ が「X が x 付近の値をとる確率」に相当し，区間 $[0, 1]$ から「まんべんなく」X が選ばれる状況を表している．$f(x)$ はこの分布の**確率密度関数** (probability density function) とよばれる．式 (0.9) は，H_n/n の確率分布が区間 $[0, 1]$ 上の一様分布に収束することをいっている．なお，X の期待値はつぎのように計算される．

$$
E[X] = \int_{-\infty}^{\infty} x \cdot f(x)\,dx = \int_0^1 x \cdot 1\,dx = \frac{1}{2}
$$

◆**記号と計算規則のまとめ (2)**◆

- 「A が起こったという情報が入っているとき，さらに B も起こる度合い」$P(B \mid A)$ を，A のもとでの B の**条件付き確率** (conditional probability) とよぶ．$P(B \mid A)$ が定まっているとき，

$$
P(A \cap B) = P(B \mid A) \cdot P(A)
$$

と計算する．逆に，$P(A) > 0$ であって $P(A \cap B)$ が定まっているとき，

$$
P(B \mid A) = \frac{P(A \cap B)}{P(A)}
$$

と計算する．

- いろいろな事象の確率を求めるとき，うまく場合分けをして計算することが多い．事象 $A_1, A_2, \ldots, A_n$ について，

- どれか一つは必ず起こる：$A_1 \cup A_2 \cup \cdots \cup A_n = \Omega$
- 同時には起こらない：$i \neq j$ ならば $A_i \cap A_j = \emptyset$

となっているとき，事象 B が起こる確率は

$$P(B) = \sum_{j=1}^{n} P(A_j \cap B) = \sum_{j=1}^{n} P(B \mid A_j) P(A_j) \tag{0.10}$$

と計算できる．これを**全確率の公式**ということがある．

0.3 独立試行列と待ち時間

確率過程の長時間における傾向を調べることは重要である．0.1 節の独立試行列を題材に，高校の教科書には登場しなかった，試行回数が不確定な場合の計算規則を紹介する．

◆**赤玉が出るまでの待ち時間**◆

0.1 節の独立試行列において，赤玉が出るまで取り出しを続ける．このとき，はじめて赤玉が出るまでに白玉が出た回数を X とする．確率変数 X を，「赤玉が出るまでの待ち時間」と考えよう．

$p = 1$ のときは赤玉しか出ないので，確実に $X = 0$ となる．また，$p = 0$ のときは白玉しか出ないので，この状況を $X = +\infty$ と表すことにする．

以下では $0 < p < 1$ と仮定する．このとき，

$$P(X = k) = q^k p \quad [k = 0, 1, 2, \cdots] \tag{0.11}$$

であり，確率変数 X は成功確率 p の**幾何分布** (geometric distribution) に従うという[†1]．

$$\sum_{k=0}^{\infty} P(X = k) = \sum_{k=0}^{\infty} q^k p = p \cdot \frac{1}{1-q} = 1$$

であるから，いつかは必ず赤玉が出るという確率は 1 である[†2]．

さて，$X > n$ という事象は，最初の $(n+1)$ 回の取り出しがすべて白玉であることと同値だから，

$$P(X > n) = q^{n+1} \quad [n = 0, 1, \cdots] \tag{0.12}$$

が成り立つ．一方，

$$\sum_{k=n+1}^{\infty} P(X = k) = \sum_{k=n+1}^{\infty} q^k p = p \cdot \frac{q^{n+1}}{1-q} = q^{n+1}$$

[†1] 等比数列は幾何数列 (geometric progression) ともよばれる．一方，等差数列は算術数列 (arithmetic progression) ともよばれる．

[†2] $S := 1 + q + q^2 + \cdots$ とおくと，$S = 1 + q(1 + q + \cdots) = 1 + qS$ から $S = 1/(1-q)$ が出る．

であるから，

$$P(X > n) = P(X \text{ は } n+1,\, n+2,\, \cdots \text{ のいずれか}) = \sum_{k=n+1}^{\infty} P(X = k)$$

が成り立っている．やはり，「重ならないように場合分けして足し算する」ことが許される．

◆**非負整数値の確率変数の期待値**◆

一般に，非負の整数の値をとる確率変数 X の期待値は

$$E[X] := \sum_{k=0}^{\infty} k \cdot P(X = k) \tag{0.13}$$

によって定義される．

ところで，$0 \leqq p \leqq 1$ のとき，赤玉が出るまでの待ち時間を表す確率変数 X は，非負の整数または $+\infty$ の値をとる．$p = 0$ のときのように $P(X = +\infty) > 0$ である場合は，確率変数 X の期待値を $E[X] = +\infty$ と定める．一方，$0 < p \leqq 1$ のときのように $P(X = +\infty) = 0$ である場合は，実質的に非負の整数の値しかとらないと考え，式 (0.13) によって $E[X]$ を定義する．

補題 0.1　　非負の整数の値をとる確率変数 X の期待値 (0.13) は

$$E[X] = \sum_{n=0}^{\infty} P(X > n)$$

とも表すことができる．

証明　つぎのように考えればよい．

$$\sum_{k=0}^{\infty} kP(X = k) = \begin{array}{l} P(X = 1) \\ + P(X = 2) + P(X = 2) \\ + P(X = 3) + P(X = 3) + P(X = 3) \\ + \quad \vdots \quad + \quad \vdots \quad + \quad \vdots \quad + \ddots \end{array}$$

$$= P(X > 0) + P(X > 1) + P(X > 2) + \cdots = \sum_{n=0}^{\infty} P(X > n) \quad \blacksquare$$

たとえば，確率変数 X が成功確率 p の幾何分布に従うとき，期待値の定義と式 (0.11) を用いて $E[X] = \sum_{k=0}^{\infty} k \cdot q^k p$ を計算するのは少し工夫がいるが，補題 0.1 と式 (0.12) を用いると，

$$E[X] = \sum_{n=0}^{\infty} P(X > n) = \sum_{n=0}^{\infty} q^{n+1} = \frac{q}{1-q} = \frac{q}{p}$$

のように容易に求められる. よって, 成功確率が高いほど, 待ち時間の長さの期待値は小さい. また, 二項分布の期待値を思い出すと, $(q/p) + 1 = 1/p$ 回の試行で平均 1 回赤玉が出ることから, この結果は妥当と考えられる.

◆**幾何分布の確率母関数**◆

二項分布の確率母関数は期待値の計算に役立った. これにならって, 幾何分布の確率母関数を

$$f(x) := \sum_{k=0}^{\infty} P(X = k) \cdot x^k = \sum_{k=0}^{\infty} q^k p \cdot x^k = p \cdot \sum_{k=0}^{\infty} (qx)^k = \frac{p}{1 - qx}$$

と定義する. ただし, $|qx| < 1$ となって級数が収束するように, $|x| < 1$ の範囲で考えることにする. この場合も

$$f'(x) = \sum_{k=0}^{\infty} k \cdot P(X = k) \cdot x^{k-1}, \quad \lim_{x \nearrow 1} f'(x) = \sum_{k=0}^{\infty} k \cdot P(X = k) = E[X]$$

が成り立つことが知られている. これを認めると, $f(x) = p(1 - qx)^{-1}$ より,

$$f'(x) = -p(1 - qx)^{-2} \cdot (-q) = \frac{pq}{(1 - qx)^2}, \quad \lim_{x \nearrow 1} f'(x) = \frac{pq}{(1 - q)^2} = \frac{q}{p}$$

が得られる.

例題 0.1 $p > 0$ とし, r を正の整数とする. ちょうど r 回赤玉が出るまでに X_r 回白玉が出るとする. X_r の確率分布 $P(X_r = k)$ $[k = 0, 1, 2, \cdots]$ を求めよ.

$\boxed{\text{解答}}$ $X_r = k$ となるのは, 「はじめから $(k+r-1)$ 回までのあいだに白玉が k 個・赤玉が $(r-1)$ 個出て, $(k+r)$ 回目に r 個目の赤玉が出る」ということである. このような場合の数は「白を k 個・赤を $(r-1)$ 個並べる方法の総数」と等しく, $\dfrac{(k+r-1)!}{k!\,(r-1)!} = \dbinom{k+r-1}{k}$ である. また, 各々の場合が等しい確率 $q^k p^r$ で起こる. 以上により, X_r の確率分布はつぎのように求められる.

$$P(X_r = k) = \binom{k+r-1}{k} q^k p^r \quad [k = 0, 1, 2, \cdots]$$

例題 0.1 の X_r の分布は**パスカル分布** (Pascal distribution) とよばれることがある. $r = 1$ のときは幾何分布である.

◆**一般の二項定理, 負の二項分布**◆

任意の実数 α について, **一般の二項係数**を

$$\binom{\alpha}{0} := 1, \quad \binom{\alpha}{k} := \frac{\alpha(\alpha - 1) \cdots \cdots (\alpha - k + 1)}{k!} \quad [k = 1, 2, \cdots] \tag{0.14}$$

と定義する．α が自然数 n のときは，従来どおり

$$\binom{n}{k} = \frac{n!}{k!\,(n-k)!} \quad [k = 0, 1, \cdots, n]$$

となり，

$$\text{任意の } x \text{ に対して} \quad (1+x)^n = \sum_{k=0}^{n} \binom{n}{k} x^k \tag{0.15}$$

が成り立つ．

定理 0.1 ［一般の二項定理］　α が自然数でないとき，つぎが成り立つ．

$$|x| < 1 \text{ ならば} \quad (1+x)^\alpha = \sum_{k=0}^{\infty} \binom{\alpha}{k} x^k$$

たとえば，

$$\binom{-1}{k} = \frac{(-1) \cdot (-2) \cdot \cdots \cdot (-k)}{k!} = (-1)^k \quad [k = 1, 2, \cdots]$$

であるから，$x = -r,\ \alpha = -1$ とすると，

$$\frac{1}{1-r} = \sum_{k=0}^{\infty} r^k \quad [|r| < 1]$$

となって，等比数列の和の公式が出てくる．

問 0.3　$\sum_{k=0}^{n} \binom{n}{k} x^k = (1+x)^n$ を二項係数の母関数という．積 $(1+x)^n (x+1)^n$ を考えることで，等式 $\binom{2n}{n} = \sum_{k=0}^{n} \binom{n}{k}^2$ を証明せよ．また，この等式は $\binom{2n}{n} = \sum_{k=0}^{n} \binom{n}{k}\binom{n}{n-k}$ とも書ける．組合せの意味を考えて，これを解釈せよ．

さて，一般の二項係数を利用すると，

$$\binom{k+r-1}{k} = \frac{(k+r-1)(k+r-2) \cdots (r+1)r}{k!}$$

$$= (-1)^k \frac{(-r)(-r-1) \cdots (-r-k+2)(-r-k+1)}{k!} = (-1)^k \binom{-r}{k}$$

と書き直すことができるから，パスカル分布は

$$P(X_r = k) = \binom{-r}{k} (-q)^k p^r \quad [k = 0, 1, 2, \cdots]$$

とも表せる．このことから，パスカル分布は**負の二項分布** (negative binomial distribution) ともよばれている．

◆補足：ベキ級数◆

本書では，有界な数列 $\{a_n\}$ を係数とするベキ級数 $A(x) = \sum_{n=0}^{\infty} a_n x^n$ を取り扱う場面が多く現れる．これについては「$|x| < 1$ の範囲では多項式と同様の性質をもつ」と考えて計算して構わない．たとえば，

$$\left(\sum_{n=0}^{\infty} a_n x^n \right)' = \sum_{n=0}^{\infty} (a_n x^n)' = \sum_{n=0}^{\infty} n a_n x^{n-1} \quad （項別微分），$$

$$\int_0^x \left(\sum_{n=0}^{\infty} a_n t^n \right) dt = \sum_{n=0}^{\infty} \int_0^x a_n t^n \, dt = \sum_{n=0}^{\infty} \frac{a_n}{n+1} x^{n+1} \quad （項別積分）$$

などである．$|x| = 1$ については微妙な問題があるが，a_n が非負であるという条件をつければ，$\lim_{x \nearrow 1} A(x) = \sum_{n=0}^{\infty} a_n$ が成り立つことがわかっている（両辺が同時に $+\infty$ になる場合も許す）．

◆確率の「連続性」◆

赤玉が出るまでの待ち時間 X を観測すると i となる事象を A_i と書く．このようなとき，短く $A_i := \{X = i\}$ のように表す．待ち時間が n 以下となる事象を $E_n := \{X \leqq n\}$ とすると，

$$E_n = A_1 \cup \cdots \cup A_n = \bigcup_{i=1}^{n} A_i \text{ より，} \quad P(E_n) = \sum_{i=1}^{n} P(A_i)$$

となる．ここで，$E_1 \subset E_2 \subset \cdots$ とだんだん起こりやすくなり，$P(E_n)$ も n が増えるにつれて増大する．一方，いつか赤玉が出るという事象は，$E := \{X < +\infty\} = A_1 \cup A_2 \cup \cdots$ と書くことができ，

$$P(E) = \sum_{i=1}^{\infty} P(A_i) = \lim_{n \to \infty} \sum_{i=1}^{n} P(A_i) = \lim_{n \to \infty} P(E_n)$$

が成り立つ．事象 E は E_n が増大した極限とみなすことができるが，E の確率 $P(E)$ も $P(E_n)$ の極限になっている．このような性質は**確率の連続性**とよばれ，無限や極限を扱う確率論で必須となる．少し難しいので最初はあまり気にせず，後の章で実際に使われるときに重要性を実感していただきたい．

◆記号と計算規則のまとめ (3) ◆

無限や極限を扱うための確率の計算規則として，つぎの三つを付け加えよう[†1].

- 事象 $A_1, A_2, \cdots$ に対して，この中の少なくともいずれか一つが起こる事象を $\bigcup_{i=1}^{\infty} A_i$ と表し，これらの事象すべてが起こる事象を $\bigcap_{i=1}^{\infty} A_i$ と表す．可算無限個の事象 $A_1, A_2, \cdots$ が $i \neq j$ ならば $A_i \cap A_j = \emptyset$ を満たすとき，

$$P\left(\bigcup_{i=1}^{\infty} A_i\right) = \sum_{i=1}^{\infty} P(A_i)$$

が成り立つとする（**確率の可算加法性**）.

- 事象 $E_1, E_2, \cdots$ が $E_1 \subset E_2 \subset \cdots$ を満たすとき，$\bigcup_{i=1}^{\infty} E_i$ は事象の列 $E_1, E_2, \cdots$ の極限にあたると考えられる．$P(E_1) \leqq P(E_2) \leqq \cdots$ だから $\lim_{n \to \infty} P(E_n)$ が存在することに注意して，

$$E_1 \subset E_2 \subset \cdots \text{ のとき，} \quad P\left(\bigcup_{i=1}^{\infty} E_i\right) = \lim_{n \to \infty} P(E_n)$$

が成り立つとする（**増大列に関する確率の連続性**）.

- 事象 $E_1, E_2, \cdots$ が $E_1 \supset E_2 \supset \cdots$ を満たすとき，$\bigcap_{i=1}^{\infty} E_i$ は事象の列 $E_1, E_2, \cdots$ の極限にあたると考えられる．$P(E_1) \geqq P(E_2) \geqq \cdots$ だから $\lim_{n \to \infty} P(E_n)$ が存在することに注意して，

$$E_1 \supset E_2 \supset \cdots \text{ のとき，} \quad P\left(\bigcap_{i=1}^{\infty} E_i\right) = \lim_{n \to \infty} P(E_n)$$

が成り立つとする（**減少列に関する確率の連続性**）.

[†1] 実は，互いに同値であることが知られているので，最もなじみやすい「可算加法性」をベースに考えるとよい.

マルコフ連鎖

ある量を時間の経過に従って観測することで得られた系列を**時系列** (time series) とよぶ. 離散的な時刻 $n = 0, 1, 2, \cdots$ における観測値を $x_0, x_1, x_2, \cdots$ と表すことにする. 将来の観測値が偶然によって決まると考えられる場合, その確率モデルとなるのが**確率過程** $X_0, X_1, X_2, \cdots$ である. ここで, X_n を時刻 n での状態 (state) という.

本章では, 代表的な確率過程である**マルコフ連鎖** (Markov chain) について学ぶ. この確率過程は X_{n+1} の確率分布が X_n の値のみによって定まり, X_{n-1} 以前には無関係である. おおざっぱに「未来は現在のみに関係し, 過去がどうであったかは忘れてしまう」ということができるだろう.

1.1 2状態のマルコフ連鎖

まず, 各時刻でとりうる状態が 2 種類のみであるマルコフ連鎖について詳しく調べよう.

◆推移確率と推移図◆

とりうる二つの状態を 1, 2 と表すことにする. $i, j = 1, 2$ として, $X_n = i$ という状態から $X_{n+1} = j$ という状態に推移する（条件付き）確率が, 時刻 n によらず p_{ij} で与えられるとする.

図 1.1 のように**推移確率** (transition probability) を図示したものを**推移図** (transition diagram) とよぶ. ある時刻で状態 1 にあるとき, つぎの時刻（1 ステップ後）では 1 に留まるか 2 に移るかのいずれかしかないから, $p_{11} + p_{12} = 1$ でなければならない. 状態 2 についても同様に考えると, $p_{21} + p_{22} = 1$ でなければならない.

ある時刻で「状態 1 にある確率が p_1, 状態 2 にある確率が p_2」であるとき, つぎの

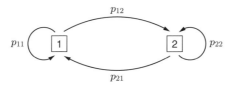

図 1.1 2 状態マルコフ連鎖の推移図.

時刻で「状態1にある確率がp_1', 状態2にある確率がp_2'」だとすると,

$$\begin{cases} p_1' = p_1 p_{11} + p_2 p_{21} \\ p_2' = p_1 p_{12} + p_2 p_{22} \end{cases} \tag{1.1}$$

が成り立つ. 第1の式は,

つぎの時刻で状態1にあるのは, $\begin{cases} \text{いま状態1にあって, つぎも状態1に留まるか,} \\ \text{いま状態2にあって, つぎに状態1に移るか} \end{cases}$

のいずれかであるという意味をもつ. 第2の式についても同様である.

◆**推移確率行列**◆

ある時刻で「状態1にある確率がp_1, 状態2にある確率がp_2」であることを表す横ベクトル $\begin{pmatrix} p_1 & p_2 \end{pmatrix}$ $[0 \leq p_1, p_2 \leq 1, \, p_1 + p_2 = 1]$ を, 簡単に**分布**とよぶことにする. さらに, 推移確率を並べた

$$P = \begin{pmatrix} p_{11} & p_{12} \\ p_{21} & p_{22} \end{pmatrix}$$

という行列を考えると, 関係式 (1.1) は

$$\begin{pmatrix} p_1' & p_2' \end{pmatrix} = \begin{pmatrix} p_1 & p_2 \end{pmatrix} P \tag{1.2}$$

と表される. 2ステップ後に状態1にある確率をp_1'', 状態2にある確率をp_2''とすると,

$$\begin{pmatrix} p_1'' & p_2'' \end{pmatrix} = \begin{pmatrix} p_1' & p_2' \end{pmatrix} P = \begin{pmatrix} p_1 & p_2 \end{pmatrix} P^2$$

という関係式が成り立つことがわかる. 行列Pを, マルコフ連鎖の**推移確率行列** (transition matrix) という.

マルコフ連鎖の時刻nでの状態をX_nで表し, 時刻nで状態iにある確率を

$$p_i^{(n)} = P(X_n = i)$$

とおく. $\begin{pmatrix} p_1^{(n)} & p_2^{(n)} \end{pmatrix}$ をマルコフ連鎖の**時刻nでの分布**という. とくに, $\begin{pmatrix} p_1^{(0)} & p_2^{(0)} \end{pmatrix}$ を**初期分布** (initial distribution) という. $n = 1, 2, \cdots$ に対して,

$$\begin{pmatrix} p_1^{(n)} & p_2^{(n)} \end{pmatrix} = \begin{pmatrix} p_1^{(n-1)} & p_2^{(n-1)} \end{pmatrix} P \tag{1.3}$$

が成り立つから, つぎの式が得られる.

$$\begin{pmatrix} p_1^{(n)} & p_2^{(n)} \end{pmatrix} = \begin{pmatrix} p_1^{(0)} & p_2^{(0)} \end{pmatrix} P^n \tag{1.4}$$

例題 1.1　ある地域の天気を,「晴」と「雨」の 2 状態のマルコフ連鎖と考える. 雨の日の翌日が雨となる確率が 0.8, 晴れの日の翌日が雨となる確率を 0.4 とするとき, つぎの問いに答えよ.

(1) このマルコフ連鎖の推移図を描き, 推移確率行列 $P = \begin{pmatrix} p_{\text{晴晴}} & p_{\text{晴雨}} \\ p_{\text{雨晴}} & p_{\text{雨雨}} \end{pmatrix}$ を求めよ.

(2) 初期分布を $\begin{pmatrix} p_{\text{晴}}^{(0)} & p_{\text{雨}}^{(0)} \end{pmatrix} = \begin{pmatrix} 0 & 1 \end{pmatrix}$ とするとき, 2 日後と 3 日後の分布をそれぞれ求めよ.

解答　(1) $p_{\text{晴晴}} + p_{\text{晴雨}} = 1$, $p_{\text{雨晴}} + p_{\text{雨雨}} = 1$ に注意しよう. 推移図 (図 1.2) でいうと, 一つの状態から出る矢印の確率の和が 1 になるということである. 推移確率行列は

$P = \begin{pmatrix} p_{\text{晴晴}} & p_{\text{晴雨}} \\ p_{\text{雨晴}} & p_{\text{雨雨}} \end{pmatrix} = \begin{pmatrix} 0.6 & 0.4 \\ 0.2 & 0.8 \end{pmatrix}$ である.

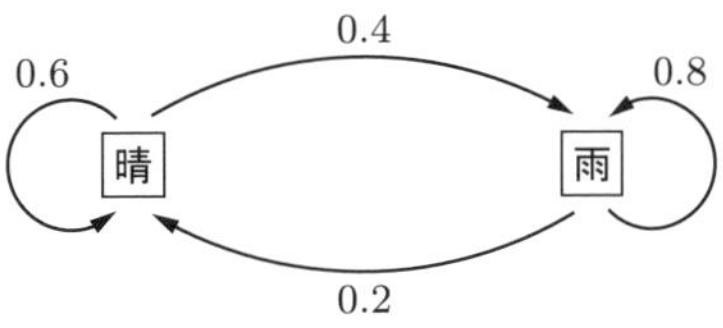

図 1.2

(2) $P^2 = \begin{pmatrix} 0.44 & 0.56 \\ 0.28 & 0.72 \end{pmatrix}$ より, 2 日後の分布は $\begin{pmatrix} p_{\text{晴}}^{(2)} & p_{\text{雨}}^{(2)} \end{pmatrix} = \begin{pmatrix} p_{\text{晴}}^{(0)} & p_{\text{雨}}^{(0)} \end{pmatrix} P^2 = \begin{pmatrix} 0.28 & 0.72 \end{pmatrix}$ となる. また, 3 日後の分布は $\begin{pmatrix} p_{\text{晴}}^{(3)} & p_{\text{雨}}^{(3)} \end{pmatrix} = \begin{pmatrix} p_{\text{晴}}^{(2)} & p_{\text{雨}}^{(2)} \end{pmatrix} P = \begin{pmatrix} 0.312 & 0.688 \end{pmatrix}$ である.

◆**定常分布**◆

分布 $\begin{pmatrix} \pi_1 & \pi_2 \end{pmatrix}$ が

$$\begin{pmatrix} \pi_1 & \pi_2 \end{pmatrix} = \begin{pmatrix} \pi_1 & \pi_2 \end{pmatrix} P \tag{1.5}$$

を満たすとき, $\begin{pmatrix} \pi_1 & \pi_2 \end{pmatrix}$ をこのマルコフ連鎖の**定常分布** (stationary distribution), あるいは**不変分布** (invariant distibution) という. すなわち, ある時刻で状態 1 にいる確率が π_1, 状態 2 にいる確率が π_2 であるならば, つぎの時刻でも状態 1 にいる確率が π_1, 状態 2 にいる確率が π_2 となる.

たとえば, 例題 1.1 のマルコフ連鎖の場合,

$$\begin{pmatrix} p & 1-p \end{pmatrix} = \begin{pmatrix} p & 1-p \end{pmatrix} \begin{pmatrix} 0.6 & 0.4 \\ 0.2 & 0.8 \end{pmatrix}$$

を満たす p を求めると $p = 1/3$ となるから, このマルコフ連鎖の定常分布は $\begin{pmatrix} 1/3 & 2/3 \end{pmatrix}$ である.

つぎの定理は, ある極端な場合を除いて, 2 状態のマルコフ連鎖が唯一つの定常分布をもつことを示している.

定理 1.1 ［2状態マルコフ連鎖の定常分布］ $0 \leqq a, b \leqq 1$ とする．推移確率分布が

$$P = \begin{pmatrix} 1-a & a \\ b & 1-b \end{pmatrix}$$ であるマルコフ連鎖を考える．このとき，つぎが成り立つ．

(1) $a = b = 0$ のとき，任意の分布が定常分布となる．

(2) それ以外の場合，すなわち $a + b > 0$ ならば，定常分布が唯一つ存在し，$\left(\dfrac{b}{a+b} \quad \dfrac{a}{a+b} \right)$ で与えられる．

証明 (1) P は単位行列 $E = \begin{pmatrix} 1 & 0 \\ 0 & 1 \end{pmatrix}$ なので，明らかである．

(2) $\begin{pmatrix} p & 1-p \end{pmatrix} = \begin{pmatrix} p & 1-p \end{pmatrix} P$ は，左辺を $\begin{pmatrix} p & 1-p \end{pmatrix} E$ と考えると，

$$\begin{pmatrix} p & 1-p \end{pmatrix} (P - E) = \begin{pmatrix} p & 1-p \end{pmatrix} \begin{pmatrix} -a & a \\ b & -b \end{pmatrix} = \begin{pmatrix} 0 & 0 \end{pmatrix}$$

と同値であることがわかり，$-ap + b(1-p) = 0$ という式が出てくる．$a + b > 0$ より $p = b/(a+b)$ であり，この p は $0 \leqq p \leqq 1$ を満たすから，求めるべき結論が得られる．∎

✎ $a + b > 0$ のとき，$\begin{pmatrix} \pi_1 & \pi_2 \end{pmatrix} = \left(\dfrac{b}{a+b} \quad \dfrac{a}{a+b} \right)$ は

$$\pi_1 p_{12} = \frac{b}{a+b} \cdot a = \frac{a}{a+b} \cdot b = \pi_2 p_{21}$$

という一種のつり合いの式を満たしている．逆に，$\pi_1 p_{12} = \pi_2 p_{21}$ と $\pi_1 + \pi_2 = 1$ から，$\begin{pmatrix} \pi_1 & \pi_2 \end{pmatrix} = \left(\dfrac{b}{a+b} \quad \dfrac{a}{a+b} \right)$ が導かれる．後で扱う3状態以上のマルコフ連鎖についても，このようなつり合いの式から定常分布を求めることができる場合がある．

◆ n ステップでの推移確率 ◆

推移確率行列 P の (i, j) 成分 p_{ij} は

$$P(X_1 = j \mid X_0 = i)$$

という1ステップの推移確率を表す．また，P^n の (i, j) 成分を $p_{ij}^{(n)}$ とすると，これは $P(X_n = j \mid X_0 = i)$ という n ステップでの推移確率を表すことが式 (1.4) からわかる[†1]．2状態のマルコフ連鎖の場合，P^n を具体的に求めることができる．

[†1] さらに一般に，任意の k に対して，つぎが成り立つ．

$$P(X_{k+1} = j \mid X_k = i) = p_{ij} \quad \text{および} \quad P(X_{k+n} = j \mid X_k = i) = p_{ij}^{(n)}$$

> **定理 1.2**
>
> $a+b>0$ とする．2状態マルコフ連鎖の推移確率行列 $P = \begin{pmatrix} 1-a & a \\ b & 1-b \end{pmatrix}$
>
> について，任意の n に対して，つぎが成り立つ．
>
> $$P^n = \frac{1}{a+b}\begin{pmatrix} b & a \\ b & a \end{pmatrix} + \frac{\{1-(a+b)\}^n}{a+b}\begin{pmatrix} a & -a \\ -b & b \end{pmatrix}$$

証明 いくつかの方法が考えられるが，ここでは二項定理を用いて証明しよう．$B = \begin{pmatrix} a & -a \\ -b & b \end{pmatrix}$ とおくと，$P = E - B$ であり，$BE = EB = B$ だから，式 (0.15) と同様に

$$P^n = (E-B)^n = \sum_{k=0}^{n}\binom{n}{k}(-1)^k B^k$$

となる．ここで，

$$B^2 = \begin{pmatrix} a & -a \\ -b & b \end{pmatrix}\begin{pmatrix} a & -a \\ -b & b \end{pmatrix}$$

$$= \begin{pmatrix} a^2+ab & -a^2-ab \\ -ab-b^2 & ab+b^2 \end{pmatrix} = \begin{pmatrix} a(a+b) & -a(a+b) \\ -b(a+b) & b(a+b) \end{pmatrix} = (a+b)B$$

であるから，$k=1,2,\cdots$ に対して $B^k = (a+b)^{k-1}B$ が成り立つ．したがって，$B^0 = E$ に注意すると，P^n は以下のように計算される．

$$P^n = E + \sum_{k=1}^{n}\binom{n}{k}(-1)^k B^k = E + \sum_{k=1}^{n}\binom{n}{k}(-1)^k(a+b)^{k-1}B$$

$$= E + \frac{1}{a+b}\left[\sum_{k=1}^{n}\binom{n}{k}\{-(a+b)\}^k\right]B$$

$$= E + \frac{1}{a+b}\left[\{1-(a+b)\}^n - 1\right]B \qquad (式 (0.15) より)$$

$$= \frac{1}{a+b}\{(a+b)E - B\} + \frac{\{1-(a+b)\}^n}{a+b}B$$

$$= \frac{1}{a+b}\begin{pmatrix} b & a \\ b & a \end{pmatrix} + \frac{\{1-(a+b)\}^n}{a+b}\begin{pmatrix} a & -a \\ -b & b \end{pmatrix} \qquad∎$$

◆ 2状態マルコフ連鎖の極限分布 ◆

初期分布 $\begin{pmatrix} p_1^{(0)} & p_2^{(0)} \end{pmatrix} = \begin{pmatrix} \nu_1 & \nu_2 \end{pmatrix}$，推移確率行列 $P = \begin{pmatrix} 1-a & a \\ b & 1-b \end{pmatrix}$ の2状態マルコフ連鎖において，極限

$$p_1^{(\infty)} := \lim_{n\to\infty}p_1^{(n)}, \quad p_2^{(\infty)} := \lim_{n\to\infty}p_2^{(n)}$$

が存在するとき$^{\dagger 1}$, $\begin{pmatrix} p_1^{(\infty)} & p_2^{(\infty)} \end{pmatrix}$ も分布となる. これを初期分布 $\begin{pmatrix} \nu_1 & \nu_2 \end{pmatrix}$ に対する**極限分布** (limiting distribution) という. 各成分に関する極限と考えて,

$$\begin{pmatrix} p_1^{(\infty)} & p_2^{(\infty)} \end{pmatrix} = \lim_{n \to \infty} \begin{pmatrix} p_1^{(n)} & p_2^{(n)} \end{pmatrix} = \begin{pmatrix} \nu_1 & \nu_2 \end{pmatrix} \left(\lim_{n \to \infty} P^n \right)$$

のように表すこともある.

> **補題 1.1** ある初期分布に対する極限分布 $\begin{pmatrix} p_1^{(\infty)} & p_2^{(\infty)} \end{pmatrix}$ が存在すれば, それは P に対する定常分布である. したがって, 定常分布は極限分布の候補である.

証明 式 (1.3) の $\begin{pmatrix} p_1^{(n)} & p_2^{(n)} \end{pmatrix} = \begin{pmatrix} p_1^{(n-1)} & p_2^{(n-1)} \end{pmatrix} P$ において $n \to \infty$ とすると, $\begin{pmatrix} p_1^{(\infty)} & p_2^{(\infty)} \end{pmatrix} = \begin{pmatrix} p_1^{(\infty)} & p_2^{(\infty)} \end{pmatrix} P$ を得る. ∎

例 1.1 計算しなくても定常分布や極限分布がわかるような, 極端な場合を見てみよう.

(1) $a = b = 0$ のとき, $P = E = \begin{pmatrix} 1 & 0 \\ 0 & 1 \end{pmatrix}$ である. 推移図は図 1.3 のようになる. 最初の状態をそのまま維持し続けるから, すべての分布が定常分布であり, 極限分布となる.

$$1 \, \circlearrowleft \, \boxed{1} \qquad\qquad \boxed{2} \, \circlearrowright \, 1$$

図 1.3 2 状態マルコフ連鎖の推移図. $a = b = 0$ の場合.

(2) $a = 0$ かつ $b > 0$ のとき, 一度状態 1 になるとそのまま状態 1 に留まるから, 定常分布は $\begin{pmatrix} 1 & 0 \end{pmatrix}$ であり, どのような初期分布であっても極限分布は $\begin{pmatrix} 1 & 0 \end{pmatrix}$ になる (図 1.4(a)). 同様に, $a > 0$ かつ $b = 0$ のときは, 一度状態 2 になるとそのまま状態 2 に留まるから, 定常分布は $\begin{pmatrix} 0 & 1 \end{pmatrix}$ であり, どのような初期分布であっても極限分布は $\begin{pmatrix} 0 & 1 \end{pmatrix}$ になる (図 1.4(b)).

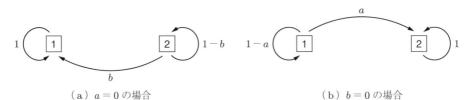

(a) $a = 0$ の場合   (b) $b = 0$ の場合

図 1.4 2 状態マルコフ連鎖の推移図. $a = 0$ または $b = 0$ の場合.

(3) $a = b = 1$ のとき, $P = \begin{pmatrix} 0 & 1 \\ 1 & 0 \end{pmatrix}$ である. 推移図は図 1.5 のようになる. $P^2 = E$ であることからもわかるように, 状態 1 と状態 2 を交互にとる. 初期分布が $\begin{pmatrix} \nu_1 & \nu_2 \end{pmatrix}$

$\dagger 1$ $p_1^{(n)} + p_2^{(n)} = 1$ だから, 片方の極限が存在すれば両方とも存在する.

であるとき，奇数時刻での分布は $\begin{pmatrix} \nu_2 & \nu_1 \end{pmatrix}$ となり，偶数時刻での分布は $\begin{pmatrix} \nu_1 & \nu_2 \end{pmatrix}$ となる．したがって，定常分布は $\begin{pmatrix} 1/2 & 1/2 \end{pmatrix}$ であり，これを初期分布とすると，そのまま極限分布となる．一方，初期分布を $\begin{pmatrix} 1/2 & 1/2 \end{pmatrix}$ 以外にとると，分布は振動し続けるため，極限分布は存在しない． ◢

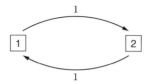

図 1.5 2状態マルコフ連鎖の推移図．$a = b = 1$ の場合．

例 1.2 もう一つ，特徴的な場合を挙げてみよう．$a + b = 1$ のとき，$1 - a = b$，$1 - b = a$ だから $P = \begin{pmatrix} b & a \\ b & a \end{pmatrix}$ と表すことができる．つまり，前の時刻の状態によらず，確率 b で状態 1 をとり，確率 a で状態 2 をとる．したがって，状態 1 を「成功」とみなし，状態 2 を「失敗」とみなすと，このマルコフ連鎖は成功確率 b のベルヌーイ試行列になっている．つまり，独立な試行の繰り返しも，マルコフ連鎖の一種と考えることができる．

さて，$P^2 = P$ であるから，任意の $n = 1, 2, \cdots$ に対して $P^n = P$ が成り立つ（定理1.2 の結果とも一致している）．初期分布を $\begin{pmatrix} \nu_1 & \nu_2 \end{pmatrix}$ とすると，時刻 n での分布はつぎのように求められる．

$$\begin{pmatrix} \nu_1 & \nu_2 \end{pmatrix} P^n = \begin{pmatrix} \nu_1 & \nu_2 \end{pmatrix} \begin{pmatrix} b & a \\ b & a \end{pmatrix} = \begin{pmatrix} b & a \end{pmatrix} \quad (\nu_1 + \nu_2 = 1 \, \text{より})$$

したがって，どんな初期分布に対しても極限分布は $\begin{pmatrix} b & a \end{pmatrix}$ となる． ◢

2状態マルコフ連鎖の極限挙動は，つぎのようにまとめて述べることができる．

定理 1.3 ［2 状態マルコフ連鎖の極限定理］ $0 \leqq a, b \leqq 1$ とする．初期分布が $\begin{pmatrix} \nu_1 & \nu_2 \end{pmatrix}$ で，推移確率行列が $P = \begin{pmatrix} 1-a & a \\ b & 1-b \end{pmatrix}$ のマルコフ連鎖は，時刻 $n \to \infty$ のとき，つぎのような挙動を示す．

(1) $a = b = 0$ のとき，どのような分布も定常分布となる．したがって，どのような初期分布から出発しても分布に変化は見られず，極限分布は初期分布に等しい．

(2) $a = b = 1$ のとき，時刻 n での分布は

$$\begin{pmatrix} \nu_1 & \nu_2 \end{pmatrix} (n \, \text{が偶数のとき}), \quad \begin{pmatrix} \nu_2 & \nu_1 \end{pmatrix} (n \, \text{が奇数のとき})$$

となるから，$\begin{pmatrix} 1/2 & 1/2 \end{pmatrix}$ は定常分布である．また，初期分布 $\begin{pmatrix} \nu_1 & \nu_2 \end{pmatrix} \neq$ $\begin{pmatrix} 1/2 & 1/2 \end{pmatrix}$ のときは，分布が振動し続け，極限分布は存在しない．

(3) $0 < a+b < 2$ のとき，定常分布は唯一つで，$\begin{pmatrix} \dfrac{b}{a+b} & \dfrac{a}{a+b} \end{pmatrix}$ である．また，どんな初期分布から出発しても，極限分布は $\begin{pmatrix} \dfrac{b}{a+b} & \dfrac{a}{a+b} \end{pmatrix}$ になる．

証明 (1) と (2) については例 1.1 ですでに調べてあるから，(3) を調べればよい．$0 < a+b < 2$ のとき，$-1 < 1-(a+b) < 1$ だから，定理 1.2 により，

$$\lim_{n \to \infty} P^n = \frac{1}{a+b} \begin{pmatrix} b & a \\ b & a \end{pmatrix}$$

となる．したがって，任意の初期分布 $\begin{pmatrix} \nu_1 & \nu_2 \end{pmatrix}$ に対して，$\nu_1 + \nu_2 = 1$ に注意すると，

$$\lim_{n \to \infty} \begin{pmatrix} \nu_1 & \nu_2 \end{pmatrix} P^n = \begin{pmatrix} \nu_1 & \nu_2 \end{pmatrix} \cdot \frac{1}{a+b} \begin{pmatrix} b & a \\ b & a \end{pmatrix} = \frac{1}{a+b} \begin{pmatrix} b & a \end{pmatrix}$$

が得られる． ∎

✑ $0 < a+b < 2$ の場合の唯一つの定常分布を $\begin{pmatrix} \pi_1 & \pi_2 \end{pmatrix} = \begin{pmatrix} \dfrac{b}{a+b} & \dfrac{a}{a+b} \end{pmatrix}$ と表すと，P^n の極限は $\begin{pmatrix} \pi_1 & \pi_2 \\ \pi_1 & \pi_2 \end{pmatrix}$ である．これは，毎回独立に確率 π_1 で状態 1 をとり，確率 π_2 で状態 2 をとるマルコフ連鎖の推移確率行列であり（例 1.2），時間がたつと初期分布の情報が忘れられていくことがわかる．

例 1.3 地点 0 にある 1 ビット（0 または 1）の情報を，地点 0 から地点 1，地点 1 から地点 2, $\cdots$ と順次伝える状況を考える．地点 n から地点 $n+1$ に情報を伝えるとき，雑音によってビットが反転する（0 が 1 になる，1 が 0 になる）確率が x であるとする．地点 n で受け取る情報を X_n とすると，これは

$$P = \begin{pmatrix} p_{00} & p_{01} \\ p_{10} & p_{11} \end{pmatrix} = \begin{pmatrix} 1-x & x \\ x & 1-x \end{pmatrix}$$

を推移確率行列とするマルコフ連鎖である．定理 1.3 (3) で $a = b = x$ とおくことで，

$0 < x < 1$ ならば，どんな初期分布から出発しても極限分布は $\begin{pmatrix} 1/2 & 1/2 \end{pmatrix}$

とわかる．つまり，確実にビットが反転してしまう場合と確実に正しく伝わる場合を除くと，少しでも雑音があれば，まったくでたらめな情報が伝わる状況にいずれ近づく． ◢

1.2 / 有限状態マルコフ連鎖

つぎに，状態が 2 種類より多い場合について考えよう．$N \geqq 2$ とする．各時刻に N 個の状態 $1, 2, \cdots, N$ のいずれかをとりうるマルコフ連鎖を調べる．

◆有限状態マルコフ連鎖の一般的な定義◆

各時刻にとりうる状態の全体を $S = \{1, 2, \cdots, N\}$ とし，これを**状態空間** (state space) とよぶ．S に値をとる確率過程 $X_0, X_1, X_2, \cdots$ を考える．任意の時刻 $n = 1, 2, \cdots$ と $i_0, i_1, \cdots, i_n \in S$ に対して，

$$P(X_n = i_n \mid \underbrace{X_0 = i_0, X_1 = i_1, \cdots,}_{\text{過去}} \underbrace{X_{n-1} = i_{n-1}}_{\text{現在}}) = P(X_n = i_n \mid X_{n-1} = i_{n-1})$$

が成り立つとき[†1]，確率過程 $\{X_n\}_{n=0,1,2,\cdots}$ を **N 状態のマルコフ連鎖**という．この「過去のことを忘れる」という性質を**マルコフ性** (Markov property) とよぶ．

ベクトル $\boldsymbol{p} = (p_i)_{i \in S} = \begin{pmatrix} p_1 & p_2 & \cdots & p_N \end{pmatrix}$ が $0 \leqq p_i \leqq 1$ および $\sum_{i \in S} p_i = 1$ を満たすとき，S 上の**分布**という．$p_i^{(n)} := P(X_n = i)$ とおき，$\boldsymbol{p}^{(n)} = (p_i^{(n)})_{i \in S}$ を，マルコフ連鎖の時刻 n での**分布**という．とくに，**初期分布** $\boldsymbol{p}^{(0)} = (p_i^{(0)})_{i \in S}$ は $\boldsymbol{\nu} = (\nu_i)_{i \in S}$ で与えられるとする．

状態 $i, j \in S$ に対して，$P(X_n = j \mid X_{n-1} = i)$ は n によらず p_{ij} であると仮定する．これを**推移確率**という．$N \times N$ 行列

$$P = (p_{ij})_{i,j \in S} = \begin{pmatrix} p_{11} & p_{12} & \cdots & p_{1N} \\ p_{21} & p_{22} & \cdots & p_{2N} \\ \vdots & \vdots & \ddots & \vdots \\ p_{N1} & p_{N2} & \cdots & p_{NN} \end{pmatrix}$$

を**推移確率行列**という．このとき，$0 \leqq p_{ij} \leqq 1$ であり，任意の $i \in S$ に対して，第 i 行目の成分の和 $\sum_{j \in S} p_{ij} = 1$ を満たす．さらに，任意の $j \in S$ に対して，第 j 列目の成分の和 $\sum_{i \in S} p_{ij} = 1$ も満たすとき，P は**二重確率行列** (doubly stochastic matrix) とよばれる．特別な場合として，推移確率行列 P が対称行列である場合，すなわち任意の $i, j \in S$ について $p_{ij} = p_{ji}$ が成り立つ場合は，二重確率行列になっている．

例 1.4 正 5 角形の頂点に時計まわりに 1, 2, 3, 4, 5 と番号をつけ，1 をふりだしとしてすごろく遊びをする．時刻 n においてどの頂点にいるかを X_n で表し，$X_0 = 1$ とお

---

†1 実際には，$P(X_0 = i_0, X_1 = i_1, \cdots, X_{n-1} = i_{n-1}) > 0$ を満たす $i_0, i_1, \cdots, i_{n-1} \in S$ に対して，この条件を課す．

く. $X_0, X_1, \cdots, X_{n-1}$ までが決まったとき，さいころを投げて出た目の数だけ X_{n-1} から時計まわりに進み，着いた頂点の番号を X_n とする．これは以下のような5状態のマルコフ連鎖である．

- 状態空間 $S = \{1, 2, 3, 4, 5\}$

- 初期分布 $\nu_i = \begin{cases} 1 & (i = 1 \text{ の場合}) \\ 0 & (i \neq 1 \text{ の場合}) \end{cases}$

- 推移確率 $p_{ij} = \begin{cases} \dfrac{2}{6} & (j \text{ が } i \text{ の右隣りの点である場合}) \\ \dfrac{1}{6} & (\text{その他の場合}) \end{cases}$

- 推移確率行列 $P = (p_{ij})_{i,j \in S} = \dfrac{1}{6} \begin{pmatrix} 1 & 2 & 1 & 1 & 1 \\ 1 & 1 & 2 & 1 & 1 \\ 1 & 1 & 1 & 2 & 1 \\ 1 & 1 & 1 & 1 & 2 \\ 2 & 1 & 1 & 1 & 1 \end{pmatrix}$

この推移確率行列は，任意の $j \in S$ に対して $\displaystyle\sum_{i \in S} p_{ij} = 1$ を満たしているので，二重確率行列である． ◢

◆マルコフ連鎖に関する確率の計算◆

$\{X_n\}$ がマルコフ連鎖であるとき，$(X_0, X_1, \cdots, X_n)$ に関するすべての事象の確率は，つぎの定理のように ν_i と p_{ij} で表すことができる．

> **定理 1.4** 状態空間 $S = \{1, 2, \cdots, N\}$，初期分布 $\boldsymbol{\nu} = (\nu_i)_{i \in S}$，推移確率行列 $P = (p_{ij})_{i,j \in S}$ のマルコフ連鎖 $\{X_n\}$ について，任意の n と $i_0, i_1, \cdots, i_n \in S$ に対して，つぎが成り立つ．
>
> $$P(X_0 = i_0, X_1 = i_1, \cdots, X_{n-1} = i_{n-1}, X_n = i_n) = \nu_{i_0} p_{i_0 i_1} p_{i_1 i_2} \cdots p_{i_{n-1} i_n}$$

証明 条件付き確率の定義とマルコフ性により，以下のように計算される．

$$P(X_0 = i_0, X_1 = i_1, \cdots, X_{n-1} = i_{n-1}, X_n = i_n)$$
$$= P(X_n = i_n \mid X_0 = i_0, X_1 = i_1, \cdots, X_{n-1} = i_{n-1})$$
$$\times P(X_0 = i_0, X_1 = i_1, \cdots, X_{n-1} = i_{n-1})$$
$$= P(X_n = i_n \mid X_{n-1} = i_{n-1}) P(X_0 = i_0, X_1 = i_1, \cdots, X_{n-1} = i_{n-1})$$
$$= P(X_0 = i_0, X_1 = i_1, \cdots, X_{n-1} = i_{n-1}) p_{i_{n-1} i_n}$$

$$= \cdots = P(X_0 = i_0)p_{i_0 i_1}p_{i_1 i_2} \cdots p_{i_{n-1} i_n} = \nu_{i_0}p_{i_0 i_1}p_{i_1 i_2} \cdots p_{i_{n-1} i_n}$$

この定理を用いると，n ステップでの推移確率が 1 ステップの推移確率によって表されることがわかる．

定理 1.5 状態空間 $S = \{1, 2, \cdots, N\}$，初期分布 $\boldsymbol{\nu} = (\nu_i)_{i \in S}$，推移確率行列 $P = (p_{ij})_{i,j \in S}$ のマルコフ連鎖 $\{X_n\}$ を考える．推移確率行列 P の n 乗を $P^n = (p_{ij}^{(n)})_{i,j \in S}$ と表すと，任意の n と $i, j \in S$ に対して，

$$P(X_0 = i,\, X_n = j) = \nu_i p_{ij}^{(n)}$$

が成り立つ．すなわち，n ステップでの推移確率 $P(X_n = j \mid X_0 = i) = p_{ij}^{(n)}$ である．

証明 まず，$P^0 = (p_{ij}^{(0)})_{i,j \in S}$ は単位行列とする約束があるが，これは

$$P(X_0 = j \mid X_0 = i) = \begin{cases} 1 & (j = i \text{ の場合}) \\ 0 & (j \neq i \text{ の場合}) \end{cases}$$

であることと対応している．つぎに，$n = 2, 3, \cdots$ とする．行列の積の定義により，

$$p_{ij}^{(n)} = \sum_{i_1, i_2, \cdots, i_{n-1} \in S} p_{ii_1}p_{i_1 i_2} \cdots p_{i_{n-1} j}$$

である．$X_1, X_2, \cdots, X_{n-1}$ の状態で場合分けすると，定理 1.4 により，

$$\begin{aligned} P(X_0 &= i,\, X_n = j) \\ &= \sum_{i_1, i_2, \cdots, i_{n-1} \in S} P(X_0 = i, X_1 = i_1, X_2 = i_2, \cdots, X_{n-1} = i_{n-1}, X_n = j) \\ &= \sum_{i_1, i_2, \cdots, i_{n-1} \in S} \nu_i p_{ii_1}p_{i_1 i_2} \cdots p_{i_{n-1} j} = \nu_i p_{ij}^{(n)} \end{aligned}$$

となる．ゆえに，

$$P(X_n = j \mid X_0 = i) = \frac{P(X_n = j,\, X_0 = i)}{P(X_0 = i)} = \frac{\nu_i p_{ij}^{(n)}}{\nu_i} = p_{ij}^{(n)}$$

である．

定理 1.5 から，$\boldsymbol{p}^{(n)} = \boldsymbol{p}^{(n-1)}P = \cdots = \boldsymbol{p}^{(0)}P^n = \boldsymbol{\nu}P^n$ が成り立つことがわかる．

$$\begin{pmatrix} p_1^{(n)} & p_2^{(n)} & \cdots & p_N^{(n)} \end{pmatrix} = \begin{pmatrix} p_1^{(n-1)} & p_2^{(n-1)} & \cdots & p_N^{(n-1)} \end{pmatrix} \begin{pmatrix} p_{11} & p_{12} & \cdots & p_{1N} \\ p_{21} & p_{22} & \cdots & p_{2N} \\ \vdots & \vdots & \ddots & \vdots \\ p_{N1} & p_{N2} & \cdots & p_{NN} \end{pmatrix}$$

という式は,

$$任意の j \in S に対して, \quad p_j^{(n)} = \sum_{i \in S} p_i^{(n-1)} p_{ij} \tag{1.6}$$

が成り立つことといい換えられる. 実際の計算では式 (1.6) の形をよく用いるので,「時刻 n で j にいる確率を, 時刻 $(n-1)$ の状態 i で場合分けして計算する」という意味をとらえておくと, 今後の理解の助けになるだろう.

◆定常分布◆

状態空間 $S = \{1, 2, \cdots, N\}$, 推移確率行列 $P = (p_{ij})_{i,j \in S}$ のマルコフ連鎖 $\{X_n\}$ を考える. 分布 $\boldsymbol{\pi} = (\pi_i)_{i \in S}$ が推移確率行列 P に対する**定常分布**, または**不変分布**であるとは,

$$\boldsymbol{\pi} P = \boldsymbol{\pi}, \quad すなわち, 任意の j \in S に対して \sum_{i \in S} \pi_i p_{ij} = \pi_j$$

が成り立つときにいう. このとき, 任意の n に対して $\boldsymbol{\pi} P^n = \boldsymbol{\pi}$ が成り立つことに注意されたい.

> **定理 1.6** 状態空間が $S = \{1, 2, \cdots, N\}$ であるマルコフ連鎖が, S 上の一様分布
>
> $$\begin{pmatrix} \pi_1 & \pi_2 & \cdots & \pi_N \end{pmatrix} = \begin{pmatrix} \dfrac{1}{N} & \dfrac{1}{N} & \cdots & \dfrac{1}{N} \end{pmatrix}$$
>
> を定常分布にもつための必要十分条件は, 推移確率行列 $P = (p_{ij})_{i,j \in S}$ が二重確率行列であることである.

証明 S 上の一様分布が定常分布であるとは, 任意の $j \in S$ に対して $\sum_{i \in S} (1/N) p_{ij} = (1/N)$ が成り立つことであるが, これは $\sum_{i \in S} p_{ij} = 1$, すなわち二重確率行列であることと同値である. ∎

例 1.5 $N \geqq 3$ とする. 状態空間を $S = \{1, 2, \cdots, N\}$ とし, 推移確率行列 $P = (p_{ij})_{i,j \in S}$ が

$$p_{ij} = \begin{cases} \dfrac{1}{N-1} & (j \neq i \text{ のとき}) \\ 0 & (j = i \text{ のとき}) \end{cases}$$

によって与えられるマルコフ連鎖を考える. これは, 現在の状態以外の $(N-1)$ 個の状態を等確率で選んで推移することを意味する. このマルコフ連鎖は N 頂点完全グラフ上の単純ランダムウォークとよばれる. P は対称行列だから二重確率行列であり, 定理 1.6 により S 上の一様分布 $\begin{pmatrix} 1/N & 1/N & \cdots & 1/N \end{pmatrix}$ が定常分布となる. ◢

> **問 1.1** 例 1.5 の N 頂点完全グラフ上の単純ランダムウォーク $(N \geq 3)$ について，時刻 n で状態 i にいる確率を $p_i^{(n)}$ とする．初期分布 $\left(p_i^{(0)}\right)_{i \in S}$ を任意に与えるとき，つぎの問いに答えよ．
> (1) 任意の $i \in S$ と $n = 1, 2, \cdots$ に対して，$p_i^{(n)} = \dfrac{1}{N-1}\left\{1 - p_i^{(n-1)}\right\}$ が成り立つことを示せ．
> (2) 任意の $i \in S$ と $n = 1, 2, \cdots$ に対して，$\left|p_i^{(n)} - \dfrac{1}{N}\right| = \dfrac{1}{N-1}\left|p_i^{(n-1)} - \dfrac{1}{N}\right|$ が成り立つことを示せ．
> (3) 任意の $i \in S$ に対して，$\displaystyle\lim_{n \to \infty} p_i^{(n)} = \dfrac{1}{N}$ となることを示せ．

◆可逆な定常分布◆

原理的には，連立 1 次方程式を解くことによって定常分布を求めることができるが，それほど簡単ではない場合が多い．ここでは，具体的に求めやすいような，特別なよい性質をもつ定常分布を考えよう．

状態空間 $S = \{1, 2, \cdots, N\}$ 上のマルコフ連鎖の推移確率行列 $P = (p_{ij})_{i,j \in S}$ に対して，分布 $\boldsymbol{\pi} = (\pi_i)_{i \in S}$ が

$$\text{任意の } i, j \in S \text{ に対して，} \quad \pi_i p_{ij} = \pi_j p_{ji} \tag{1.7}$$

を満たすとき[†1]，$\boldsymbol{\pi}$ は P に対して**可逆** (reversible) であるという．条件 (1.7) は**詳細つり合い条件** (detailed balance condition) とよばれる．

定理 1.7 状態空間 $S = \{1, 2, \cdots, N\}$ 上のマルコフ連鎖の推移確率行列 $P = (p_{ij})_{i,j \in S}$ について，分布 $\boldsymbol{\pi} = (\pi_i)_{i \in S}$ が P に対して可逆であるとき，$\boldsymbol{\pi}$ は P に対する定常分布となる．

証明 任意の $j \in S$ に対して，$\displaystyle\sum_{i \in S} \pi_i p_{ij} = \sum_{i \in S} \pi_j p_{ji} = \pi_j \sum_{i \in S} p_{ji} = \pi_j \cdot 1 = \pi_j$ である． ∎

定理 1.7 により，詳細つり合い条件 (1.7) を満たす分布を可逆な定常分布とよぶことが多い．定理 1.1 の後の注意書きの内容から，つぎが成り立つ．

定理 1.8 2 状態のマルコフ連鎖においては，すべての定常分布が可逆である．

---

3 状態以上のマルコフ連鎖では，すべての定常分布が可逆というわけではない．

定理 1.9 状態空間が $S = \{1, 2, \cdots, N\}$ であるマルコフ連鎖が，S 上の一様分布

$$\begin{pmatrix} \pi_1 & \pi_2 & \cdots & \pi_N \end{pmatrix} = \begin{pmatrix} \dfrac{1}{N} & \dfrac{1}{N} & \cdots & \dfrac{1}{N} \end{pmatrix}$$

[†1] $i = j$ のときは明らかに成り立つので，実際には $i \neq j$ の場合だけが問題となる．

を可逆な定常分布にもつための必要十分条件は, 推移確率行列 P が対称であることである.

証明 S 上の一様分布が可逆な定常分布であるとは, 任意の $i, j \in S$ に対して $\frac{1}{N} p_{ij} = \frac{1}{N} p_{ji}$ が成り立つこと (詳細つり合い条件 (1.7)) であるが, これは $p_{ij} = p_{ji}$ と同値である. ∎

例 1.6 例 1.4 の正 5 角形上のすごろくの場合, 推移確率行列 P が二重確率行列であることから, 定理 1.6 により一様分布 $\pi_1 = \cdots = \pi_5 = 1/5$ が定常分布となる. しかし, 行列 P は対称ではないから, 定理 1.9 により可逆でない定常分布である. たとえば,

$$\pi_1 p_{12} = \frac{1}{5} \cdot \frac{2}{6} = \frac{2}{30}, \quad \pi_2 p_{21} = \frac{1}{5} \cdot \frac{1}{6} = \frac{1}{30}$$

より, $\pi_1 p_{12} \neq \pi_2 p_{21}$ となっている. ◢

定常分布を定義から求めなくても, 可逆な定常分布が容易にわかる場合がある.

例 1.7 例 1.5 を一般化して, 有限グラフ G の上の単純ランダムウォークを考える. 頂点の集合を V, 辺の集合を E として $G = (V, E)$ と表す[†1]. 二つの頂点 $i, j \in V$ が辺で結ばれている, すなわち $\{i, j\} \in E$ であるとき, i, j は隣接しているといい, $i \sim j$ と表す. また, 頂点 $i \in V$ に隣接する頂点の個数を i の**次数** (degree) といい,

$$\deg(i) := \#\{j \in V : j \sim i\}$$

で表す. すべての $i \in V$ で $\deg(i) > 0$ であると仮定する. G 上の**単純ランダムウォーク** (simple random walk) とは, V を状態空間とするマルコフ連鎖で, 推移確率行列 $P = (p_{ij})_{i,j \in V}$ が以下で与えられるものである.

$$p_{ij} = \begin{cases} \dfrac{1}{\deg(i)} & (j \sim i \text{ のとき}) \\ 0 & (j \nsim i \text{ のとき}) \end{cases}$$

◢

定理 1.10 有限グラフ $G = (V, E)$ について, 総次数を $\Delta := \displaystyle\sum_{i \in V} \deg(i) \, (= 2\#E)$ とおく. このとき,

$$\pi_i := \frac{\deg(i)}{\Delta} \quad [i \in V]$$

とすると, $\boldsymbol{\pi} = (\pi_i)_{i \in V}$ は G 上の単純ランダムウォークの可逆な定常分布である.

[†1] ここで考えるグラフは, 単純, すなわち, 異なる $i, j \in V$ を結ぶ辺は高々 1 本で, $i \in V$ とそれ自身とを結ぶ辺はないものとする.

証明 任意の $i \in V$ に対して $0 \leqq \pi_i \leqq 1$ であり，$\sum_{i \in V} \pi_i = \dfrac{1}{\Delta} \sum_{i \in V} \deg(i) = 1$ だから，$\boldsymbol{\pi} = (\pi_i)_{i \in V}$ は V 上の確率分布である．$i, j \in V$ が $i \sim j$ を満たすとき，$j \sim i$ でもあって，

$$\pi_i p_{ij} = \frac{\deg(i)}{\Delta} \cdot \frac{1}{\deg(i)} = \frac{1}{\Delta} = \frac{\deg(j)}{\Delta} \cdot \frac{1}{\deg(j)} = \pi_j p_{ji}$$

が成り立つ，また，$i, j \in V$ が $i \nsim j$ を満たすとき，$j \nsim i$ でもあって，つぎが成り立つ．

$$\pi_i p_{ij} = \frac{\deg(i)}{\Delta} \cdot 0 = 0 = \frac{\deg(j)}{\Delta} \cdot 0 = \pi_j p_{ji}$$

以上により，$\boldsymbol{\pi} = (\pi_i)_{i \in V}$ は G 上の単純ランダムウォークの可逆な定常分布である． ∎

例 1.8 $N \geqq 2$ とし，N 個の気体分子の入った容器を考える．この容器を A と B の二つの部分に分ける．単位時間ごとに，一つの気体分子が等確率で選ばれ，それが A に入っていたら B へ，B に入っていたら A へ移動するものとする．A 内の気体分子の個数は $S = \{0, 1, \cdots, N\}$ 上のマルコフ連鎖となる．推移確率は

$$p_{i,i-1} = \frac{i}{N} \qquad (i = 1, 2, \cdots, N \text{ のとき})$$
$$p_{i,i+1} = 1 - \frac{i}{N} \quad (i = 0, 1, \cdots, N-1 \text{ のとき})$$
$$p_{ij} = 0 \qquad\qquad (\text{上記以外の } i, j \text{ のとき})$$

で与えられる．このマルコフ連鎖は Ehrenfest and Ehrenfest (1907) によって論じられたことから，**エーレンフェストモデル** (Ehrenfest model) とよばれる． ◀

つぎの定理は，N 個の気体分子の各々が独立に確率 $1/2$ ずつで A の部分または B の部分にいるという『最も乱雑な状況』が気体分子の唯一の「平衡状態」であることを意味している．

定理 1.11 二項分布 $B(N, 1/2)$ はエーレンフェストモデルの可逆な定常分布である．すなわち，

$$\pi_i = \frac{1}{2^N} \binom{N}{i} \quad [i = 0, 1, \cdots, N]$$

は詳細つり合い条件 (1.7) を満たす．また，このモデルの定常分布は他にない．

証明 任意の $i = 0, 1, \cdots, N-1$ に対して $\pi_i p_{i,i+1} = \pi_{i+1} p_{i+1,i}$ が成り立つような分布 $\boldsymbol{\pi} = (\pi_i)_{i \in S}$ を求めてみよう．この式は

$$\pi_i \left(1 - \frac{i}{N}\right) = \pi_{i+1} \frac{i+1}{N}, \quad \text{すなわち} \quad \frac{\pi_{i+1}}{\pi_i} = \frac{N-i}{i+1}$$

と書き直されるから，

$$\frac{\pi_1}{\pi_0} = \frac{N}{1}, \quad \frac{\pi_2}{\pi_1} = \frac{N-1}{2}, \quad \frac{\pi_3}{\pi_2} = \frac{N-2}{3}, \quad \cdots \quad , \frac{\pi_N}{\pi_{N-1}} = \frac{1}{N}$$

となる. したがって,

$$\pi_1 = \frac{N}{1}\pi_0, \quad \pi_2 = \frac{N-1}{2}\pi_1 = \frac{N-1}{2}\frac{N}{1}\pi_0, \quad \cdots$$

が得られ, 一般に $i = 0, 1, \cdots, N$ に対して $\pi_i = \binom{N}{i}\pi_0$ となることがわかる. π_0 の値は $\boldsymbol{\pi} = (\pi_i)_{i \in S}$ が確率分布となるように決めればよい.

$$\sum_{i \in S} \pi_i = \pi_0 \sum_{i=0}^{N}\binom{N}{i} = \pi_0 \sum_{i=0}^{N}\binom{N}{i}1^i 1^{N-i} = \pi_0(1+1)^N = \pi_0 2^N$$

と $\sum_{i \in S} \pi_i = 1$ より, $\pi_0 = \dfrac{1}{2^N}$ である.

つぎに, $\boldsymbol{\pi} = (\pi_i)_{i \in S}$ が定常分布であるという式は

$$\pi_0 = \pi_1 \cdot p_{1,0}, \quad \pi_i = \pi_{i+1} \cdot p_{i+1,i} + \pi_{i-1} \cdot p_{i-1,i} \quad [i = 1, \cdots, N-1] \qquad (1.8)$$

と書ける. $p_{i,i+1} + p_{i,i-1} = 1$ に注意すると, 式 (1.8) は

$$\pi_0 \cdot p_{0,1} - \pi_1 \cdot p_{1,0} = 0,$$

$$\pi_i \cdot p_{i,i+1} - \pi_{i+1} \cdot p_{i+1,i} = \pi_{i-1} \cdot p_{i-1,i} - \pi_i \cdot p_{i,i-1} \quad [i = 1, \cdots, N-1]$$

と変形できるから, 帰納的に

$$\pi_i \cdot p_{i,i+1} - \pi_{i+1} \cdot p_{i+1,i} = 0 \quad [i = 0, 1, \cdots, N-1]$$

が成り立つことがわかる. したがって, エーレンフェストモデルの定常分布は, 上で求めた可逆なものに限られる. ∎

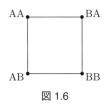

図 1.6

    $N = 2$ の場合, 容器内の状態の変化は, 図 1.6 のような正方形の上の単純ランダムウォークと対応することがわかる. 各点に $1/4$ ずつ確率を与えるのがこのランダムウォークの定常分布であることから, エーレンフェストモデルの定常分布が $\pi_i = \binom{2}{i}/4$ となるであろうことが見てとれる. なお, $N = 3$ のときは立方体, $N > 3$ のときは N 次元超立方体の上の単純ランダムウォークと対応する.

1.3 有限状態マルコフ連鎖の極限定理

$N \geqq 2$ とする. 状態空間が $S = \{1, 2, \cdots, N\}$, 推移確率行列が $P = (p_{ij})_{i,j \in S}$ のマルコフ連鎖が極限分布をもつための条件を調べよう. 極限分布は「平衡状態」での散らばり方を表し, n が十分大きいときの X_n の確率法則を近似的に知るのに役立つ.

◆有限状態マルコフ連鎖の極限定理◆

行列 P の成分がすべて正であることを $P > 0$ と表す. 推移確率行列が $P > 0$ を満たす場合は, つぎの極限定理が成り立つ[†1].

> **定理 1.12** $N \geqq 2$ とし, 状態空間 $S = \{1, 2, \cdots, N\}$, 推移確率行列 $P = (p_{ij})_{i,j \in S}$ のマルコフ連鎖を考える. $P > 0$ であるとき, 以下のことが成り立つ.
>
> (1) 極限値 $\lim_{n \to \infty} p_{ij}^{(n)}$ が存在し, それは i によらない. この極限値を π_j とすると, $\pi_j > 0$ である.
> (2) 初期分布によらず, $\lim_{n \to \infty} P(X_n = j) = \pi_j$ となる.
> (3) $\boldsymbol{\pi} = (\pi_j)_{j \in S}$ は, P に対する唯一つの定常分布である.

証明 (2), (3) は (1) より導かれる. (1) の証明について, まず準備をしておく. 各 $j \in S$ に対して $M_j^{(n)} = \max_{i \in S} p_{ij}^{(n)}, m_j^{(n)} = \min_{i \in S} p_{ij}^{(n)}$ とおく. 任意の $i, j \in S$ に対して,

$$p_{ij}^{(n+1)} = \sum_{k \in S} p_{ik} p_{kj}^{(n)} \leqq M_j^{(n)} \sum_{k \in S} p_{ik} = M_j^{(n)}$$

が成り立つから, 左辺を最大にする $i \in S$ を考えると,

$$M_j^{(n+1)} = \max_{i \in S} p_{ij}^{(n+1)} \leqq M_j^{(n)}$$

となる. したがって, $\lim_{n \to \infty} M_j^{(n)}$ が存在する. 同様に, $m_j^{(n+1)} \geqq m_j^{(n)}$ だから $\lim_{n \to \infty} m_j^{(n)}$ が存在する. この二つの極限値が一致することを示せば, (1) が得られる.

任意の $i, j \in S$ に対して $p_{ij} > 0$ であるとき, S は有限集合だから, $\varepsilon := \min_{i,j \in S} p_{ij} > 0$ である. また, $1 = \sum_{j \in S} p_{ij} \geqq N\varepsilon \geqq 2\varepsilon$ だから, $\varepsilon \leqq 1/2$ が成り立つ.

(1) n と $j \in S$ を任意に固定する. S は有限集合だから, $p_{k_0 j}^{(n)} = m_j^{(n)}$ を満たす $k_0 \in S$ が存在する. 任意の $i \in S$ に対して,

$$p_{ij}^{(n+1)} = \sum_{k \in S} p_{ik} p_{kj}^{(n)} = p_{ik_0} p_{k_0 j}^{(n)} + \sum_{k \in S: k \neq k_0} p_{ik} p_{kj}^{(n)}$$

である. $p_{ik_0} p_{k_0 j}^{(n)} = p_{ik_0} m_j^{(n)}$ であり,

$$\sum_{k \in S: k \neq k_0} p_{ik} p_{kj}^{(n)} \leqq M_j^{(n)} \sum_{k \in S: k \neq k_0} p_{ik} = M_j^{(n)} (1 - p_{ik_0})$$

だから, $p_{ik_0} \geqq \varepsilon$ を用いると,

$$\begin{aligned} p_{ij}^{(n+1)} &\leqq p_{ik_0} m_j^{(n)} + M_j^{(n)} (1 - p_{ik_0}) \\ &= M_j^{(n)} - p_{ik_0} \left\{ M_j^{(n)} - m_j^{(n)} \right\} \leqq M_j^{(n)} - \varepsilon \left\{ M_j^{(n)} - m_j^{(n)} \right\} \end{aligned}$$

---

†1 この定理の証明の鍵となるアイディアは Markov の 1906 年の論文に見られる. 馬場 (訳) (2008) 参照.

となる. 左辺の $i \in S$ に関する最大値をとると,

$$M_j^{(n+1)} \leqq M_j^{(n)} - \varepsilon \left\{ M_j^{(n)} - m_j^{(n)} \right\} \tag{1.9}$$

を得る. 同様にして,

$$m_j^{(n+1)} \geqq m_j^{(n)} + \varepsilon \left\{ M_j^{(n)} - m_j^{(n)} \right\} \tag{1.10}$$

も得られる. 式 (1.9) と式 (1.10) の差を考えると,

$$M_j^{(n+1)} - m_j^{(n+1)} \leqq (1 - 2\varepsilon) \left\{ M_j^{(n)} - m_j^{(n)} \right\}$$

となるから, 任意の n に対して

$$0 \leqq M_j^{(n)} - m_j^{(n)} \leqq (1 - 2\varepsilon)^n \left\{ M_j^{(0)} - m_j^{(0)} \right\} \leqq (1 - 2\varepsilon)^n \tag{1.11}$$

を得る. $0 < \varepsilon \leqq 1/2$ より $0 \leqq 1 - 2\varepsilon < 1$ だから, $n \to \infty$ とすると, $\lim\limits_{n \to \infty} m_j^{(n)} = \lim\limits_{n \to \infty} M_j^{(n)}$ が成り立つ. この値を π_j とおくと,

$$\pi_j \geqq m_j^{(1)} \geqq \min_{i,j \in S} p_{ij} = \varepsilon > 0$$

である. $m_j^{(n)} \leqq p_{ij}^{(n)} \leqq M_j^{(n)}$ より, $\lim\limits_{n \to \infty} p_{ij}^{(n)}$ が存在し, i によらず π_j に一致する.
(2) 初期分布が $\boldsymbol{\nu} = (\nu_i)_{i \in S}$ で与えられるとすると, 任意の $j \in S$ に対して

$$P(X_n = j) = \sum_{i \in S} \nu_i p_{ij}^{(n)}$$

であり, S は有限集合だから, $n \to \infty$ とすると,

$$\lim_{n \to \infty} P(X_n = j) = \sum_{i \in S} \nu_i \cdot \left(\lim_{n \to \infty} p_{ij}^{(n)} \right) = \sum_{i \in S} \nu_i \cdot \pi_j = \pi_j \cdot \sum_{i \in S} \nu_i = \pi_j$$

が得られる.
(3) $\sum\limits_{j \in S} p_{ij}^{(n)} = 1$ において $n \to \infty$ とすると, $\sum\limits_{j \in S} \pi_j = 1$ となるから, $\boldsymbol{\pi} = (\pi_j)_{j \in S}$ は S 上の確率分布である. また, $p_{ij}^{(n+1)} = \sum\limits_{k \in S} p_{ik}^{(n)} p_{kj}$ において $n \to \infty$ とすると, $\pi_j = \sum\limits_{k \in S} \pi_k p_{kj}$ となるから, $\boldsymbol{\pi}$ は定常分布である. つぎに, $\boldsymbol{\nu}$ が定常分布である, すなわち $\boldsymbol{\nu}P = \boldsymbol{\nu}$ を満たすとする. このとき, 任意の n に対して $\boldsymbol{\nu}P^n = \boldsymbol{\nu}$ となるから, $\lim\limits_{n \to \infty} \boldsymbol{\nu}P^n = \boldsymbol{\nu}$ である. 一方, (2) より, 任意の初期分布 $\boldsymbol{\nu}$ に対して $\lim\limits_{n \to \infty} \boldsymbol{\nu}P^n = \boldsymbol{\pi}$ が成り立つから, $\boldsymbol{\nu} = \boldsymbol{\pi}$ となり, $\boldsymbol{\pi}$ は唯一つの定常分布である. ∎

    ✎ $p_{ij}^{(n)}$ と π_j はいずれも $m_j^{(n)}$ 以上 $M_j^{(n)}$ 以下であるから, その距離について

$$|p_{ij}^{(n)} - \pi_j| \leqq M_j^{(n)} - m_j^{(n)} \leqq (1 - 2\varepsilon)^n \tag{1.12}$$

が成り立つ. これは, 極限値への収束が指数関数的に速いことを示している.

定理 1.12 はつぎのように拡張できる.

定理 1.13 $N \geqq 2$ とし，状態空間 $S = \{1, 2, \cdots, N\}$，推移確率行列 $P = (p_{ij})_{i,j \in S}$ のマルコフ連鎖を考える．定理 1.12 の条件を

$$\text{「ある自然数 } L \text{ が存在して，} P^L > 0 \text{」} \tag{1.13}$$

にゆるめても，定理 1.12 と同じ結論が成り立つ．

証明 $Q = P^L$ とおくと，これは定理 1.12 の条件を満たす．よって，

$$Q^l = (q_{ij}^{(l)})_{i,j \in S} = (p_{ij}^{(lL)})_{i,j \in S}$$

とすると，極限 $\lim_{l \to \infty} q_{ij}^{(l)} = \pi_j$ が存在し，$\varepsilon := \min_{i,j \in S} p_{ij}^{(L)}$ とおくと，

$$\left| q_{ij}^{(l)} - \pi_j \right| = \left| p_{ij}^{(lL)} - \pi_j \right| \leqq (1 - 2\varepsilon)^l$$

が成り立つ．任意の自然数 n を $n = lL + r$（l, r は非負の整数で $0 \leqq r < L$）と表すと，

$$\left| p_{ij}^{(n)} - \pi_j \right| = \left| \sum_{k \in S} p_{ik}^{(r)} p_{kj}^{(lL)} - \pi_j \right|$$

となり，$\sum_{k \in S} p_{ik}^{(r)} = 1$ に注意すると，

$$= \left| \sum_{k \in S} p_{ik}^{(r)} (p_{kj}^{(lL)} - \pi_j) \right| \leqq \sum_{k \in S} p_{ik}^{(r)} \cdot \left| p_{kj}^{(lL)} - \pi_j \right|$$

$$\leqq (1 - 2\varepsilon)^l = (1 - 2\varepsilon)^{(n-r)/L} \leqq (1 - 2\varepsilon)^{n/L - 1}$$

となる．この式より定理 1.12 の結論 (1) が得られ，結論 (2), (3) も導かれる． ∎

補題 1.2 定理 1.13 の条件 (1.13) は，実は，それより見かけ上強い条件の，

$$\text{「ある自然数 } L \text{ が存在して，すべての } n \geqq L \text{ に対して } P^n > 0 \text{」} \tag{1.14}$$

と同値である．

証明 $P^L > 0$ とする．$\varepsilon := \min_{i,j \in S} p_{ij}^{(L)}$ とおくと，任意の $n > L$ と $i, j \in S$ に対して，

$$p_{ij}^{(n)} = \sum_{k \in S} p_{ik}^{(n-L)} p_{kj}^{(L)} \geqq \sum_{k \in S} p_{ik}^{(n-L)} \cdot \varepsilon = \varepsilon \sum_{k \in S} p_{ik}^{(n-L)} = \varepsilon > 0$$

が成り立つ．したがって，$P^n > 0$ である． ∎

1.4 有限状態マルコフ連鎖の既約性と周期性

$N \geqq 2$ とし，状態空間 $S = \{1, 2, \cdots, N\}$，推移確率行列 $P = (p_{ij})_{i,j \in S}$ のマルコフ連鎖 $\{X_n\}$ を考える．本節では，マルコフ連鎖の極限定理（定理 1.13）の条件 (1.13) を

確かめるのに役立つ，推移図の特徴について調べる．

◆状態空間の成分とマルコフ連鎖の既約性◆

状態 $i, j \in S$ について，i から j に**到達可能**であるとは，ある非負の整数 n_{ij} が存在して $p_{ij}^{(n_{ij})} > 0$ であるときにいい，$i \to j$ という記号で表す．$i \to j$ かつ $j \to i$ であるとき，i と j は**相互に到達可能**であるといい，$i \leftrightarrow j$ という記号で表す．

補題 1.3 $i \leftrightarrow j$ は状態空間 S における同値関係となる．すなわち，つぎの (1)〜(3) が成り立つ．

(1) $i \leftrightarrow i$.

(2) $i \leftrightarrow j$ ならば $j \leftrightarrow i$.

(3) $i \leftrightarrow j, \ j \leftrightarrow k$ ならば $i \leftrightarrow k$.

証明 $p_{ii}^{(0)} = 1$ であることから，(1) が成り立つ．(2) は定義から明らかである．(3) を示そう．$i \to j$ かつ $j \to k$ であるとき，$p_{ij}^{(n_{ij})} > 0, \ p_{jk}^{(n_{jk})} > 0$ を満たす n_{ij}, n_{jk} が存在する．このとき，定理 1.5 よりつぎの式が成り立つから，$i \to k$ である．

$$
\begin{aligned}
p_{ik}^{(n_{ij}+n_{jk})} &= P(X_{n_{ij}+n_{jk}} = k \mid X_0 = i) \\
&\geqq P(X_{n_{ij}+n_{jk}} = k, \ X_{n_{ij}} = j \mid X_0 = i) = p_{jk}^{(n_{jk})} \cdot p_{ij}^{(n_{ij})} > 0
\end{aligned}
$$
∎

定理 1.14 状態空間 $S = \{1, 2, \cdots, N\}$，推移確率行列 $P = (p_{ij})_{i,j \in S}$ のマルコフ連鎖 $\{X_n\}$ において，S はつぎの (i)〜(iv) を満たす**成分** $C_1, \cdots, C_m$ に分割できる．

(i) $C_1, \cdots, C_m \neq \emptyset$.

(ii) $S = C_1 \cup \cdots \cup C_m$.

(iii) $a \neq b$ ならば，$C_a \cap C_b = \emptyset$ であり，$i \in C_a, j \in C_b$ は $i \leftrightarrow j$ を満たさない．

(iv) 任意の $a = 1, \cdots, m$ に対して，$i, j \in C_a$ ならば $i \leftrightarrow j$.

証明 まず，$C_1 := \{h \in S : 1 \leftrightarrow h\}$ とおく．$i, j \in C_1$ とすると，$1 \leftrightarrow i$ かつ $1 \leftrightarrow j$ だから $i \leftrightarrow j$ とわかる．つぎに，C_1 に属さない S の元があるときは，そのうちで最も番号の若いものを k_2 とし，$C_2 := \{h \in S : k_2 \leftrightarrow h\}$ とおく．ここで，C_1 と C_2 の両方に属する元 h があるとすると，$1 \leftrightarrow h$ かつ $k_2 \leftrightarrow h$ より $1 \leftrightarrow k_2$ となって矛盾が生じるから，$C_1 \cap C_2 = \emptyset$ とわかる．さらに，C_1 にも C_2 にも属さない元があるときは，そのうちで最も番号の若いものを k_3 とし，$C_3 := \{h \in S : k_3 \leftrightarrow h\}$ とおく．このような手続きを続けると，定理の主張を満たす $C_1, \cdots, C_m$ が得られる．∎

マルコフ連鎖 $\{X_n\}$ が**既約** (irreducible) であるとは，「任意の $i, j \in S$ に対して，$i \leftrightarrow j$」が成り立つときにいう．すなわち，状態空間 S が唯一つの成分からなるという場合である．これが成り立たない場合は，**既約でない** (reducible) という．

二つの異なる成分 C, C' に対して，$i \in C$ と $j \in C'$ の間に成り立ちうる関係は

$$「i \to j だが j \not\to i」, \qquad 「i \not\to j だが j \to i」, \qquad 「i \not\to j かつ j \not\to i」$$

の3種類である．$i \to j$ だが $j \not\to i$ が成り立つ場合，定理 1.14 の (iv) より，任意の $k \in C$ と $l \in C'$ に対して $k \to l$ だが $l \not\to k$ となっていることがわかる．このとき，$C \to C'$ と表すことにする．この記号を用いて，成分 $C_1, \cdots, C_m$ の間の関係を有向グラフで表すことができる．一度その中に入ったら出ることのできない成分は**再帰的**であるといい，それ以外の成分は**過渡的**であるという．

◆マルコフ連鎖の周期と非周期性◆

一般に，自然数のある集合 A に対して，A の元の最大公約数 (greatest common divisor) を $\gcd A$ で表す．自然数全体の集合 $\{1, 2, \cdots\}$ を $\mathbb{N}$ として，状態 $i \in S$ の**周期** (period) を

$$\mathrm{per}(i) := \gcd\{n \in \mathbb{N} : p_{ii}^{(n)} > 0\}$$

によって定義する．すなわち，時刻 0 に状態 i から出発したという条件のもとで，状態 i にいる条件付き確率が正となる時刻の最大公約数が，i の周期である．上の定義から，

$$1 \leqq \mathrm{per}(i) \leqq \min\{n \in \mathbb{N} : p_{ii}^{(n)} > 0\}$$

であり，とくに，$p_{ii} > 0$ ならば $\mathrm{per}(i) = 1$ となる．

$\mathrm{per}(i) = 1$ のとき，状態 i は**非周期的** (aperiodic) であるといい，そうでないときは，**周期的** (periodic) であるという．状態空間 S，推移確率行列 P のマルコフ連鎖 $\{X_n\}$ が非周期的であるとは，すべての $i \in S$ が非周期的であるときにいう．

例 1.9 $N \geqq 3$ とする．N 個の頂点 $1, 2, \cdots, N$ を順に円環状につないでできるグラフを，長さ N の**サイクル**という．このグラフの上の単純ランダムウォーク（例 1.7 参照）は，$S = \{1, 2, \cdots, N\}$ を状態空間とするマルコフ連鎖である．どの頂点から出発しても，いくつかのステップの後に他の任意の頂点に正の確率で到達できるから，このマルコフ連鎖は既約である．N が偶数のとき，任意の $i \in S$ に対して，

$$\mathrm{per}(i) = \gcd\{n \in \mathbb{N} : p_{ii}^{(n)} > 0\} = \gcd\{2, 4, 6, \cdots\} = 2$$

となる．一方，N が奇数のときは，$p_{ii}^{(2k)} > 0$ かつ $p_{ii}^{(N)} > 0$ だから，$\mathrm{per}(i) = 1$ である．周期性があると，時刻 $n \to \infty$ での極限挙動を述べるときに複雑になる．これは，ランダムウォークがまじめすぎるのが原因である．そこで，各頂点で一休みできるよう推移確率を少し変えて，

$$\tilde{p}_{ii} := \frac{1}{2}, \quad \tilde{p}_{ij} := \frac{1}{2} p_{ij} \quad [i, j \in S; j \neq i]$$

とすると[†1]，$\widetilde{P}$ で推移するマルコフ連鎖は $\mathrm{per}(i) = 1$ を満たすから非周期的である．このように変形したマルコフ連鎖は，**ものぐさランダムウォーク** (lazy random walk) とよばれる．これは，移動するスピードの平均が半分になるものの，極限挙動の本質は変わらないのでよく用いられる．　◢

　例 1.9 のサイクルには対称性があるから，すべての $i \in S$ に対して $\mathrm{per}(i)$ は一定の値となるが，対称性がなくてもつぎのことが成り立つ．

補題 1.4　状態空間 $S = \{1, 2, \cdots, N\}$，推移確率行列 $P = (p_{ij})_{i,j \in S}$ のマルコフ連鎖 $\{X_n\}$ について，$i \leftrightarrow j$ ならば $\mathrm{per}(i) = \mathrm{per}(j)$ が成り立つ．したがって，同じ成分に属する状態の周期は一定の値をとる．

証明　$i \leftrightarrow j$ であるとき，$p_{ij}^{(n_{ij})} > 0,\, p_{ji}^{(n_{ji})} > 0$ となる n_{ij}, n_{ji} が存在する．

$$p_{ii}^{(n_{ij} + n_{ji})} \geqq p_{ij}^{(n_{ij})} \cdot p_{ji}^{(n_{ji})} > 0$$

だから，$(n_{ij} + n_{ji})$ は $\mathrm{per}(i)$ で割り切れる．一方，$p_{jj}^{(n)} > 0$ となる n を任意にとると，

$$p_{ii}^{(n_{ij} + n + n_{ji})} \geqq p_{ij}^{(n_{ij})} \cdot p_{jj}^{(n)} \cdot p_{ji}^{(n_{ji})} > 0$$

となるから，$(n_{ij} + n + n_{ji})$ は $\mathrm{per}(i)$ で割り切れる．したがって，n も $\mathrm{per}(i)$ で割り切れる．これは，$\mathrm{per}(i)$ が $p_{jj}^{(n)} > 0$ となる n に対する公約数であることを示しているから，

$$\mathrm{per}(i) \leqq \gcd\{n \in \mathbb{N} : p_{jj}^{(n)} > 0\} = \mathrm{per}(j)$$

を得る．i と j の役割を入れ替えて考えると，$\mathrm{per}(j) \leqq \mathrm{per}(i)$ も得られる．　∎

　非周期性をわかりやすい条件でいい換えるために，補題を一つ示す．

補題 1.5　自然数のある集合 A が $\gcd A = 1$ を満たし，加法について閉じている，すなわち $n, n' \in A$ ならば $n + n' \in A$ が成り立つとき，ある $l = l(A)$ が存在して，l 以上の任意の自然数 n が A の元になっている．

証明　A は連続する二つの自然数を必ず含むことを示そう．もしそうでないとすると，つぎを満たす 2 以上の自然数 d と自然数 n が存在する：$n \in A,\, n + d \in A$ であり，A の任意の二つの異なる自然数はその差が d 以上となる．$\gcd A = 1$ だから，この d で割り切れない $m \in A$ が存在し，$m = dq + r$（q は非負の整数，$0 < r < d$）と表すことができる．$m + (d - r) = (q + 1)d$ に注意して，$(q + 1)(n + d)$ と $(q + 1)n + m$ という二つの自然数を考える．A が加法について閉じていることからいずれも A に属するが，その差は

$$(q + 1)(n + d) - \{(q + 1)n + m\} = (q + 1)d - m = d - r$$

[†1] $\widetilde{P} = (P + E)/2$ と表すことができる．P に対する定常分布は，$\widetilde{P}$ に対しても定常分布である．また，P に対して可逆な分布は，$\widetilde{P}$ に対しても可逆である．

で，d よりも小さい正の数である．これは d の定義に矛盾する．

A が含む連続する二つの自然数を $n, n+1$ とする．A は加法について閉じているから，以下のような元を含む．

$$
\begin{array}{llllll}
n & n+1 & & & & \\
2n & 2n+1 & 2n+2 & & & \\
3n & 3n+1 & 3n+2 & 3n+3 & & \\
\vdots & \vdots & \vdots & \vdots & \ddots & \\
(n-1)n & (n-1)n+1 & \cdots & \cdots & (n-1)n+(n-1) & \\
n\cdot n & n\cdot n+1 & \cdots & \cdots & \cdots & n\cdot n+n \\
\vdots & \vdots & \vdots & \vdots & \vdots & \ddots
\end{array}
$$

すなわち，$j = 1, 2, \cdots$ に対して，$jn, jn+1, \cdots, jn+j$ を含む．これを見ると，$(n-1)n$ 以上の整数はすべて A の元であることがわかるから，$l = (n-1)n$ とおけば求めるべき結論を得る． ∎

定理 1.15 状態空間 $S = \{1, 2, \cdots, N\}$，推移確率行列 $P = (p_{ij})_{i,j \in S}$ のマルコフ連鎖 $\{X_n\}$ が非周期的であるための必要十分条件は，

$$
\text{ある } l \text{ が存在して，すべての } n \geqq l \text{ と } i \in S \text{ に対して，} p_{ii}^{(n)} > 0
$$

となることである．

証明 非周期的であると仮定する．任意の $i \in S$ に対して，$A_i := \{n = 1, 2, \cdots : p_{ii}^{(n)} > 0\}$ とおくと，$\gcd A_i = 1$ である．$n, n' \in A_i$ ならば $p_{ii}^{(n)} > 0, p_{ii}^{(n')} > 0$ だから，

$$
p_{ii}^{(n+n')} \geqq p_{ii}^{(n)} \cdot p_{ii}^{(n')} > 0
$$

となり，$n + n' \in A_i$ が成り立つ．補題 1.5 により，ある l_i が存在して，l_i 以上の任意の自然数 n が A_i の元になっている．したがって，$l := \max_{i \in S} l_i$ とおくと，l 以上の任意の自然数 n が $\bigcap_{i \in S} A_i$ の元になっている．$\gcd\{l, l+1, l+2, \cdots\} = 1$ だから，逆も成り立つ． ∎

◆既約で非周期的なマルコフ連鎖の推移確率行列◆

つぎの定理を用いると，定理 1.13 の条件 (1.13) が確かめやすくなる．

定理 1.16 状態空間 $S = \{1, 2, \cdots, N\}$，推移確率行列 $P = (p_{ij})_{i,j \in S}$ のマルコフ連鎖 $\{X_n\}$ が既約かつ非周期的であることの必要十分条件は，定理 1.13 の条件 (1.13) である．

証明 既約かつ非周期的であると仮定する．非周期的であるという仮定から，定理 1.15 により，ある l が存在して，すべての $n \geqq l$ と $i \in S$ に対して，$p_{ii}^{(n)} > 0$ である．そこで，すべての $i \in S$ に対して $L_{ii} := l$ と定める．

つぎに，二つの異なる状態 $i, j \in S$ を任意に固定すると，既約であるという仮定から，ある n_{ij} が存在して $p_{ij}^{(n_{ij})} > 0$ である．$L_{ij} := L_{ii} + n_{ij}$ とおくと，任意の $n \geqq L_{ij}$ に対して，$p_{ij}^{(n)} \geqq p_{ii}^{(n-n_{ij})} \cdot p_{ij}^{(n_{ij})}$ が成り立ち，$n - n_{ij} \geqq L_{ij} - n_{ij} = L_{ii}$ に注意すると，右辺が正であることがわかる．以上により，$L := \max_{i,j \in S} L_{ij}$ とおくと，定理 1.13 の条件 (1.13) が成り立つ．

補題 1.2 と定理 1.15 を考慮に入れると，逆も成り立つことがわかる． ∎

例 1.10 例 1.7 で定義した有限グラフ $G = (V, E)$ の上の単純ランダムウォークを考える．G が **連結** (connected) であるとは，異なる $i, j \in V$ の任意の組に対して，ある自然数 n_{ij} と V の点列

$$x_0 = i, \, x_1, \cdots, x_{n_{ij}-1}, x_{n_{ij}} = j$$

で $x_{k-1} \sim x_k$ $[k = 1, 2, \cdots, n_{ij}]$ を満たすものが存在するときにいう．このとき，G 上の単純ランダムウォークは，異なる $i, j \in V$ の任意の組に対して，

$$p_{ij}^{(n_{ij})} \geqq \prod_{k=1}^{n_{ij}} p_{x_{k-1}, x_k} = \prod_{k=1}^{n_{ij}} \frac{1}{\deg(x_{k-1})} > 0$$

を満たすから既約である．さらに，このランダムウォークが非周期的ならば，定理 1.10 で求めた可逆な定常分布に収束する．周期的な場合には，例 1.9 と同様にものぐさランダムウォークに変形して扱うことが多い． ◀

例 1.11 例 1.8 のエーレンフェストモデルは既約だが，各状態の周期は 2 である．例 1.9 と同様に，気体分子が一休みできるようにして非周期的になるように変形した場合，やはり二項分布 $B(N, 1/2)$ が可逆な定常分布となる．このとき，定理 1.16 と定理 1.13 により，時刻 n での A 内の気体分子の個数 X_n について，

$$\lim_{n \to \infty} P(X_n = i) = \frac{1}{2^N} \binom{N}{i} \quad [i = 0, 1, \cdots, N]$$

が成り立つ． ◀

1.5 到達時間と再帰時間

マルコフ連鎖がある状態から別の状態に推移するまでの時間，あるいは同じ状態に戻ってくるまでの時間について調べよう．

状態 $i \in S$ と，$X_1, X_2, \cdots$ に関する事象 E に対して，$X_0 = i$ から出発したという条件のもとでの事象 E の確率を $P_i(E) := P(E \mid X_0 = i)$ とおく．たとえば，$P_i(X_n = j) = p_{ij}^{(n)}$ である．

$X_0 = i$ から出発したという条件のもとで，$X_n = j$ となる最小の $n \geqq 1$ を T_{ij} で表し，状態 i から状態 j への**到達時間** (hitting time) とよぶ．このような n が存在しないときは $T_{ij} = +\infty$ と定める．とくに，$X_n = i$ となる最小の $n \geqq 1$ を T_{ii} で表し，状態 i の**再帰時間** (recurrence time) とよぶ．このような n が存在しないときは $T_{ii} = +\infty$ と定める．

◆ 2 状態マルコフ連鎖の平均再帰時間・平均到達時間 ◆

2 状態マルコフ連鎖ではつぎのことが成り立つ．

定理 1.17 $0 < a, b < 1$ とする．推移確率行列が

$$P = \begin{pmatrix} p_{11} & p_{12} \\ p_{21} & p_{22} \end{pmatrix} = \begin{pmatrix} 1-a & a \\ b & 1-b \end{pmatrix}$$

である 2 状態のマルコフ連鎖について，以下が成り立つ．

$$E[T_{12}] = \frac{1}{a}, \quad E[T_{21}] = \frac{1}{b}, \quad E[T_{11}] = \frac{a+b}{b}, \quad E[T_{22}] = \frac{a+b}{a}$$

このマルコフ連鎖の唯一つの定常分布 $\left(\dfrac{b}{a+b} \quad \dfrac{a}{a+b} \right)$ は，$\left(\dfrac{1}{E[T_{11}]} \quad \dfrac{1}{E[T_{22}]} \right)$ に一致している．定理 1.17 は定常分布のもつ確率論的な意味の一つを与えている．

> **問 1.2** 補題 0.1 を用いて，定理 1.17 を証明せよ．

◆ 有限状態マルコフ連鎖の平均再帰時間 ◆

つぎに，一般の有限状態マルコフ連鎖の再帰時間について調べよう．

準備として，「過去のことは忘れて，現在の状態だけで未来の確率が決まる」という直観を，実際に使いやすい形で厳密に述べておく．

補題 1.6 $X_0, X_1, \cdots, X_n$ に関する事象 A と，$X_{n+1}, X_{n+2}, \cdots$ に関する事象 B に対して，つぎが成り立つ．

$$P(B \mid A \cap \{X_n = i\}) = P(B \mid X_n = i).$$

証明 $X_0 = x_0, X_1 = x_1, \cdots, X_{n-1} = x_{n-1}, X_n = i$ ならば事象 A が起こるような，ベクトル $(x_0, x_1, \cdots, x_{n-1})$ の全体を $\widetilde{A}$ とおく．このとき，

$$P(B \cap A \cap \{X_n = i\})$$

$$= \sum_{(x_0, x_1, \cdots, x_{n-1}) \in \tilde{A}} P(B \cap \{(X_0, X_1, \cdots, X_{n-1}, X_n) = (x_0, x_1, \cdots, x_{n-1}, i)\})$$

$$= \sum_{(x_0, x_1, \cdots, x_{n-1}) \in \tilde{A}} P(B \mid (X_0, X_1, \cdots, X_{n-1}, X_n) = (x_0, x_1, \cdots, x_{n-1}, i))$$

$$\times P((X_0, X_1, \cdots, X_{n-1}, X_n) = (x_0, x_1, \cdots, x_{n-1}, i))$$

$$= P(B \mid X_n = i)$$

$$\times \sum_{(x_0, x_1, \cdots, x_{n-1}) \in \tilde{A}} P((X_0, X_1, \cdots, X_{n-1}, X_n) = (x_0, x_1, \cdots, x_{n-1}, i))$$

$$= P(B \mid X_n = i) \cdot P(A \cap \{X_n = i\})$$

となる. したがって,

$$P(B \mid A \cap \{X_n = i\}) = \frac{P(B \cap A \cap \{X_n = i\})}{P(A \cap \{X_n = i\})} = P(B \mid X_n = i)$$

となることがわかる. ∎

この性質を使って, つぎのことを証明しよう.

補題 1.7 $k = 1, 2, \cdots$ に対して,

$$f_{ii}^{(k)} := P_i(T_{ii} = k) = P_i(\text{時刻 } k \text{ にしてはじめて } i \text{ に戻る})$$

と定める. $f_{ii}^{(0)} = 0$ としておく. このとき, 任意の $n = 1, 2, \cdots$ に対して, つぎが成り立つ.

$$p_{ii}^{(n)} = \sum_{k=1}^{n} f_{ii}^{(k)} p_{ii}^{(n-k)} \tag{1.15}$$

証明 時刻 n 以前に i にはじめて戻った時刻に注目すると,

$$p_{ii}^{(n)} = \sum_{k=1}^{n} P_i(\text{時刻 } k \text{ にしてはじめて } i \text{ に戻り, } X_n = i \text{ でもある})$$

と分解できる. $k = 1, \cdots, n-1$ のとき,

$$f_{ii}^{(k)} = P_i(\text{時刻 } k \text{ にしてはじめて } i \text{ に戻る})$$

$$= \sum_{i_1, \cdots, i_{k-1} \in S \setminus \{i\}} P_i(X_1 = i_1, \cdots, X_{k-1} = i_{k-1}, X_k = i)$$

と表されることに注意すると,

$$P_i(\text{時刻 } k \text{ にしてはじめて } i \text{ に戻り, } X_n = i \text{ でもある})$$

$$= \sum_{i_1,\cdots,i_{k-1}\in S\setminus\{i\}} P_i(X_1=i_1,\cdots,X_{k-1}=i_{k-1},X_k=i,X_n=i)$$

であり，補題 1.6 により，

$$= p_{ii}^{(n-k)} \sum_{i_1,\cdots,i_{k-1}\in S\setminus\{i\}} P_i(X_1=i_1,\cdots,X_{k-1}=i_{k-1},X_k=i) = p_{ii}^{(n-k)} f_{ii}^{(k)}$$

となる．$p_{ii}^{(0)}=1$ であることに注意すれば，この式は $k=n$ のときも正しい． ∎

$m_i := E[T_{ii}]$ を状態 i の**平均再帰時間** (mean recurrence time) とよぶ．これについて，つぎの定理が成り立つ．

定理 1.18 $\pi_i := \lim_{n\to\infty} p_{ii}^{(n)} > 0$ のとき，$m_i = E[T_{ii}] = \dfrac{1}{\pi_i}$ となる．

証明 T_{ii} の期待値を調べるため，まず最初に，$e_i := P_i(T_{ii}=+\infty) = P_i(i\text{ に戻らない})$ について，$e_i=0$ となることを示そう．

$$F_h := P_i(h < T_{ii} < +\infty) = \sum_{m=h+1}^{\infty} f_{ii}^{(m)} \quad [h=0,1,2,\cdots]$$

とおくと，$k=1,2,\cdots$ に対して $f_{ii}^{(k)} = F_{k-1}-F_k$ が成り立つから，補題 1.7 の式 (1.15) は

$$\begin{aligned}
p_{ii}^{(n)} &= \sum_{k=1}^{n} f_{ii}^{(k)} p_{ii}^{(n-k)} = \sum_{k=1}^{n} (F_{k-1}-F_k) p_{ii}^{(n-k)} \\
&= \sum_{k=1}^{n} F_{k-1} p_{ii}^{(n-k)} - \sum_{k=1}^{n} F_k p_{ii}^{(n-k)} \\
&= \sum_{k=0}^{n-1} F_k p_{ii}^{(n-1-k)} - \sum_{k=0}^{n} F_k p_{ii}^{(n-k)} + F_0 p_{ii}^{(n)}
\end{aligned}$$

と書き直せる．$n=0,1,2,\cdots$ に対して $S_n := \sum_{k=0}^{n} F_k p_{ii}^{(n-k)}$ とおき，

$$F_0 + e_i = P_i(1 \leqq T_{ii} < +\infty) + P_i(T_{ii}=+\infty) = 1$$

に注意すると，$S_n - S_{n-1} = -e_i p_{ii}^{(n)}$ が得られる．したがって，$\{S_n\}$ は単調非増加な非負の数列だから収束し，

$$0 = \lim_{n\to\infty}(S_n - S_{n-1}) = \lim_{n\to\infty}(-e_i p_{ii}^{(n)}) = -e_i \pi_i$$

となる．$\pi_i > 0$ という仮定から $e_i=0$ が導かれ，さらに，任意の $n=0,1,2,\cdots$ に対して，

$$S_n = S_{n-1} = \cdots = S_0 = F_0 p_{ii}^{(0)} = 1 \cdot 1 = 1$$

が成り立つこともわかった．

それでは,

$$m_i = E[T_{ii}] = \sum_{k=0}^{\infty} P(T_{ii} > k) = \sum_{k=0}^{\infty} \sum_{m=k+1}^{\infty} f_{ii}^{(m)} = \sum_{k=0}^{\infty} F_k$$

について調べよう.任意の自然数 N を固定し,$n \geqq N$ とする.まず,

$$1 = S_n = \sum_{k=0}^{n} F_k p_{ii}^{(n-k)} \geqq \sum_{k=0}^{N} F_k p_{ii}^{(n-k)} = F_0 p_{ii}^{(n)} + F_1 p_{ii}^{(n-1)} + \cdots + F_N p_{ii}^{(n-N)}$$

が成り立つから,$n \to \infty$ とすると $(F_0 + F_1 + \cdots + F_N)\pi_i \leqq 1$ が得られ,$N \to \infty$ とすると,$m_i = \sum_{k=0}^{\infty} F_k \leqq \dfrac{1}{\pi_i} < +\infty$ とわかる.一方,

$$1 = S_n = \sum_{k=0}^{N} F_k p_{ii}^{(n-k)} + \sum_{k=N+1}^{n} F_k p_{ii}^{(n-k)} \leqq \sum_{k=0}^{N} F_k p_{ii}^{(n-k)} + \sum_{k=N+1}^{\infty} F_k$$

において $n \to \infty$ とすると,

$$(F_0 + F_1 + \cdots + F_N)\pi_i + \sum_{k=N+1}^{\infty} F_k \geqq 1$$

が得られるから,$N \to \infty$ とすると $m_i \pi_i \geqq 1$ とわかる.以上により,$m_i = 1/\pi_i$ が成り立つことがわかる. ∎

例 1.12 例 1.8 のエーレンフェストモデルは,熱拡散のモデルとも考えることができる.熱は温度の高いところから低いところへと移動し,その逆は起こらない(熱力学の第 2 法則)とされているが,このモデルが $\pi_i = \dfrac{1}{2^N} \dbinom{N}{i}$ $[i = 0, 1, \cdots, N]$ を可逆な定常分布にもつこととは矛盾しないのであろうか.定理 1.18 によると,定常状態において,すべての粒子が B にある状態からまた同じ状態に戻るまでの時間の期待値は $1/\pi_0 = 2^N$ である.ここで,N はアボガドロ数 6.02×10^{23} のような極めて大きな数であるから,この期待値は非常に大きく,現実的に観測しうる時間スケールの中では極めて稀なことであろうと考えられる.これは,エーレンフェストモデルにおける熱拡散の様子が実際には不可逆的とみなされることを意味する. ◢

2 ランダムウォーク

酔っぱらってふらふらと歩き回る人が，無事に家に帰れる確率はいくらだろうか．この問題に対する確率モデルは**ランダムウォーク**（random walk，日本語では**乱歩，酔歩**）とよばれる[†1]．モデルの定義は単純でありながらたくさんの美しい性質をもっており，また，いろいろな自然現象・経済現象との関連もあり重要である．本書の主役といってよいだろう．

2.1 ランダムウォーク — 概観

◆ランダムウォーク◆

数直線上で，はじめに原点 0 に駒をおく．コインを投げて，表が出れば右へ +1，裏が出れば左へ +1（右へ −1）駒を進める（図 2.1）．この問題は，空間が 1 次元，歩幅が 1 で，左右に動く確率が等しいことから，**1 次元対称単純ランダムウォーク** (symmetric simple random walk) とよばれる．上で『駒』といった動点のことを**ウォーカー**とよぶ．

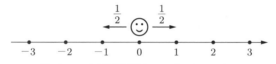

図 2.1 1 次元対称単純ランダムウォーク．

◆ランダムウォークの再帰性◆

原点から出発したランダムウォークがいつか再び原点に帰ってくる確率を調べることは，**再帰性の問題**とよばれる．

まず，数直線上の原点 0 から出発した対称単純ランダムウォークが，いつか一つ右隣の点（点 1）にたどり着く確率 x を考える．つぎのように，最初の 1 歩で場合を分ける．

- 最初の 1 歩で点 1 に着ける確率は 1/2 である．
- 最初の 1 歩は点 −1 に行くが，その後いつか原点に戻り，さらにその後いつか点 1 にまでたどり着くという確率は，x を使うと，$(1/2) \times x \times x = (1/2)x^2$ と表せる．

以上により，

$$右隣の点にいつか行ける確率 \ x = \frac{1}{2} + \frac{1}{2}x^2$$

[†1]「ランダムウォーク」という名前が現れた最初の文献は Pearson (1905) とされている．

が成り立つ．これを解くと $x = 1$ となる．同様の議論を繰り返すことで，1 次元対称単純ランダムウォークは，つぎの性質をもつことがわかる．

- いまいる点の左右の点を，いつかは必ず訪れる．
- ふらふらと振動しながら，いつかは必ずすべての点を訪れる．
- 一度離れた点にも，いつかは必ず戻る．

よって，いつかは再び原点に戻ってくることがわかる．

以上の議論は少々荒削りなので[†1]，2.2 節で厳密な証明を与えよう．

◆ 1 次元単純ランダムウォーク ◆

問題を一般化して，確率 p で右に 1 動き，確率 $q = 1 - p$ で左に 1 動くランダムウォークを考える（図 2.2）．これを 1 次元**単純ランダムウォーク** (simple random walk) とよぶ．

図 2.2 1 次元単純ランダムウォーク．

$p = 1$ のときはずっと右に動き続け，$p = 0$ のときはずっと左に動き続けるから，ウォーカーが出発点に戻ることはない．それでは，$0 < p < 1$ でも $p \neq 1/2$ の場合，出発点に戻れる確率はいくらだろうか．これについては 2.2 節で調べよう．

◆多次元ランダムウォーク ◆

さて，もっと広い空間でランダムウォークを考えると，駒はどんな挙動をするのだろうか．たとえば，図 2.3(a) のような 2 次元の場合や，図 2.3(b) のような 3 次元の場合はどうなるだろうか．

Pólya (1921) によって，つぎのことが証明されている（後の定理 2.12）．

- 1 次元空間（数直線）および 2 次元空間（座標平面）において，原点から出発した対称単純ランダムウォークがいつまでも原点に帰ってこられない確率は 0 である．
- 3 次元空間（座標空間）の原点から出発した対称単純ランダムウォークがいつまでも原点に帰ってこられない確率は正である．

Durrett (2019) によると，角谷静夫氏は，ある講演において上記の結果をつぎのように表現したという．

> 「酔っぱらった人はいずれ家にたどりつくが，酔っぱらった鳥は永久にさまようかもしれない．」

[†1] たどり着くまでの時間に制限がないので，x は極限値の一種である．ここでわかったのは，「x が**存在す**れば，その値は 1 である」ということである．

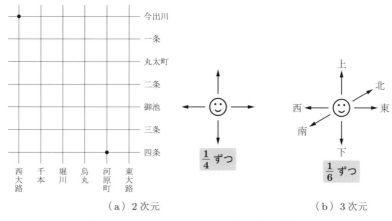

（a）2 次元 （b）3 次元

図 2.3 多次元の対称単純ランダムウォーク.

2.2 破産問題と 1 次元単純ランダムウォークの再帰性

◆賭け事から確率論へ◆

確率論の起こりは賭け事に関する問題にある．つぎの例題は，**破産問題** ("gambler's ruin") とよばれるものの典型的な例である．

例題 2.1 $0 \leqq i \leqq N$ とする．つぎのようなゲームを考えよう．

① 最初の持ち点は i 点とする．

② コインを投げて，表が出れば持ち点が 1 点増し，裏が出れば持ち点が 1 点減る．

③ 持ち点が 0 点あるいは N 点になるまで②を繰り返す．

持ち点が N 点で終わる確率 v_i と，持ち点が 0 点で終わる確率 w_i をそれぞれ求めよ.

[解答] このゲームに対する確率モデルとして，状態空間が $S = \{0, 1, \cdots, N\}$ で，推移確率 $P = (p_{ij})_{i,j \in S}$ が

$$p_{00} = 1, \quad p_{NN} = 1,$$

$$0 < i < N \text{ のとき}, \, p_{i,i-1} = p_{i,i+1} = \frac{1}{2},$$

$$\text{上記以外の } i, j \in S \text{ に対しては}, \, p_{ij} = 0$$

で与えられるマルコフ連鎖を考える．これは，0 と N を**吸収壁**とする 1 次元対称単純ランダムウォークとよばれる．

$$v_i = P(i \text{ から出発したランダムウォークが } 0 \text{ より先に } N \text{ を訪れる})$$

であり，$v_0 = 0, v_N = 1$ が成り立つ．また，最初の 1 歩で場合分けすると，

$$v_i = p_{i,i-1} \cdot v_{i-1} + p_{i,i+1} \cdot v_{i+1} = \frac{1}{2}v_{i-1} + \frac{1}{2}v_{i+1} \quad [0 < i < N]$$

という式を導くことができる．これを

$$v_i - v_{i-1} = v_{i+1} - v_i$$

と変形すると，$v_0, v_1, \cdots, v_N$ は等間隔で並んでいることがわかる．よって，$v_i - v_{i-1} = 1/N$，すなわち $v_i = i/N$ となる．一方，

$$w_i = P(i \text{ から出発したランダムウォークが } N \text{ より先に } 0 \text{ を訪れる})$$

については，$w_0 = 1, w_N = 0$ であって，

$$w_i = \frac{1}{2}w_{i-1} + \frac{1}{2}w_{i+1} \quad [0 < i < N]$$

が成り立つ．これを解くと，$w_i = 1 - i/N$ が得られる．

✎ いつまで経ってもゲームが終わらない確率，いい換えると，長さが有限の区間の中でウォーカーが「振動し続ける」確率が 0 であることもわかった．

問2.1 例題 2.1 のゲームにおいて，コインを投げて表が出る確率が p，裏が出る確率が $q = 1 - p$ であると一般化した場合を調べる．$0 < p < 1, p \neq q$ として，最初の持ち点が i 点であるとき，持ち点が N 点で終わる確率 v_i と，持ち点が 0 点で終わる確率 w_i をそれぞれ求めよ．

◆ 1次元対称単純ランダムウォークの再帰性◆

破産問題に関する例題 2.1 の結果は，1次元対称単純ランダムウォークの到達確率の計算として，つぎのように読み替えられる．

補題2.1 $0 \leqq i \leqq N$ とする．1次元対称単純ランダムウォークの時刻 n での位置を S_n で表し，点 i から出発したという条件のもとでの事象 E の確率を $P_i(E) := P(E \mid S_0 = i)$ で表す．このとき，以下が成り立つ．

$$P_i(0 \text{ より先に } N \text{ を訪れる}) = \frac{i}{N}, \quad P_i(N \text{ より先に } 0 \text{ を訪れる}) = 1 - \frac{i}{N}$$

この補題によって，つぎの定理が得られる．

定理2.1 原点から出発した1次元対称単純ランダムウォークが，いつか再び原点に帰ってくる確率は 1 である．

証明 $E := \{$ いつか 0 を訪れる $\}$ とおいて $P_0(E)$ を求める．まず，最初の 1 歩で右に動いた場合を調べよう．$N > 1$ に対して $E_N := \{N$ より先に 0 を訪れる $\}$ とおくと，補題 2.1 により $P_1(E_N) = 1 - 1/N$ である．

$$E_2 \subset E_3 \subset \cdots, \quad \bigcup_{N=2}^{\infty} E_N = E$$

が成り立つから，確率の連続性により，

$$P_1(E) = P_1 \left(\bigcup_{N=2}^{\infty} E_N \right) = \lim_{N \to \infty} P_1(E_N) = 1$$

が得られる．対称性により $P_{-1}(E) = 1$ であるから，

$$P_0(E) = \frac{1}{2} P_1(E) + \frac{1}{2} P_{-1}(E) = 1$$

となる． ∎

> **問 2.2** 確率 p で右に 1 動き，確率 $q = 1 - p$ で左に 1 動く 1 次元単純ランダムウォークを考える．$0 < p < 1, p \neq q$ であるとき，問 2.1 の結果を用いて，原点から出発したランダムウォークがいつか再び原点に帰ってくる確率を求めよ．

◆電気回路とランダムウォーク◆

図 2.4 のような，N 本の抵抗が直列につながれた電気回路を考える．電池（直流電源）の電圧は $1\,\mathrm{V}$ とし，抵抗はいずれも $1\,\Omega$ とする．この電気回路が，例題 2.1 で説明した破産問題と深く関係していることを説明しよう．

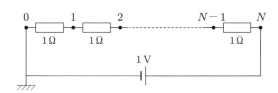

図 2.4 例題 2.1 の破産問題に対応する電気回路．

点 i の電位を v_i で表す．このとき，$v_0 = 0, v_N = 1$ である．また，$i = 1, \cdots, N-1$ に対しては，点 i に流れ込む電流と点 i から流れ出す電流が等しいこと（キルヒホッフ (Kirchhoff) の法則）とオーム (Ohm) の法則により，

$$\frac{v_i - v_{i-1}}{1} = \frac{v_{i+1} - v_i}{1}, \text{ すなわち } v_i - v_{i-1} = v_{i+1} - v_i$$

が成り立つ．この方程式は例題 2.1 で出てきたのと同じものであり，

$$v_i = \frac{i}{N} \quad [i = 0, 1, \cdots, N]$$

が得られる．すなわち，電気回路における各点の電位と，公平なゲームにおける破産問題の解とが一致していることがわかる．直列回路の特徴として，電池の電圧を抵抗の比に配分すると，各抵抗における電位差となることはよく知られている．これを用いると，

$$v_i - v_0 = 1 \times \frac{(\text{点}\,0\,\text{から点}\,i\,\text{までの合成抵抗})}{(\text{点}\,0\,\text{から点}\,N\,\text{までの合成抵抗})} = \frac{i}{N}$$

のように，破産問題の解を直感的に導くこともできる．一方，点 0 と点 N の間の合成抵抗は $N\,[\Omega]$ だから，点 0 と「無限遠点」との間の「合成抵抗」は「$\infty\,\Omega$」と考えられる．このことは，1 次元対称単純ランダムウォークが再帰的であることを意味しているはずである．

2 次元対称単純ランダムウォークの場合，合成抵抗を正確に求めることは難しいが，つぎのような考察により，「無限遠点」との間の「合成抵抗」が「$\infty\,\Omega$」であることがわかる．図 2.5 の 2 次元格子の太線部分の抵抗 $(1\,\Omega)$ を導線 $(0\,\Omega)$ に置き換えると，合成抵抗は元より小さくなるはずである．

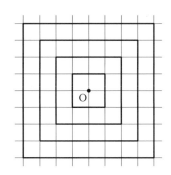

図 2.5 2 次元対称単純ランダムウォークに対応する電気回路の「合成抵抗」の評価.

原点から距離 i にある太線の上の点をまとめて一つの点 i とみなすと，$i = 0, 1, 2, \cdots$ に対して，点 i と点 $(i+1)$ の間に $(8i+4)$ 本の $1\,\Omega$ の抵抗が並列につなげられている回路に相当するから，その合成抵抗は $\sum_{i=0}^{\infty} \dfrac{1}{8i+4} = +\infty$ である．したがって，2 次元格子の「無限遠点」との間の「合成抵抗」も「$\infty\,\Omega$」となる．これは，2 次元対称単純ランダムウォークが再帰的であることを示唆している[†1].

> **問 2.3** N 本の抵抗を直列につないだ電気回路を考える (図 2.6).電池（直流電源）の電圧を 1 V とし，点 i と点 $(i+1)$ の間の抵抗を $\gamma_i\,[\Omega]$ とする $(i = 0, 1, \cdots, N-1)$.
> $\gamma_0 = 1$ とするとき，つぎの問いに答えよ．
> (1) 問 2.1 の不公平なゲームにおける破産問題に対応する電気回路となるように，抵抗 γ_i $(i = 1, \cdots, N-1)$ を定めよ．

---

†1 電気回路とランダムウォークの関係について，詳しくは熊谷 (2003) を参照.

(2) 直列回路の特徴を利用して，点 i の電位 v_i $(i = 0, 1, \cdots, N)$ を求めよ．

(3) $p > q$ とする．点 0 から点 N までの合成抵抗の $N \to \infty$ での極限値を求めよ．

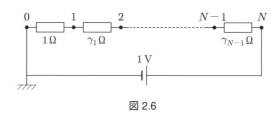

図 2.6

◆行動範囲の広がり◆

酔っぱらいは帰りが遅くなりがちである．以下の定理から，1 次元対称単純ランダムウォークは距離 N 進むのに平均 N^2 の時間を要することがわかる．

> **定理 2.2** N を正の数とする．原点から出発した 1 次元対称単純ランダムウォークが点 $(-N)$ または点 N にはじめて到着するまでの時間の期待値は N^2 である．

証明 $-N \leqq i \leqq N$ を満たす整数 i に対して，点 i から出発したウォーカーが点 $(-N)$ または点 N にはじめて到着するまでの時間の期待値を m_i で表す．このとき，$m_{-N} = m_N = 0$ であり，$-N < i < N$ のとき，

$$m_i = \frac{1}{2}(1 + m_{i-1}) + \frac{1}{2}(1 + m_{i+1})$$

が成り立つ．この連立方程式の解は $m_i = N^2 - i^2$ となることがわかる（解の見つけ方についてはつぎの小節を参照）．とくに $m_0 = N^2$ である． ∎

> 問 2.4 図 2.7 のグラフ上の単純ランダムウォークについて，グラフ上のある点 x から出発して点 b または点 c にはじめて到着するまでの時間の期待値を m_x で表す．m_a を求めよ．

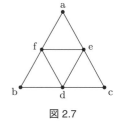

図 2.7

◆ランダムウォークと熱方程式◆

数直線上の整数点の全体 $\mathbb{Z}$ を『離散的な針金』と考える．最初，原点に熱を与える．その熱の量を 1 とし，熱の初期分布を

$$p_0(x) := \begin{cases} 1 & (x = 0) \\ 0 & (x \neq 0) \end{cases} \tag{2.1}$$

で表す. 時刻 n で点 $x \in \mathbb{Z}$ のもつ熱の量を $p_n(x)$ で表す. つぎの時刻 $(n+1)$ において, 各点の熱が左右の隣接点に半分ずつ分配されるとすると,

$$p_{n+1}(x) = \frac{1}{2}p_n(x+1) + \frac{1}{2}p_n(x-1) \quad [x \in \mathbb{Z}] \tag{2.2}$$

が成り立つ. 式 (2.2) は

$$p_{n+1}(x) - p_n(x) = \frac{1}{2}[\{p_n(x+1) - p_n(x)\} - \{p_n(x) - p_n(x-1)\}]$$

と書き直すことができるから,

$$\partial_n p_n(x) := p_{n+1}(x) - p_n(x),$$
$$\mathcal{L}p_n(x) := \{p_n(x+1) - p_n(x)\} - \{p_n(x) - p_n(x-1)\}$$

とおくと, つぎのように表される.

$$\partial_n p_n(x) = \frac{1}{2}\mathcal{L}p_n(x)$$

これは, 数直線 (実数の全体) $\mathbb{R}$ を『連続的な針金』と考えたときの**熱方程式**

$$\frac{\partial}{\partial t}p(t, x) = \frac{1}{2}\frac{\partial^2}{\partial x^2}p(t, x)$$

の離散版に相当し, $\mathcal{L}$ は**離散ラプラシアン**とよばれている.

式 (2.1), (2.2) より, 時刻 0 に原点から出発したランダムウォークが時刻 n に x にいる確率は $p_n(x)$ に一致する[1].

例題 2.1 の破産問題に現れた方程式は $\mathcal{L}v(i) = 0$ に相当する. $\dfrac{d^2}{dx^2}v(x) = 0$ の一般解が $v(x) = Ax + B$ であることと同様に, その一般解は 1 次関数 $v(i) = Ai + B$ であり, 境界条件 $v(0) = 0$, $v(N) = 1$ を満たす特殊解が $v(i) = i/N$ である. $\mathcal{L}v = 0$ は**ラプラスの方程式**とよばれ, その解は**調和関数**とよばれる.

定理 2.2 の証明に現れた方程式は $\mathcal{L}m(i) = -2$ に相当する. $\dfrac{d^2}{dx^2}m(x) = -2$ の一般解が下に凸の 2 次関数 $m(x) = -x^2 + Bx + C$ であることを念頭におくと, 原点について対称であることから $m(i) = C - i^2$ がこの方程式を満たすことがわかり, $m(-N) = m(N) = 0$ より $C = N^2$ となる.

---

[1] ランダムウォークと熱方程式の関係について, 詳しくは Lawler (2010) を参照.

◆ 1 次元ランダムウォークのグラフ◆

　1 次元ランダムウォークについて調べる際，図 2.8 のように，時刻（試行の回数）n を横軸に，そのときの位置（高さ）S_n を縦軸にとって，ウォーカーの進行状況をグラフ化するとわかりやすい．コインを投げて，表が出れば右上へ進み，裏が出れば右下へ進むことになる．このグラフをランダムウォークの路 (path) という．

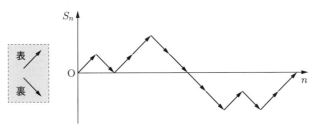

図 2.8　1 次元ランダムウォークの路の例.

　路の数を数えることによって，S_n の確率分布を調べることができる．$(0,0)$ から出発し，u 回右上に進み d 回右下に進む路が点 (n, m) に到達するならば，

$$
\begin{cases}
路の長さは n である：\quad u + d = n \\
路の高さは m である：\quad u - d = m
\end{cases}
$$

が成り立つ．したがって，n と m の偶奇が一致し，さらに，

$$
u = \frac{n + m}{2}, \quad d = \frac{n - m}{2}
$$

がともに $0, 1, \cdots, n$ のいずれかとなれば，実際に到達可能である．このとき，点 $(0,0)$ から出発し点 (n, m) へ至る路の総数は $\binom{n}{u} = \binom{n}{d}$ 通りである．非負の整数 n に対して，k が $0, 1, \cdots, n$ 以外のときは $\binom{n}{k} = 0$ と約束すると，S_n の確率分布を

$$
P(S_n = m) = \binom{n}{(n+m)/2} p^{(n+m)/2} q^{(n-m)/2} \tag{2.3}
$$

と表すことができる．

◆勝っている時間の長さ（正側滞在時間）◆

　ゲームをしていると，勝ってばかり・負けてばかり…と，ときに不公平な感じがするものである．そもそもゲームが不公平ならば仕方がないかもしれないが，公平なゲームでもそんなことは起こりうるものだろうか．このことをランダムウォークの問題として考えてみよう．

　1次元対称単純ランダムウォークのグラフの上下運動は『公平』なはずだが，横軸かそれより上の部分に滞在している時間（**正側滞在時間**）はどのぐらいあるのだろうか．図2.9のグラフは，長さが12で正側滞在時間が6の路の例である．

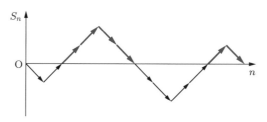

図 2.9　長さが 12 で正側滞在時間が 6 の路の例.

例 2.1　時刻4までの路は全部で16通りある．このうち正側滞在時間が4の路は，図2.10より，6通りあることがわかる．対称性から，正側滞在時間が0の路（負側滞在時間が4の路）も6通りある．したがって，時刻4までの正側滞在時間の分布を表にまとめると，表2.1のようになる．　◀

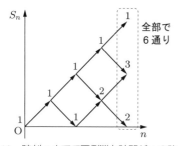

図 2.10　時刻 4 までで正側滞在時間が 4 の路の数.

表 2.1　時刻 4 までの正側滞在時間の分布.

正側滞在時間	0	2	4
確率	$\dfrac{6}{16}$	$\dfrac{4}{16}$	$\dfrac{6}{16}$

問 2.5　時刻6までの正側滞在時間の確率分布を求めよ．

　時刻12，時刻24までの正側滞在時間の確率分布を，縮尺をうまくとって図示すると，図2.11のようになることがわかっている（後の定理2.10を参照）．

　十分長いランダムウォークのグラフを考えるとどうなるであろうか．長さ$2n$のランダムウォークのグラフにおいて，$n \to \infty$の極限で，確率分布は図2.12のようになり，正の部分の割合が全体のa以上b以下である確率は，

$$\int_a^b \frac{1}{\pi\sqrt{x(1-x)}}\,dx = \frac{2}{\pi}\left(\arcsin\sqrt{b} - \arcsin\sqrt{a}\right)$$

に収束することがわかっている．これを**逆正弦法則**（arcsine law）という（定理2.11を参照）．

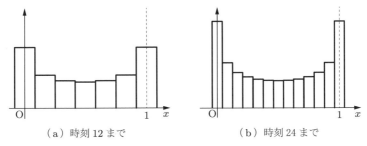

（a）時刻 12 まで　　　　　　　（b）時刻 24 まで

図 2.11　正側滞在時間の確率分布．横軸は正の部分の割合を表す．

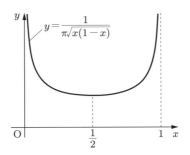

図 2.12　正側滞在時間の極限分布の確率密度関数．

『公平な動き』をしているにもかかわらず，正負の領域に半分ずついるような路の密度は最も小さい．いずれかに片寄った路が大きな密度をもち，「勝ち続け」「負け続け」といったことが生じやすいことがわかる．とても不思議な結果であるが，0 から出発していったん正［あるいは負］の側に行くと，負［あるいは正］の側に行くためには一度 0 に戻らなければならず，それには長い時間がかかることを示唆している．

2.3　母関数の方法によるランダムウォークの解析

母関数を利用して，ランダムウォークの挙動を詳しく調べよう．

◆原点への再帰確率◆

原点から出発する 1 次元対称単純ランダムウォークが原点に戻る確率について調べよう．原点には偶数時刻にしか戻れないことに注意して，$n = 1, 2, \cdots$ に対して，

$$
\begin{aligned}
f_{2n} &= P\left(\begin{array}{l}\text{原点から出発するランダムウォークが，}\\ \text{時刻 } 2n \text{ にしてはじめて原点に戻る}\end{array}\right), \\
u_{2n} &= P\left(\begin{array}{l}\text{原点から出発するランダムウォークが，}\\ \text{途中はどうであれ，時刻 } 2n \text{ に原点にいる}\end{array}\right)
\end{aligned}
\tag{2.4}
$$

とおく．時刻 0 では原点にいるが「戻った」のではないから，$u_0 = 1$, $f_0 = 0$ とするのが自然である．

u_{2n} の計算は易しい．$(0,0)$ から出発し，右上と右下に n 回ずつ進んで $(2n, 0)$ に到達する路の数を考えることで，

$$u_{2n} = \frac{1}{2^{2n}} \binom{2n}{n} \tag{2.5}$$

と求められる．一方，f_{2n} は時刻 $2n$ までの動き方全体に関係するので計算が難しいが，ランダムウォークの特性を示す，つぎの重要な量と関係している．

- いつか原点に戻ってくる確率（原点への**再帰確率**）$P_0 := \sum_{n=1}^{\infty} f_{2n}$.

- はじめて原点に戻るまでの時間の期待値（**平均再帰時間**）$\sum_{n=1}^{\infty} 2n \cdot f_{2n}$.

$\{u_{2n}\}$ と $\{f_{2n}\}$ の間には，つぎの重要な関係式が成り立つ．

補題 2.2　$n \geqq 1$ のとき，

$$u_{2n} = \sum_{r=1}^{n} f_{2r} u_{2n-2r} \tag{2.6}$$

が成り立つ．$f_0 = 0$ としたから，

$$u_{2n} = \sum_{r=0}^{n} f_{2r} u_{2n-2r} \tag{2.7}$$

と書いてもよい．ただし，$u_0 = 1$ だから，$n = 0$ では成り立たない．

証明 時刻 $2n$ で原点にいるという事象を，はじめて原点に戻った時刻で場合分けしよう．

$$u_{2n} = P \left(\begin{array}{c} \text{原点から出発するランダムウォークが，} \\ \text{途中はどうであれ，時刻 } 2n \text{ に原点にいる} \end{array} \right)$$

$$= \sum_{r=1}^{n} P \left(\begin{array}{c} \text{原点から出発するランダムウォークが，} \\ \text{時刻 } 2r \text{ にしてはじめて原点に戻り，時刻 } 2n \text{ にも原点にいる} \end{array} \right)$$

であり，時刻 $2r$ に原点に戻ったところで，心新たに動き始めると，独立性により，

$$= \sum_{r=1}^{n} P \left(\begin{array}{c} \text{原点から出発するランダムウォークが，} \\ \text{時刻 } 2r \text{ にしてはじめて原点に戻る} \end{array} \right)$$

$$\times P \left(\begin{array}{c} \text{原点から出発するランダムウォークが，} \\ \text{途中はどうであれ，時刻 } (2n-2r) \text{ に原点にいる} \end{array} \right) = \sum_{r=1}^{n} f_{2r} u_{2n-2r}$$

となる（補題 1.7 の証明も参照）．

◆母関数の方法◆

補題 2.2 の関係式は，母関数を利用すると，さらに簡潔にまとめることができる．これを利用して，$\{f_{2n}\}$ に関する情報を $\{u_{2n}\}$ から引き出すことができる．

補題 2.3 $\{u_{2n}\}$, $\{f_{2n}\}$ の母関数をそれぞれ

$$U(x) = \sum_{n=0}^{\infty} u_{2n} x^{2n}, \quad F(x) = \sum_{n=0}^{\infty} f_{2n} x^{2n}$$

とするとき，つぎが成り立つ．

$$F(x)U(x) = U(x) - 1 \tag{2.8}$$

証明 補題 2.2 を用いるが，$n = 0$ の部分の計算に注意して，以下のように確かめられる．

$$F(x)U(x) = \left(\sum_{n_1=0}^{\infty} f_{2n_1} x^{2n_1} \right) \left(\sum_{n_2=0}^{\infty} u_{2n_2} x^{2n_2} \right)$$

$$= \sum_{n_1=0}^{\infty} \sum_{n_2=0}^{\infty} f_{2n_1} u_{2n_2} x^{2(n_1+n_2)} = \sum_{n=0}^{\infty} \left(\sum_{n_1, n_2 : n_1+n_2=n} f_{2n_1} u_{2n_2} \right) x^{2n}$$

$$= f_0 u_0 + \sum_{n=1}^{\infty} \left(\sum_{r=0}^{n} f_{2r} u_{2n-2r} \right) x^{2n} = \sum_{n=1}^{\infty} u_{2n} x^{2n} = U(x) - 1 \qquad ∎$$

補題 2.3 の式 (2.8) を変形すると，

$$F(x) = 1 - U(x)^{-1}, \quad \text{すなわち，} \quad \sum_{n=0}^{\infty} f_{2n} x^{2n} = 1 - \left(\sum_{n=0}^{\infty} u_{2n} x^{2n} \right)^{-1} \tag{2.9}$$

となる．$x \nearrow 1$ とすると，再帰確率は

$$P_0 = \sum_{n=0}^{\infty} f_{2n} = 1 - \left(\sum_{n=0}^{\infty} u_{2n} \right)^{-1}$$

となる．したがって，再帰性の判定について，つぎの定理が成り立つ．

定理 2.3   ランダムウォークの再帰性は $\displaystyle\sum_{n=0}^{\infty} u_{2n}$ の収束・発散で判定できる：

- $\displaystyle\sum_{n=0}^{\infty} u_{2n} = \infty$ ならば，$P_0 = 1$ となり，確率 1 で原点に戻る（**再帰的** (recurrent) であるという）．

- $\displaystyle\sum_{n=0}^{\infty} u_{2n} < \infty$ ならば，$P_0 < 1$ となり，原点に戻らない確率 (escape probability) が正である（**非再帰的**，または **過渡的** (transient) であるという）．

✐　補題 2.3 と定理 2.3 は，いずれも空間の次元 d に関係なく成り立つ.

問 2.6　つぎの等式が成り立つことを示せ. これらの等式は以降何度か利用する.

$$(1)\ \frac{1}{2^{2n}}\binom{2n}{n} = \prod_{k=1}^{n}\left(1 - \frac{1}{2k}\right).\qquad (2)\ \frac{1}{2^{2n}}\binom{2n}{n} = (-1)^n \binom{-\frac{1}{2}}{n}.$$

◆ 1 次元対称単純ランダムウォークの再帰確率と平均再帰時間 ◆

1 次元対称単純ランダムウォークの場合，母関数 $U(x)$, $F(x)$ を具体的に求めることができる.

補題 2.4 　$|x| < 1$ のとき，つぎが成り立つ.

$$U(x) = \sum_{n=0}^{\infty} u_{2n} x^{2n} = \frac{1}{\sqrt{1 - x^2}},\quad F(x) = \sum_{n=0}^{\infty} f_{2n} x^{2n} = 1 - \sqrt{1 - x^2}$$

証明　問 2.6 (2) の等式と一般の二項定理により，

$$U(x) = \sum_{n=0}^{\infty} \frac{1}{2^{2n}}\binom{2n}{n} x^{2n} = \sum_{n=0}^{\infty} (-1)^n \binom{-\frac{1}{2}}{n} x^{2n}$$

$$= \sum_{n=0}^{\infty} \binom{-\frac{1}{2}}{n} (-x^2)^n = (1 - x^2)^{-\frac{1}{2}} = \frac{1}{\sqrt{1 - x^2}}$$

となる. $F(x)$ のほうは式 (2.9) からすぐ得られる.　∎

この結果から，定理 2.1 の別証明を与えることができる.

定理 2.4 　原点から出発する 1 次元対称単純ランダムウォークの原点への再帰確率は 1 である.

証明　$P_0 = \displaystyle\sum_{n=1}^{\infty} f_{2n} = \lim_{x \nearrow 1} F(x) = \lim_{x \nearrow 1}(1 - \sqrt{1 - x^2}) = 1.$　∎

さらに，はじめて原点に戻る時刻の期待値について情報が得られる.

定理 2.5 　原点から出発する 1 次元対称単純ランダムウォークが，はじめて原点に戻る時刻の期待値（平均再帰時間）は，無限大である.

証明　$|x| < 1$ において，$F'(x) = \displaystyle\sum_{n=1}^{\infty} 2n \cdot f_{2n} x^{2n-1}$ である. 一方，補題 2.4 により，

$$F'(x) = -\frac{1}{2\sqrt{1 - x^2}} \cdot (-2x) = \frac{x}{\sqrt{1 - x^2}}$$

であるから，平均再帰時間は

$$\sum_{n=1}^{\infty} 2n \cdot f_{2n} = \lim_{x \nearrow 1} F'(x) = \lim_{x \nearrow 1} \frac{x}{\sqrt{1-x^2}} = +\infty$$

となる. ∎

「はじめて原点に戻る時刻の期待値が無限大である」とは,「永遠に帰れない」という意味ではなく,「原点に戻るのに長い時間がかかる確率がある程度大きい」ことを意味している. このことについてもう少し詳しく見よう. 1次元の場合,実は f_{2n} を u_{2n} によって表すことができる.

補題 2.5 $n \geqq 1$ のとき,$f_{2n} = u_{2n-2} - u_{2n}$ である.

証明 補題 2.4 により,

$$F(x) = 1 - \sqrt{1-x^2} = 1 - (1-x^2)U(x)$$

$$= 1 - U(x) + x^2 U(x) = 1 - \sum_{n=0}^{\infty} u_{2n} x^{2n} + \sum_{n=0}^{\infty} u_{2n} x^{2n+2}$$

$$= 1 - \left(u_0 + \sum_{n=1}^{\infty} u_{2n} x^{2n}\right) + \sum_{n=1}^{\infty} u_{2n-2} x^{2n} = \sum_{n=1}^{\infty} (u_{2n-2} - u_{2n}) x^{2n}$$

となる. x^{2n} の係数を比較することで結論を得る. ∎

定理 2.6 $n \geqq 1$ のとき,つぎが成り立つ.

$$P\left(\begin{array}{c}\text{原点から出発するランダムウォークが,}\\\text{時刻 } 2n \text{ 以前には原点に戻らない}\end{array}\right) = u_{2n}$$

証明 はじめて原点に戻る時刻で場合分けすると,原点に戻る確率は排反する事象の確率 f_{2k} の和になるから,補題 2.5 により,つぎのようになる.

$$P\left(\begin{array}{c}\text{原点から出発するランダムウォークが,}\\\text{時刻 } 2n \text{ 以前に原点に戻る}\end{array}\right) = \sum_{k=1}^{n} f_{2k} = \sum_{k=1}^{n} (u_{2k-2} - u_{2k})$$

$$= (u_0 - u_2) + (u_2 - u_4) + \cdots + (u_{2n-2} - u_{2n}) = 1 - u_{2n}$$
∎

つぎに,u_{2n} が n の増加に従って $1/\sqrt{n}$ のように比較的ゆっくりと減衰することを示そう. ここでの計算は Stirzaker (2003) を参考にしている.

補題 2.6 $u_{2n} = \dfrac{1}{2^{2n}} \dbinom{2n}{n}$ について,$n \geqq 1$ のとき,つぎが成り立つ.

$$\frac{1}{2\sqrt{n}} \leqq u_{2n} \leqq \frac{1}{\sqrt{2n+1}} \left(\leqq \frac{1}{\sqrt{2n}}\right)$$

証明 問 2.6 (1) の等式 $u_{2n} = \prod_{k=1}^{n} \left(1 - \dfrac{1}{2k}\right)$ を用いる.

$$(u_{2n})^2 = \left(1 - \frac{1}{2}\right)^2 \left(1 - \frac{1}{4}\right)^2 \cdots \left(1 - \frac{1}{2n}\right)^2$$

において,うまく約分できるように 2 個のうちの 1 個をずらすと,下からの評価として,

$$(u_{2n})^2 \geqq \left(1 - \frac{1}{2}\right)^2 \cdot \left(1 - \frac{1}{3}\right)\left(1 - \frac{1}{4}\right) \cdots \left(1 - \frac{1}{2n-1}\right)\left(1 - \frac{1}{2n}\right)$$

$$= \frac{1}{4} \cdot \frac{2}{3} \cdot \frac{3}{4} \cdots \frac{2n-2}{2n-1} \cdot \frac{2n-1}{2n} = \frac{1}{4n}$$

が得られる.同様に,上からの評価として,

$$(u_{2n})^2 \leqq \left(1 - \frac{1}{2}\right)\left(1 - \frac{1}{3}\right) \cdot \left(1 - \frac{1}{4}\right)\left(1 - \frac{1}{5}\right) \cdots \left(1 - \frac{1}{2n}\right)\left(1 - \frac{1}{2n+1}\right)$$

$$= \frac{1}{2} \cdot \frac{2}{3} \cdot \frac{3}{4} \cdots \frac{2n-1}{2n} \cdot \frac{2n}{2n+1} = \frac{1}{2n+1}$$

が得られる. ∎

◆ウォリスの公式◆

補題 2.6 によると,$\dfrac{1}{\sqrt{4n}} \leqq \dfrac{1}{2^{2n}} \dbinom{2n}{n} \leqq \dfrac{1}{\sqrt{2n}}$ であるが,$\displaystyle\lim_{n\to\infty} \dfrac{a_n}{b_n} = 1$ のとき $a_n \sim b_n \ (n \to \infty)$ と表すと,つぎのことがわかる.

定理 2.7 ［ウォリス (Wallis) の公式］

$$u_{2n} = \frac{1}{2^{2n}} \binom{2n}{n} \sim \frac{1}{\sqrt{\pi n}} \quad (n \to \infty) \tag{2.10}$$

証明 1 から $2n - 1$ までの奇数の積を $(2n - 1)!!$ と表し,2 から $2n$ までの偶数の積を $(2n)!!$ と表すと,問 2.6 (1) の等式は $u_{2n} = \dfrac{(2n-1)!!}{(2n)!!}$ と書ける.これと似た式が,$I_k = \displaystyle\int_0^{\pi/2} \sin^k x \, dx$ (k は非負の整数) という積分から現れることを利用しよう.$I_0 = \pi/2$,$I_1 = 1$ であり,$k \geqq 2$ のとき,部分積分法を用いると,$I_k = (k-1)(I_{k-2} - I_k)$,すなわち $I_k = \dfrac{k-1}{k} I_{k-2}$ が得られる.したがって,

$$I_{2n} = \frac{(2n-1)!!}{(2n)!!} \cdot \frac{\pi}{2}, \quad I_{2n+1} = \frac{(2n)!!}{(2n+1)!!}$$

となる.さて,$0 \leqq x \leqq \pi/2$ のとき $0 \leqq \sin x \leqq 1$ だから,$I_{2n+1} \leqq I_{2n} \leqq I_{2n-1}$ が成り立つ.u_{2n} を用いてこの不等式を書き換えると,

$$\frac{1}{(2n+1)u_{2n}} \leqq u_{2n} \cdot \frac{\pi}{2} \leqq \frac{1}{(2n)u_{2n}}$$

となり，さらに

$$\sqrt{\frac{2n}{2n+1}} \leqq \sqrt{\pi n} \cdot u_{2n} \leqq 1$$

と変形することができる．$n \to \infty$ とすると，求めるべき結論が得られる． ∎

   ✎   一般には，つぎの式をウォリスの公式とよぶことが多い．証明は上と同様である．

$$\lim_{n\to\infty} \frac{2^2}{1\cdot3} \cdot \frac{4^2}{3\cdot5} \cdot \frac{6^2}{5\cdot7} \cdot\cdots\cdot \frac{(2n)^2}{(2n-1)\cdot(2n+1)}$$

$$= \lim_{n\to\infty} \prod_{m=1}^{n} \frac{(2m)^2}{(2m-1)\cdot(2m+1)} = \frac{\pi}{2} \tag{2.11}$$

◆ 1 次元単純ランダムウォークの再帰性 ◆

母関数を使って，つぎのことを示そう．

> **定理 2.8** 原点から出発して，確率 p で右に 1 動き，確率 $q = 1-p$ で左に 1 動く 1 次元単純ランダムウォークの原点への再帰確率は $1 - |p-q|$ であり，再帰的になるための必要十分条件は $p = q = 1/2$ である．

証明 u_{2n}, f_{2n} を $u_{2n}(p), f_{2n}(p)$ と表し，その母関数を $U_p(x), F_p(x)$ と表す．

$$u_{2n}(p) = \binom{2n}{n} p^n q^n = \frac{1}{2^{2n}} \binom{2n}{n} (2p)^n (2q)^n = u_{2n}\left(\frac{1}{2}\right) \cdot (4pq)^n$$

より，$|x| < 1$ のとき，問 2.6 (2) の等式を用いると，

$$U_p(x) = \sum_{n=0}^{\infty} u_{2n}(p) x^{2n} = \sum_{n=0}^{\infty} \binom{-\frac{1}{2}}{n} (-4pqx^2)^n = \frac{1}{\sqrt{1-4pqx^2}}$$

となる．したがって，$F_p(x) = \sum_{n=0}^{\infty} f_{2n}(p) x^{2n} = 1 - U_p(x)^{-1} = 1 - \sqrt{1-4pqx^2}$ となり，原点への再帰確率は

$$F_p(1) = \sum_{n=1}^{\infty} f_{2n}(p) = 1 - \sqrt{1-4pq}$$

である．ここで，$1 - 4pq = (p+q)^2 - 4pq = (p-q)^2$ に注意すると，原点への再帰確率は $F_p(1) = 1 - |p-q|$ と表せることがわかる． ∎

   ✎   ウォリスの公式によると，$u_{2n}(p) = u_{2n}\left(\frac{1}{2}\right) \cdot (4pq)^n \sim \frac{1}{\sqrt{\pi n}} \cdot (4pq)^n$ となる．$p \neq 1/2$ のときは $4pq < 1$ であるから，ウォーカーが原点にいる確率は時間に対して指数関数的な速さで 0 に近づく．

2.4 1 次元対称単純ランダムウォークの極限分布

定理 2.2 によると，1 次元対称単純ランダムウォークの時刻 n における位置は，$\sqrt{n}$ の程度と考えられる．では，$S_n/\sqrt{n}$ の確率分布はどのようになるだろうか．

◆偶数時刻の分布◆

まず，簡単のため偶数時刻の位置 S_{2n} に注目し，$S_{2n}/\sqrt{2n}$ の確率分布を調べる．原点から出発する場合，偶数時刻での位置 S_{2n} はやはり偶数であるから，$a < b$ とするとき，

$$P\left(a \leqq \frac{S_{2n}}{\sqrt{2n}} \leqq b\right) = \sum_{m \in \mathbb{Z}: a \leqq 2m/\sqrt{2n} \leqq b} P(S_{2n} = 2m)$$

と表される．m が $-n$ 以上 n 以下の整数であるとき，式 (2.3) より

$$p_m := P(S_{2n} = 2m) = \frac{1}{2^{2n}} \binom{2n}{n+m} = \frac{1}{2^{2n}} \cdot \frac{(2n)!}{(n+m)!\,(n-m)!}$$

である．ウォリスの公式（定理 2.7）により，

$$p_0 \sim \frac{1}{\sqrt{\pi n}} \quad (n \to \infty)$$

が成り立つ．$m = 1, \cdots, n$ のとき，p_m をつぎのように変形することができる．

$$p_m = \frac{1}{2^{2n}} \cdot \frac{(2n)!}{n!\,n!} \cdot \frac{n!\,n!}{(n+m)!\,(n-m)!} = p_0 \cdot \frac{n(n-1)\cdots(n-m+1)}{(n+1)(n+2)\cdots(n+m)}$$

$$= p_0 \cdot \frac{\left(1-\frac{1}{n}\right)\cdots\left(1-\frac{m-1}{n}\right)}{\left(1+\frac{1}{n}\right)\left(1+\frac{2}{n}\right)\cdots\left(1+\frac{m}{n}\right)} \tag{2.12}$$

最後の式変形では，分母・分子を n^m で割った．ここで，粗っぽい計算をしてみよう．$x \fallingdotseq 0$ のとき $\exp(x) = e^x \fallingdotseq 1 + x$ であることから，$m \ll n$ のとき

$$p_m \fallingdotseq p_0 \cdot \frac{\exp\left(-\frac{1}{n} - \cdots - \frac{m-1}{n}\right)}{\exp\left(\frac{1}{n} + \frac{2}{n} + \cdots + \frac{m}{n}\right)} = p_0 \exp\left(-\frac{2}{n}\sum_{j=1}^{m-1} j - \frac{m}{n}\right)$$

$$= p_0 \exp\left(-\frac{2}{n} \cdot \frac{(m-1)m}{2} - \frac{m}{n}\right) = p_0 \exp\left(-\frac{m^2}{n}\right) \tag{2.13}$$

となる．対称性により，$p_{-m} = p_m \fallingdotseq p_0 \exp(-(-m)^2/n)$ も成り立っている．n が十分大きいとき，$a \leqq 2m/\sqrt{2n} \leqq b$ ならば $m \ll n$ を満たしていると考えてよいから，

$$P\left(a \leqq \frac{S_{2n}}{\sqrt{2n}} \leqq b\right) \fallingdotseq \sum_{m \in \mathbb{Z}: a \leqq 2m/\sqrt{2n} \leqq b} \frac{1}{\sqrt{\pi n}} \exp\left(-\frac{m^2}{n}\right)$$

となる．ここで，$u_m := 2m/\sqrt{2n}$，$\Delta u := 2/\sqrt{2n}$ とおくと，

$$\frac{1}{\sqrt{\pi n}} \exp\left(-\frac{m^2}{n}\right) = \frac{1}{\sqrt{2\pi}} \exp\left(-\frac{(u_m)^2}{2}\right) \Delta u \tag{2.14}$$

と書けるから,

$$\lim_{n \to \infty} P\left(a \leqq \frac{S_{2n}}{\sqrt{2n}} \leqq b\right) = \int_a^b \frac{1}{\sqrt{2\pi}} e^{-u^2/2}\, du$$

となることが期待される.

図 2.13 は,時刻 36 におけるウォーカーの位置の確率分布と,式 (2.14) から得られる近似曲線を図示したものである.

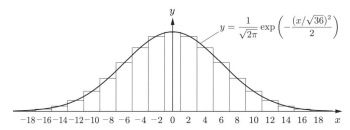

$$y = \frac{1}{\sqrt{2\pi}} \exp\left(-\frac{(x/\sqrt{36})^2}{2}\right)$$

図 2.13 1次元対称単純ランダムウォークの確率分布とその近似曲線(時刻 36).

では,≒ という記号でごまかしたところをきちんと評価してみよう.

補題 2.7 $n > 1$ のとき,$|m/n| \leqq 1/2$ に対して,つぎが成り立つ.

$$\exp\left(-\frac{m^2}{n} - \frac{2|m|^3}{n^2}\right) \leqq \frac{p_m}{p_0} \leqq \exp\left(-\frac{m^2}{n} + \frac{2|m|^3}{n^2}\right)$$

証明 $|t| < 1$ のとき $\dfrac{1}{1+t} = \displaystyle\sum_{n=0}^{\infty}(-t)^n$ が成り立つから,両辺を $t = 0$ から $t = x$ まで項別に積分すると,

$$\log(1+x) = \sum_{n=0}^{\infty} \frac{(-1)^n}{n+1} x^{n+1} = \sum_{n=1}^{\infty} \frac{(-1)^{n-1}}{n} x^n,$$

すなわち,

$$\log(1+x) = x + \sum_{n=2}^{\infty} \frac{(-1)^{n-1}}{n} x^n$$

となる.ここで,$\varepsilon(x) := \displaystyle\sum_{n=2}^{\infty} \frac{(-1)^{n-1}}{n} x^n$ とおくと,

$$|\varepsilon(x)| \leqq \sum_{n=2}^{\infty} \frac{1}{n} |x|^n \leqq \frac{1}{2} \sum_{n=2}^{\infty} |x|^n = \frac{1}{2} \cdot \frac{x^2}{1-|x|}$$

である.したがって,$|x| \leqq 1/2$ のとき $|\varepsilon(x)| \leqq x^2$ が成り立つ.以上により,

$$|x| \leqq 1/2 \text{ のとき}, \quad 1+x = \exp(x + \varepsilon(x)), \quad |\varepsilon(x)| \leqq x^2$$

となる．これを用いると，$m = 1, \cdots, n$ のとき，式 (2.12) を

$$p_m = p_0 \cdot \frac{\exp\left(-\frac{1}{n} - \cdots - \frac{m-1}{n}\right)}{\exp\left(\frac{1}{n} + \frac{2}{n} + \cdots + \frac{m}{n}\right)} \cdot \frac{\exp\left(\sum_{j=1}^{m-1} \varepsilon\left(-\frac{j}{n}\right)\right)}{\exp\left(\sum_{j=1}^{m} \varepsilon\left(\frac{j}{n}\right)\right)}$$

$$= p_0 \cdot \exp\left(-\frac{m^2}{n}\right) \cdot \exp\left(\sum_{j=1}^{m-1} \varepsilon\left(-\frac{j}{n}\right) - \sum_{j=1}^{m} \varepsilon\left(\frac{j}{n}\right)\right)$$

のように変形することができる．さらに，

$$\left|\sum_{j=1}^{m-1} \varepsilon\left(-\frac{j}{n}\right) - \sum_{j=1}^{m} \varepsilon\left(\frac{j}{n}\right)\right| \leqq \sum_{j=1}^{m-1} \left|\varepsilon\left(-\frac{j}{n}\right)\right| + \sum_{j=1}^{m} \left|\varepsilon\left(\frac{j}{n}\right)\right|$$

$$\leqq 2\sum_{j=1}^{m} \frac{j^2}{n^2} \leqq \frac{2m^3}{n^2}$$

が成り立つから，補題の不等式が $0 < m \leqq n/2$ のときに示された．$-n/2 \leqq m < 0$ のときは，m の代わりに $|m| = -m$ を用いることで，同様の評価ができる．$m = 0$ のときは，不等式は等号で成り立っている． $\blacksquare$

> **補題 2.8** 1 次元対称単純ランダムウォークの時刻 n での位置を S_n とすると，任意の $a < b$ に対して，つぎが成り立つ．
>
> $$\lim_{n \to \infty} P\left(a \leqq \frac{S_{2n}}{\sqrt{2n}} \leqq b\right) = \int_a^b \frac{1}{\sqrt{2\pi}} e^{-u^2/2}\, du$$

証明 n は $\max\{|a|, |b|\}/\sqrt{2n} \leqq 1/2$ を満たすとする．$C := \max\{|a|^3, |b|^3\}/(2\sqrt{2})$ とおくと，$a \leqq 2m/\sqrt{2n} \leqq b$，すなわち $a\sqrt{2n} \leqq 2m \leqq b\sqrt{2n}$ の範囲では $|m/n| \leqq 1/2$ および $|m|^3 \leqq C(\sqrt{n})^3$ が成り立つから，$2|m|^3/n^2 \leqq 2C/\sqrt{n}$ であり，

$$\exp\left(-\frac{m^2}{n}\right) \cdot e^{-2C/\sqrt{n}} \leqq \frac{p_m}{p_0} \leqq \exp\left(-\frac{m^2}{n}\right) \cdot e^{2C/\sqrt{n}}$$

が成り立つ．和をとると，

$$e^{-2C/\sqrt{n}} \cdot \sqrt{\pi n} \cdot p_0 \cdot \sum_{m \in \mathbb{Z}: a \leqq 2m/\sqrt{2n} \leqq b} \frac{1}{\sqrt{\pi n}} \exp\left(-\frac{m^2}{n}\right)$$

$$\leqq P\left(a \leqq \frac{S_{2n}}{\sqrt{2n}} \leqq b\right)$$

$$\leqq e^{2C/\sqrt{n}} \cdot \sqrt{\pi n} \cdot p_0 \cdot \sum_{m \in \mathbb{Z}: a \leqq 2m/\sqrt{2n} \leqq b} \frac{1}{\sqrt{\pi n}} \exp\left(-\frac{m^2}{n}\right)$$

となる．$n \to \infty$ とすると，求めるべき結論が得られる． $\blacksquare$

◆ 1次元対称単純ランダムウォークに対する中心極限定理 ◆

補題 2.8 の主張を，偶数時刻に限らず適用できる形にしたい．また，これまでは $[a, b]$ という範囲に入る確率について調べてきたが，これを $(-\infty, b]$ や $[a, +\infty)$ とした場合にも適用できるようにしたい．そこで，補題 2.8 において $n \to \infty$ の極限で現れた関数の不定積分を

$$\Phi(x) := \int_{-\infty}^{x} \frac{1}{\sqrt{2\pi}} e^{-u^2/2} \, du \quad [x \in \mathbb{R}] \tag{2.15}$$

とおき，$n \to \infty$ のとき，$P(S_n/\sqrt{n} \leqq x)$ は $\Phi(x)$ に収束することを示そう．

$x > 0$ と $n = 1, 2, \cdots$ に対して $P_n(x) := P\left(|S_n|/\sqrt{n} \leqq x\right)$ とおくと，補題 2.8 により，$\displaystyle\lim_{n \to \infty} P_{2n}(x) = \Phi(x) - \Phi(-x)$ が成り立つ．

補題 2.9　任意の $x > 0$ に対して，つぎが成り立つ．

$$\lim_{n \to \infty} P_{2n+1}(x) = \Phi(x) - \Phi(-x)$$

証明　$h > 0$ を固定する．このとき，十分大きいすべての n に対して

$$|S_{2n}| \leqq (x-h)\sqrt{2n} \quad \Rightarrow \quad |S_{2n+1}| \leqq x\sqrt{2n+1}$$
$$\Rightarrow \quad |S_{2n}| \leqq (x+h)\sqrt{2n} \tag{2.16}$$

が成り立つことがわかるから，

$$\lim_{n \to \infty} P_{2n}(x-h) \leqq \liminf_{n \to \infty} P_{2n+1}(x)$$
$$\leqq \limsup_{n \to \infty} P_{2n+1}(x) \leqq \lim_{n \to \infty} P_{2n}(x+h)$$

である（上極限と下極限については後の補足を参照されたい）．$h \searrow 0$ とすると，

$$\lim_{n \to \infty} P_{2n+1}(x) = \int_{-x}^{x} \frac{1}{\sqrt{2\pi}} e^{-u^2/2} \, du = \Phi(x) - \Phi(-x)$$

が得られる． ∎

> **問 2.7**　$h > 0$ を固定したとき，十分大きいすべての n に対して，式 (2.16) が成り立つことを確かめよ．

つぎの定理は，1次元対称単純ランダムウォークに対する**中心極限定理** (central limit theorem) である．

定理 2.9　[**中心極限定理**]　1次元対称単純ランダムウォークの時刻 n での位置を S_n とすると，任意の実数 x に対して，つぎが成り立つ．

$$\lim_{n \to \infty} P\left(\frac{S_n}{\sqrt{n}} \leqq x\right) = \int_{-\infty}^{x} \frac{1}{\sqrt{2\pi}} e^{-u^2/2} \, du$$

証明 S_n の分布の対称性により,

$$P\left(\frac{S_n}{\sqrt{n}} < 0\right) = P\left(\frac{S_n}{\sqrt{n}} > 0\right) = \frac{1}{2}\left\{1 - P\left(\frac{S_n}{\sqrt{n}} = 0\right)\right\}$$

および

$$P\left(0 \leqq \frac{S_n}{\sqrt{n}} \leqq x\right) = P\left(-x \leqq \frac{S_n}{\sqrt{n}} \leqq 0\right)$$

$$= \frac{1}{2}\left\{P\left(-x \leqq \frac{S_n}{\sqrt{n}} \leqq x\right) + P\left(\frac{S_n}{\sqrt{n}} = 0\right)\right\}$$

が成り立つ. したがって,

$$P\left(\frac{S_n}{\sqrt{n}} \leqq x\right) = \frac{1}{2}\left\{1 + P\left(-x \leqq \frac{S_n}{\sqrt{n}} \leqq x\right)\right\}$$

であり, $n \to \infty$ とすると,

$$\lim_{n \to \infty} P\left(\frac{S_n}{\sqrt{n}} \leqq x\right) = \frac{1}{2}\left\{1 + \Phi(x) - \Phi(-x)\right\} = \Phi(x)$$

となる. ここで, つぎの関係式を用いた.

$$1 - \Phi(-x) = \Phi(+\infty) - \Phi(-x)$$

$$= \int_{-x}^{\infty} \frac{1}{\sqrt{2\pi}} e^{-u^2/2} \, du = \int_{-\infty}^{x} \frac{1}{\sqrt{2\pi}} e^{-u^2/2} \, du = \Phi(x) \quad \blacksquare$$

◆分布関数と分布収束◆

定理 2.9 では, $P(X \leqq x)$ という形の確率が出てきた. これは, 一般の確率変数の確率分布を表すのに便利なものである. そこで, x の関数 $P(X \leqq x)$ を, 確率変数 X の**分布関数**という. とくに, 確率変数 X の分布関数が $\Phi(x)$ であるとき, X は**標準正規分布** (standard normal distribution) に従う, という.

確率変数の列 $\{X_n\}$ に対して, X_n の分布関数を $F_n(x) := P(X_n \leqq x)$ とする. 確率変数 X の分布関数 $F(x) := P(X \leqq x)$ が連続であるようなすべての x で $\lim_{n \to \infty} F_n(x) = F(x)$ となるとき, $\{X_n\}$ は X に**分布収束**する (convergence in law) という. 定理 2.9 は, $\{S_n/\sqrt{n}\}$ が標準正規分布に従う確率変数に分布収束することを意味している.

    式 (2.13) の形の近似式は de Moivre (1738) で導かれ, そこでは, 確率分布の計算に積分とは異なる手段が用いられた. Laplace (1812) では, 母関数の方法を深めることで極限に現れる積分形が導かれた. この方法はさらに発展し, 1次元対称単純ランダムウォークの一般化にあたる「独立確率変数の和」(3章を参照) に関する極限分布として, 正規分布が広く現れることが示された. Pólya (1920) がこの種の結果を「確率論で中心的役割を果たす極限定理」と述べたことが, 今日の中心極限定理という呼び名につながっている.

◆補足：数列の上極限・下極限◆

　数列 $\{a_n\}$ が有界であっても，収束するかどうかはわからない．$n \to \infty$ のときに a_n が入ってくる範囲を示すのが上極限・下極限である．2.2 節の 1 次元ランダムウォークのグラフと同様に，xy 平面に点 (n, a_n) $[n = 1, 2, \cdots]$ を描く．$y \leqq c$ の部分に含まれない点が，$c > a$ ならば有限個しかなく，$c < a$ ならば無限個あるとき，a を $\{a_n\}$ の上極限とよび，$\limsup\limits_{n \to \infty} a_n = a$ と表す．また，$\liminf\limits_{n \to \infty} a_n := -\limsup\limits_{n \to \infty}(-a_n)$ を，$\{a_n\}$ の下極限とよぶ．さらに，上極限と下極限が一致するとき，それを極限とよぶ．詳細は解析学の書物を参照されたい．

2.5　1次元対称単純ランダムウォークの正側滞在時間

1次元対称単純ランダムウォークの正側滞在時間について，詳しい性質を調べよう．

◆ある時刻までずっと正側に滞在する確率◆

　基本となるのは，原点から出発したウォーカーの位置が時刻 $2n$ までずっと 0 以上であるという確率の計算である．偶然ながら，これも u_{2n} に一致することがわかる．

補題 2.10　1次元対称単純ランダムウォークの時刻 n での位置を S_n とすると，つぎが成り立つ．

$$P(S_0 = 0, S_1 \geqq 0, S_2 \geqq 0, \cdots, S_{2n-1} \geqq 0, S_{2n} \geqq 0) = u_{2n}$$

ただし，$n = 0$ の場合は左辺を $P(S_0 = 0) = 1$ と解釈する．

証明　左辺の確率を a_{2n} と表すと，$a_0 = u_0 = 1$ である．$n = 1, 2, \cdots$ とする．$r = 1, \cdots, n$ に対して，「原点から出発し，時刻 1 から時刻 $(2r - 1)$ までの位置はずっと正で，時刻 $2r$ に初めて原点に戻る」確率は，上下の対称性から $f_{2r}/2$ と表せる．また，「時刻 $2r$ に原点から出発したウォーカーの位置が時刻 $2n$ までずっと 0 以上となる」確率は a_{2n-2r} に等しい．さらに，「原点から出発し，時刻 1 から時刻 $2n$ までの位置がずっと正である」確率は，定理 2.6 と上下の対称性から $u_{2n}/2$ と表せる．以上をまとめると

$$a_{2n} = \sum_{r=1}^{n} \frac{1}{2} \cdot f_{2r} \cdot a_{2n-2r} + \frac{1}{2} \cdot u_{2n} \quad [n = 1, 2, \cdots]$$

が成り立つことがわかる．この式と補題 2.2 の式 (2.6) を用いると，数学的帰納法により任意の $n = 0, 1, 2, \cdots$ に対して $a_{2n} = u_{2n}$ が成り立つことが確かめられる．∎

◆離散逆正弦法則◆

つぎの定理は公平なゲームで勝っている時間の確率分布を正確に与えるもので，**離散逆正弦法則**とよばれる.

定理 2.10 ［Chung and Feller (1949)］ 原点から出発する長さ $2n$ の 1 次元対称単純ランダムウォークの路について，「正の部分の長さが $2k$，負の部分の長さが $(2n-2k)$ となる確率」を $P_{2k,2n}$ と書くと，つぎが成り立つ.

$$P_{2k,2n} = u_{2k}u_{2n-2k} = \frac{1}{2^{2n}}\binom{2k}{k}\binom{2(n-k)}{n-k} \tag{2.17}$$

    式 (2.17) より，正の部分の長さが $2k$，負の部分の長さが $(2n-2k)$ である長さ $2n$ のランダムウォークの路の数は $\binom{2k}{k}\binom{2(n-k)}{n-k}$ 通りとわかる.

証明 任意の n と任意の $k = 0, 1, \cdots, n-1, n$ で式 (2.17) が成り立つことを，n についての数学的帰納法によって，以下の $0°$), $1°$), $2°$) の 3 段階で証明する.

$0°$) 任意の n に対して，補題 2.10 により，

- $k = n$（全部正側にある）場合，$P_{2n,2n} = u_{2n} = u_{2n} \cdot u_0$
- $k = 0$（全部負側にある）場合，$P_{0,2n} = u_{2n} = u_0 \cdot u_{2n}$

である.

$1°$) $n = 1$ のときは，$0°$) により，$k = 0, 1$ で式 (2.17) が成り立つ.

$2°$) そこで，「長さ $2(n-1)$ までの路については，任意の $k = 0, 1, \cdots, n-1$ で式 (2.17) が成り立つ」と仮定して，「長さ $2n$ の路について，任意の $k = 0, 1, \cdots, n-1, n$ で式 (2.17) が成り立つ」ことを確かめよう. $k = 0, n$ の場合は $0°$) で証明ずみなので，$k = 1, \cdots, n-1$ について調べる. 全長が $2n$ で，正の部分の長さが $2k$，負の部分の長さが $(2n-2k)$ の路をとってくると，少なくとも最初のしばらくは「ずっと正」か「ずっと負」のはずである. そこで，つぎのように場合分けしよう.

- 図 2.14(a) のように，はじめの $2r$ 回までずっと正で，$2r$ 回目にはじめて 0 になり，残り $(2n-2r)$ 回のうち $(2k-2r)$ 回が正である.（$r = 1, 2, \cdots, k$）
- 図 2.14(b) のように，はじめの $2r$ 回までずっと負で，$2r$ 回目にはじめて 0 になり，

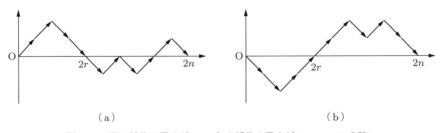

図 2.14 正の部分の長さが $2k$，負の部分の長さが $(2n-2k)$ の路.

残り $(2n - 2r)$ 回のうち $2k$ 回が正である.$(r = 1, 2, \cdots, n - k)$

以上により,

$$P_{2k,2n} = \sum_{r=1}^{k} \frac{1}{2} f_{2r} \cdot P_{2k-2r,2n-2r} + \sum_{r=1}^{n-k} \frac{1}{2} f_{2r} \cdot P_{2k,2n-2r} \tag{2.18}$$

が成り立つ.帰納法の仮定を用いると,

$$P_{2k,2n} = \sum_{r=1}^{k} \frac{1}{2} f_{2r} \cdot u_{2k-2r} u_{2n-2k} + \sum_{r=1}^{n-k} \frac{1}{2} f_{2r} \cdot u_{2k} u_{2n-2r-2k}$$

$$= \frac{1}{2} u_{2n-2k} \sum_{r=1}^{k} f_{2r} u_{2k-2r} + \frac{1}{2} u_{2k} \sum_{r=1}^{n-k} f_{2r} u_{2(n-k)-2r}$$

となり,補題 2.2 を用いると,つぎのように式 (2.17) が確かめられる.

$$P_{2k,2n} = \frac{1}{2} u_{2n-2k} u_{2k} + \frac{1}{2} u_{2k} u_{2(n-k)} = u_{2k} u_{2n-2k}$$

◆逆正弦法則◆

n が大きいとき,正側に滞在する時間の割合の確率分布はどのようになるかを調べたい.

定理 2.11 ［逆正弦法則 (arcsine law)］ $0 \leqq a < b \leqq 1$ とする.長さ $2n$ のランダムウォークの路について,$n \to \infty$ のとき,つぎが成り立つ.

（正の部分の割合が全体の a 以上 b 以下である確率）

$$\to \int_a^b \frac{1}{\pi \sqrt{x(1-x)}} dx = \frac{2}{\pi} \left(\arcsin \sqrt{b} - \arcsin \sqrt{a} \right)$$

証明 正の部分の割合が全体の a 以上 b 以下である確率は $\displaystyle\sum_{k:a \leqq k/n \leqq b} P_{2k,2n}$ と表される.

ウォリスの公式（定理 2.7）により,$k \to \infty$ かつ $n - k \to \infty$ のとき,

$$P_{2k,2n} = u_{2k} u_{2n-2k} \sim \frac{1}{\sqrt{\pi k}} \cdot \frac{1}{\sqrt{\pi(n-k)}} = \frac{1}{\pi \sqrt{k(n-k)}}$$

である.$x = k/n$, $\Delta x = 1/n$ とおくと,

$$\frac{1}{\pi \sqrt{k(n-k)}} = \frac{1}{\pi \sqrt{\frac{k}{n} \left(1 - \frac{k}{n}\right)}} \cdot \frac{1}{n} = \frac{1}{\pi \sqrt{x(1-x)}} \Delta x$$

となるから,$n \to \infty$ のとき,

$$\sum_{k:a \leqq k/n \leqq b} \frac{1}{\pi \sqrt{k(n-k)}} \to \int_a^b \frac{1}{\pi \sqrt{x(1-x)}} dx$$

が得られる.

2.6 多次元ランダムウォークの再帰性：ポリアの定理

　隣接する4点のいずれか一つを確率 1/4 で選んで，座標平面の格子点上を動き回るランダムウォークを，2次元対称単純ランダムウォークとよぶ．また，隣接する6点のいずれか一つを確率 1/6 で選んで，3次元空間の格子点上を動き回るランダムウォークを，3次元対称単純ランダムウォークとよぶ．より一般に，d 次元ランダムウォークというものも考えられる．

　数直線上（1次元）の対称単純ランダムウォークがいつか原点に戻る確率は1であったが，2次元，3次元の空間でランダムウォークをすると原点に戻れるのだろうか．空間が広くなるので，戻りにくくなるのではないだろうか．

　以下，この節では「対称単純」という言葉を省略し，空間の次元を d で表す．

◆原点への再帰確率◆

　原点には偶数時刻にしか戻れないことに注意して，$n = 1, 2, \cdots$ に対して，

$$f_{2n}^{(d)} = P\left(\begin{array}{c} \text{原点から出発する } d \text{ 次元ランダムウォークが,}\\ \text{時刻 } 2n \text{ にしてはじめて原点に戻る} \end{array}\right),$$

$$u_{2n}^{(d)} = P\left(\begin{array}{c} \text{原点から出発する } d \text{ 次元ランダムウォークが,}\\ \text{途中はどうであれ, 時刻 } 2n \text{ に原点にいる} \end{array}\right)$$

とおく．また，$u_0^{(d)} = 1$, $f_0^{(d)} = 0$ と定める．

　補題 2.2 と補題 2.3 は d 次元の場合も成り立ち，定理 2.3 をつぎのように一般化することができる：

- $\displaystyle\sum_{n=0}^{\infty} u_{2n}^{(d)} = \infty$ ならば，$P_0^{(d)} = \displaystyle\sum_{n=0}^{\infty} f_{2n}^{(d)} = 1$ となり，確率1で原点に戻る（再帰的）．

- $\displaystyle\sum_{n=0}^{\infty} u_{2n}^{(d)} < \infty$ ならば，$P_0^{(d)} = \displaystyle\sum_{n=0}^{\infty} f_{2n}^{(d)} < 1$ となり，原点に戻らない確率が正である（非再帰的）．

　$f_{2n}^{(d)}$ は「はじめて戻る」という条件がついているので計算が難しいが，$u_{2n}^{(d)}$ のほうは比較的きれいな式で表すことができる．

補題 2.11

$$u_{2n}^{(1)} = \frac{1}{2^{2n}}\binom{2n}{n},$$

$$u_{2n}^{(2)} = \left(u_{2n}^{(1)}\right)^2,$$

$$u_{2n}^{(3)} = \sum_{j=0}^{n} \binom{2n}{2j} \cdot \left(\frac{1}{3}\right)^{2j} \cdot \left(\frac{2}{3}\right)^{2n-2j} \cdot u_{2j}^{(1)} \cdot u_{2n-2j}^{(2)}.$$

証明 $d=1$ については 2.3 節の冒頭で説明した.

$d=2$ のとき, 四つの方向を「東西南北」とよぶことにしよう. 原点から出発して時刻 $2n$ で原点で戻るのは,「東西に k 回ずつ, 南北に $(n-k)$ 回ずつ動く $[k=0,1,2,\cdots,n]$」という場合だから, この確率は

$$u_{2n}^{(2)} = \frac{1}{4^{2n}} \sum_{k=0}^{n} \frac{(2n)!}{k!\,k!\,(n-k)!\,(n-k)!}$$

である. $u_{2n}^{(1)}$ の式に近づくように変形すると, つぎのようになる（問 0.3 の結果を用いた）.

$$u_{2n}^{(2)} = \frac{1}{4^{2n}} \sum_{k=0}^{n} \frac{(2n)!}{n!\,n!} \cdot \frac{n!\,n!}{k!\,k!\,(n-k)!\,(n-k)!}$$

$$= \frac{1}{4^{2n}} \binom{2n}{n} \sum_{k=0}^{n} \binom{n}{k}^2 = \frac{1}{4^{2n}} \binom{2n}{n} \cdot \binom{2n}{n} = \left(u_{2n}^{(1)}\right)^2$$

$d=3$ のとき, 六つの方向を「東西南北上下」とよぶことにしよう. 時刻 $2n$ で原点で戻るのは,「上下に j 回ずつ, 東西に k 回ずつ, 南北に $(n-j-k)$ 回ずつ動く $[0 \le j+k \le n]$」という場合だから, この確率は

$$u_{2n}^{(3)} = \frac{1}{6^{2n}} \sum_{j,k:0 \le j+k \le n} \frac{(2n)!}{j!\,j!\,k!\,k!\,(n-j-k)!\,(n-j-k)!}$$

である. $d=1,2$ のときの式の形に近づけるように変形すると, つぎのようになる.

$$u_{2n}^{(3)} = \frac{1}{6^{2n}} \sum_{j=0}^{n} \sum_{k=0}^{n-j} \frac{(2n)!}{j!\,j!\,k!\,k!\,(n-j-k)!\,(n-j-k)!}$$

$$= \frac{1}{6^{2n}} \sum_{j=0}^{n} \frac{(2j)!}{j!\,j!} \cdot \frac{(2n)!}{(2j)!\,(2n-2j)!} \sum_{k=0}^{n-j} \frac{(2n-2j)!}{k!\,k!\,(n-j-k)!\,(n-j-k)!}$$

$$= \frac{1}{6^{2n}} \sum_{j=0}^{n} 2^{2j} u_{2j}^{(1)} \cdot \binom{2n}{2j} \cdot 4^{2n-2j} u_{2n-2j}^{(2)}$$

$$= \sum_{j=0}^{n} \binom{2n}{2j} \cdot \left(\frac{1}{3}\right)^{2j} \cdot \left(\frac{2}{3}\right)^{2n-2j} \cdot u_{2j}^{(1)} \cdot u_{2n-2j}^{(2)}$$

$u_{2n}^{(2)} = \left(u_{2n}^{(1)}\right)^2$ という結果からもわかるように, 2 次元ランダムウォークを「二つの独立な 1 次元ランダムウォークを組にしたもの」と考えることができる. 各ステップにおいて 10 円玉と 100 円玉を投げ, 10 円玉の表裏によって東西のどちらかに 1 歩動かし, さらに 100 円玉の表裏によって南北のどちらかに 1 歩動かす. この 2 次元ランダムウォークは各ステップで「ななめに」1 歩動くことになるが, $y=x$, $y=-x$ を新しい軸と思い, 歩幅の大きさの違いを気にしなければ, もとの 2 次元ランダムウォークと同型である.

　一方，各ステップにおいて 10 円玉・100 円玉・500 円玉を投げて，東西・南北・上下の動き
をそれぞれ決めても，3 次元ランダムウォークと同型にはならない．これが $u_{2n}^{(3)}$ の式が複雑
になった理由である．$u_{2n}^{(3)}$ を $u_{2n}^{(1)}$ と関連づける方法は他にもあるが，ここでは Billingsley
(2012) に見られる方法で紹介した．

定理2.12 ［Pólya (1921)］ d 次元対称単純ランダムウォークについて，$d = 1, 2$ のと
きは再帰的であり，$d \geqq 3$ のときは非再帰的である．

証明 1 次元ランダムウォークが再帰的であることは，1 次元特有の方法（母関数の詳しい
計算）ですでに証明しているが，補題 2.6 を用いると，

$$\sum_{n=0}^{\infty} u_{2n}^{(1)} \geqq \sum_{n=1}^{\infty} \frac{1}{2\sqrt{n}} = +\infty$$

となることからもわかる．また，

$$\sum_{n=0}^{\infty} u_{2n}^{(2)} = \sum_{n=0}^{\infty} \left(u_{2n}^{(1)} \right)^2 \geqq \sum_{n=1}^{\infty} \frac{1}{4n} = +\infty$$

だから，2 次元ランダムウォークも再帰的である．

　3 次元ランダムウォークについて調べよう．補題 2.6 により，$j = 0, 1, \cdots, n$ に対して

$$u_{2j}^{(1)} \cdot u_{2n-2j}^{(2)} \leqq \frac{1}{\sqrt{2j+1}} \cdot \frac{1}{2n-2j+1} \leqq \frac{\sqrt{2n+1}}{2j+1} \cdot \frac{1}{2n-2j+1}$$

が成り立つ．ここで，

$$\binom{2n}{2j} \cdot \frac{1}{2j+1} \cdot \frac{1}{2n-2j+1} = \frac{(2n)!}{(2j+1)!\,(2n-2j+1)!}$$
$$= \frac{1}{(2n+2)(2n+1)} \binom{2n+2}{2j+1}$$

であり，それに合わせて

$$\left(\frac{1}{3} \right)^{2j} \cdot \left(\frac{2}{3} \right)^{2n-2j} = \frac{9}{2} \cdot \left(\frac{1}{3} \right)^{2j+1} \cdot \left(\frac{2}{3} \right)^{(2n+2)-(2j+1)}$$

と変形すると，

$$u_{2n}^{(3)} \leqq \frac{9\sqrt{2n+1}}{2(2n+2)(2n+1)} \sum_{j=0}^{n} \binom{2n+2}{2j+1} \cdot \left(\frac{1}{3} \right)^{2j+1} \cdot \left(\frac{2}{3} \right)^{(2n+2)-(2j+1)}$$
$$\leqq \frac{9\sqrt{2n+1}}{2(2n+2)(2n+1)} \sum_{l=0}^{2n+2} \binom{2n+2}{l} \cdot \left(\frac{1}{3} \right)^{l} \cdot \left(\frac{2}{3} \right)^{(2n+2)-l}$$
$$= \frac{9\sqrt{2n+1}}{2(2n+2)(2n+1)}$$

と評価できる．$n \to \infty$ のとき

$$\frac{9\sqrt{2n+1}}{2(2n+2)(2n+1)} \sim \frac{9\sqrt{2}}{8n^{3/2}}$$

であるから，ある定数 $C > 0$ が存在して，任意の n で $u_{2n}^{(3)} \leq C/n^{3/2}$ が成り立つ．よって，3 次元ランダムウォークは非再帰的である．$d \geqq 4$ の場合については省略する． ∎

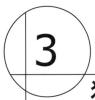

3 独立確率変数の和

ランダムウォークは，一歩一歩の動きを足し算の形で積み重ねていったものと考えることができる．本章では，多数の確率変数を同時に扱うための考え方を紹介し，ランダムウォークを独立な確率変数の和というより広い枠組みで見直す．それにより，これまで取り扱いにくかった問題にも新たなアプローチができるようになる．また，ランダムウォークの長時間挙動に現れる法則を詳しく記述する，さまざまな極限定理を紹介する．

3.1 1次元対称単純ランダムウォーク再考

◆ランダムウォークの路の新しい表現◆

原点から出発し，各時刻でコインを投げ，表が出たら $+1$ だけ，裏が出たら -1 だけ移動する1次元対称単純ランダムウォークを考える．ウォーカーが時刻 n までに左右どちらに動いたかという状況を

$$\omega = (\omega_1, \omega_2, \cdots, \omega_n) \quad [\omega_1, \omega_2, \cdots, \omega_n \text{ は } +1 \text{ または } -1]$$

と表すことができる．時刻 n までの可能な状況は 2^n 通りあるが，それらをすべて集めた集合を

$$\Omega_n := \{\omega = (\omega_1, \omega_2, \cdots, \omega_n) : \omega_1, \omega_2, \cdots, \omega_n \text{ は } +1 \text{ または } -1\}$$

とする．集合 Ω_n が 2^n 個の要素からなっていることを $\#\Omega_n = 2^n$ と表す．Ω_n から $\omega = (\omega_1, \omega_2, \cdots, \omega_n)$ が選ばれたとき，

$$\begin{cases} S_0(\omega) := 0 \\ S_j(\omega) := \omega_1 + \cdots + \omega_j \quad [j = 1, \cdots, n] \end{cases}$$

とおけば，時刻 0 から時刻 n までのウォーカーの軌跡 $S_0(\omega), S_1(\omega), \cdots, S_n(\omega)$ が得られる．これを，2.2 節のランダムウォークのグラフと同じく，路 (path) とよぶ．

◆平均と分散◆

状況 $\omega \in \Omega_n$ に応じて値が決まる関数 $X(\omega)$ を確率変数 (random variable) とよぶ．すべての状況 ω にわたる $X(\omega)$ の平均値を X の期待値 (expectation) とよび，

$$E[X] := \frac{1}{2^n} \sum_{\omega \in \Omega_n} X(\omega)$$

で表す. $i = 1, \cdots, n$ に対して $X_i(\omega) = \omega_i$ とおくと,

$$\#\{\omega \in \Omega_n : X_i(\omega) = +1\} = \#\{\omega \in \Omega_n : X_i(\omega) = -1\} = 2^{n-1}$$

であるから,

$$E[X_i] = \frac{1}{2^n}\{(+1) \times 2^{n-1} + (-1) \times 2^{n-1}\} = 0$$

となる. $S_n(\omega) = X_1(\omega) + \cdots + X_n(\omega)$ と表せるから,

$$\begin{aligned}
E[S_n] &= \frac{1}{2^n} \sum_{\omega \in \Omega_n} S_n(\omega) = \frac{1}{2^n} \sum_{\omega \in \Omega_n} \{X_1(\omega) + \cdots + X_n(\omega)\} \\
&= \frac{1}{2^n} \sum_{\omega \in \Omega_n} X_1(\omega) + \cdots + \frac{1}{2^n} \sum_{\omega \in \Omega_n} X_n(\omega) \\
&= E[X_1] + \cdots + E[X_n] = 0
\end{aligned} \tag{3.1}$$

である. このように, 一般に, 和の期待値は期待値の和に一致する.

つぎに, 時刻 n での原点からの距離 $|S_n(\omega)|$ の期待値

$$E[|S_n|] = \frac{1}{2^n} \sum_{\omega \in \Omega_n} |S_n(\omega)| = \frac{1}{2^n} \sum_{\omega \in \Omega_n} |X_1(\omega) + \cdots + X_n(\omega)|$$

を求めてみたくなるが, 和の絶対値は等号で変形できないため, これはそう簡単にはいかない. $S_n(\omega)$ の符号を無視して大きさだけに注目したいということだから, 代わりに原点からの距離の2乗 $\{S_n(\omega)\}^2$ の期待値 $E[(S_n)^2]$ を求めて, その平方根をとることを考えよう. 和の2乗を展開すると,

$$\begin{aligned}
E[(S_n)^2] &= E\left[\left(\sum_{i=1}^n X_i\right)^2\right] = E\left[\sum_{i=1}^n (X_i)^2 + \sum_{i,j=1,\cdots,n: i \neq j} X_i X_j\right] \\
&= \sum_{i=1}^n E[(X_i)^2] + \sum_{i,j=1,\cdots,n: i \neq j} E[X_i X_j]
\end{aligned}$$

という式が得られる. ここで, $i = 1, \cdots, n$ に対して

$$E[(X_i)^2] = \frac{1}{2^n} \sum_{\omega \in \Omega_n} \{X_i(\omega)\}^2 = \frac{1}{2^n} \sum_{\omega \in \Omega_n} 1 = 1$$

となる. このように, つねに一定の値をとる確率変数 $c(\omega) = c$ については, $E[c] = c$ となる. また, $i \neq j$ を満たす各ペア (i, j) に対して,

$$\#\{\omega \in \Omega_n : X_i(\omega) X_j(\omega) = +1\}$$

$$= \#\{\omega \in \Omega_n : \omega_i = \omega_j = +1\} + \#\{\omega \in \Omega_n : \omega_i = \omega_j = -1\}$$

$$= 2^{n-2} + 2^{n-2} = 2^{n-1},$$

$$\#\{\omega \in \Omega_n : X_i(\omega)X_j(\omega) = -1\} = 2^{n-1}$$

であるから，$E[X_iX_j] = 0$ となる．以上により，

$$E[(S_n)^2] = \sum_{i=1}^{n} 1 + \sum_{i,j=1,\cdots,n:\, i\neq j} 0 = n \tag{3.2}$$

となる．したがって，$S_n(\omega)$ の原点からの距離の期待値は $\sqrt{n}$ の程度である．

◆ 確率論の基礎概念 (1) ◆

コインを n 回投げて Ω_n から一つの標本 ω を無作為に抽出するとき，特定の ω が抽出される度合いは $1/2^n$ であり，その ω が Ω_n の部分集合 E から抽出される度合いは $\#E/2^n$ である．とくに，$E = \{\omega \in \Omega_n : \omega_i = +1\}$ に属する ω が抽出される度合いは $2^{n-1}/2^n = 1/2$ だから，ランダムウォークの軌跡において i 歩目の動きが右向きとなる度合いが $1/2$ であることがわかる．

このように，集合や関数のような数学の言葉だけを用いて「ランダム」な現象を記述する数学モデルをつくり，「ある事象の起こる確率」について論じることができる．n が大きいとき，実際にコインを n 回投げることは不可能に近くなるが，そのことを切り離して抽象的に考えることもできるのである．いまのモデルにおける数学的な概念に，現象に密着した呼び名を与えると，以下のようになる．

- ω を「標本」とよび，その全体 Ω_n を「標本空間」とよぶ．また，$p_\omega := 1/2^n$ を「標本 ω の出る確率」とよぶ．
- Ω_n の部分集合 E を「事象」とよび，標本 ω が E に属しているとき「ω で事象 E が起こっている」という．$P(E) := \displaystyle\sum_{\omega \in E} p_\omega = \#E/2^n$ を「事象 E の起こる確率」とよぶ．
- 標本 $\omega \in \Omega_n$ に応じてとる値が決まる関数 $X(\omega)$ を「確率変数」とよぶ．
- 標本 ω に対する $X(\omega)$ の値に，ω の出る確率 p_ω をかけて重みをつけた平均値 $E[X] := \displaystyle\sum_{\omega \in \Omega_n} X(\omega) \cdot p_\omega$ を「確率変数 X の期待値」とよぶ．

◆ ランダムウォークの時刻 n での位置 ◆

$\omega \in \Omega_n$ のうち，$S_n(\omega)$ が 0 から大きく離れている（すなわち $|S_n(\omega)|$ が大きい）ものはどのぐらいあるのだろうか．$|S_n(\omega)|$ が大きければ $\{S_n(\omega)\}^2$ も大きいから，そのような $\omega \in \Omega_n$ は式 (3.2) の左辺の和で大きな寄与をしているはずである．ここで，$c > 0$ を任意に与えたとき，

$$n = E[(S_n)^2] = \frac{1}{2^n} \sum_{\omega \in \Omega_n} \{S_n(\omega)\}^2 \geqq \frac{1}{2^n} \sum_{\omega \in \Omega_n : |S_n(\omega)| \geqq c} \{S_n(\omega)\}^2$$

$$\geqq \frac{1}{2^n} \sum_{\omega \in \Omega_n : |S_n(\omega)| \geqq c} c^2 = \frac{1}{2^n} \cdot c^2 \times \#\{\omega \in \Omega_n : |S_n(\omega)| \geqq c\},$$

すなわち

$$P(|S_n| \geqq c) = \frac{\#\{\omega \in \Omega_n : |S_n(\omega)| \geqq c\}}{2^n} \leqq \frac{n}{c^2} \tag{3.3}$$

が成り立つことに注目しよう．たとえば，$k > 0$ として，式 (3.3) で $c = k\sqrt{n}$ とおくと，

$$P(|S_n| \geqq k\sqrt{n}) \leqq \frac{n}{(k\sqrt{n})^2} = \frac{1}{k^2}$$

が得られる．$k = 10$ ならば $P(|S_n| \geqq 10\sqrt{n}) \leqq 1/100$ だから，$|S_n(\omega)| \geqq 10\sqrt{n}$ を満たす $\omega \in \Omega_n$ は全体の 1% 以下しかない．いい換えれば，全体の 99%を超える $\omega \in \Omega_n$ においては $|S_n(\omega)| < 10\sqrt{n}$ となっていることがわかる．n が大きいとき，$\#\Omega_n = 2^n$ はたいへん大きな数であり，一方，$10\sqrt{n}$ は n に比べてはるかに小さいことに注意しよう．

◆大数の法則◆

つぎに，$\varepsilon > 0$ として，式 (3.3) で $c = \varepsilon n$ とおくと，

$$P(|S_n| \geqq \varepsilon n) \leqq \frac{n}{(\varepsilon n)^2} = \frac{1}{\varepsilon^2 n} \to 0 \quad (n \to \infty) \tag{3.4}$$

が得られる．これは，ステップ数 n に対して $|S_n(\omega)|$ が圧倒的に小さいような $\omega \in \Omega_n$ の割合が $n \to \infty$ で 1 に収束することを示しているが，意味をよりわかりやすくするために，ランダムウォークの動きを決めているコインの表裏の出方に注意を移そう．

状況 $\omega \in \Omega_n$ において，$\omega_i = +1$［あるいは -1］を i 回目のコイン投げで表［あるいは裏］が出たことと考えると，表が $H_n(\omega)$ 回，裏が $\bigl(n - H_n(\omega)\bigr)$ 回出たとき，ランダムウォークの時刻 n における位置は

$$S_n(\omega) = (+1) \times H_n(\omega) + (-1) \times \bigl(n - H_n(\omega)\bigr) = 2H_n(\omega) - n$$

となる．このことを用いて，式 (3.4) のランダムウォークに関する計算結果を，コイン投げの表の出方に関する結果として読み替えることができる．すなわち，

$$|S_n(\omega)| \geqq \varepsilon n \quad \Leftrightarrow \quad |2H_n(\omega) - n| \geqq \varepsilon n \quad \Leftrightarrow \quad \left| \frac{H_n(\omega)}{n} - \frac{1}{2} \right| \geqq \frac{\varepsilon}{2}$$

より，どんなに小さな $\varepsilon > 0$ に対しても

$$P\left(\left| \frac{H_n}{n} - \frac{1}{2} \right| \geqq \frac{\varepsilon}{2} \right) \leqq \frac{1}{\varepsilon^2 n} \to 0 \quad (n \to \infty) \tag{3.5}$$

が成り立つ．これは，

> $\varepsilon > 0$ がいかに小さくとも，n さえ大きくすれば，n 回のコイン投げで表の
> 出た割合 H_n/n が $(1-\varepsilon)/2$ と $(1+\varepsilon)/2$ の間に入る確率を，好きなだけ
> 1 に近づけることができる

ことを意味しており，コイン投げを繰り返す試行で経験上よく知られた法則を数学の定理として述べたことになる．これは**大数（たいすう）の法則** (law of large numbers) とよばれるものの一つである．

◆不等式 (3.3) の精密化◆

式 (3.3) よりもさらに精密な不等式が得られないか検討しよう．式 (3.3) の証明では，$|S_n(\omega)|$ が大きければ $\{S_n(\omega)\}^2$ も大きくなることを用いたが，これを $S_n(\omega)$ または $|S_n(\omega)|$ の別な増加関数に置き換えてみてはどうだろうか．より「増加に敏感」な関数として，$S_n(\omega)$ の指数関数 $e^{\lambda S_n(\omega)}$ $[\lambda > 0]$ の期待値を計算すると，

$$
\begin{aligned}
E[e^{\lambda S_n}] &= \frac{1}{2^n} \sum_{\omega \in \Omega_n} e^{\lambda S_n(\omega)} = \frac{1}{2^n} \sum_{\omega \in \Omega_n} e^{\lambda(\omega_1 + \omega_2 + \cdots + \omega_n)} \\
&= \left(\frac{1}{2} \sum_{\omega_1 = \pm 1} e^{\lambda \omega_1} \right) \cdot \left(\frac{1}{2} \sum_{\omega_2 = \pm 1} e^{\lambda \omega_2} \right) \cdots \left(\frac{1}{2} \sum_{\omega_n = \pm 1} e^{\lambda \omega_n} \right) \\
&= \left(\frac{1}{2} \sum_{\omega_* = \pm 1} e^{\lambda \omega_*} \right)^n = \left(\frac{e^\lambda + e^{-\lambda}}{2} \right)^n
\end{aligned}
\tag{3.6}
$$

となる．ここで，

$$
\frac{e^\lambda + e^{-\lambda}}{2} \leqq e^{\lambda^2/2}
\tag{3.7}
$$

を用いると，

$$
E[e^{\lambda S_n}] \leqq e^{\lambda^2 n/2}
\tag{3.8}
$$

が得られる．ここまでの計算は λ が正でなくてもよく，

$$
E[e^{-\lambda S_n}] \leqq e^{(-\lambda)^2 n/2} = e^{\lambda^2 n/2}
\tag{3.9}
$$

も成り立つことがわかる．さらに，

任意の $\omega \in \Omega_n$ に対して，$e^{\lambda |S_n(\omega)|} \leqq e^{\lambda S_n(\omega)} + e^{-\lambda S_n(\omega)}$

であることに注意すると，式 (3.8) と (3.9) により，

$$
E[e^{\lambda |S_n|}] \leqq E[e^{\lambda S_n}] + E[e^{-\lambda S_n}] \leqq 2e^{\lambda^2 n/2}
\tag{3.10}
$$

となる．

さて，$\lambda > 0$ とするとき，任意の $c > 0$ に対して

$$E[e^{\lambda |S_n|}] = \frac{1}{2^n} \sum_{\omega \in \Omega_n} e^{\lambda |S_n(\omega)|} \geqq \frac{1}{2^n} \sum_{\omega \in \Omega_n : |S_n(\omega)| \geqq c} e^{\lambda |S_n(\omega)|}$$

$$\geqq e^{\lambda c} \cdot \frac{\#\{\omega \in \Omega_n : |S_n(\omega)| \geqq c\}}{2^n}$$

が成り立つから，

$$P(|S_n| \geqq c) \leqq 2e^{\lambda^2 n/2 - \lambda c}$$

が得られる．最も強い不等式を得るには，

$$\frac{n}{2}\lambda^2 - c\lambda = \frac{n}{2}\left(\lambda - \frac{c}{n}\right)^2 - \frac{c^2}{2n}$$

より，$\lambda = c/n \ (> 0)$ ととればよい．結論として，

$$P(|S_n| \geqq c) \leqq 2e^{-c^2/(2n)} \tag{3.11}$$

である．$k > 0$ として式 (3.11) で $c = k\sqrt{n}$ とおくと，

$$P(|S_n| \geqq k\sqrt{n}) \leqq 2e^{-k^2/2}$$

となる．定理 2.9 の証明よりずっと短い計算だったが，同じ形の関数が出せるところに利点がある．

また，$\varepsilon > 0$ として，式 (3.11) で $c = \varepsilon n$ とおくと，

$$P(|S_n| \geqq \varepsilon n) \leqq 2e^{-\varepsilon^2 n/2} \ \text{および} \ P\left(\left|\frac{H_n}{n} - \frac{1}{2}\right| \geqq \frac{\varepsilon}{2}\right) \leqq 2e^{-\varepsilon^2 n/2}$$

が得られる．

> **問 3.1** 指数関数のテイラー展開を利用して，不等式 (3.7) を証明せよ．

◆確率変数の独立性◆

式 (3.6) の計算はつぎのように一般化できる．関数 $f_1, f_2, \cdots, f_n$ に対して

$$E[f_1(X_1) \cdot f_2(X_2) \cdots f_n(X_n)] = \frac{1}{2^n} \sum_{\omega \in \Omega_n} f_1(\omega_1) \cdot f_2(\omega_2) \cdots f_n(\omega_n)$$

$$= \left(\frac{1}{2} \sum_{\omega_1 = \pm 1} f_1(\omega_1)\right) \cdot \left(\frac{1}{2} \sum_{\omega_2 = \pm 1} f_2(\omega_2)\right) \cdots \left(\frac{1}{2} \sum_{\omega_n = \pm 1} f_n(\omega_n)\right)$$

$$= E[f_1(X_1)] \cdot E[f_2(X_2)] \cdots E[f_n(X_n)]$$

が成り立つ．このような因数分解ができるのは，任意の $x_1, x_2, \cdots, x_n = \pm 1$ に対して

$$P(X_1 = x_1, X_2 = x_2, \cdots, X_n = x_n) = \frac{1}{2^n}$$

$$= P(X_1 = x_1) \times P(X_2 = x_2) \times \cdots \times P(X_n = x_n)$$

が成り立っていることによる．このとき，確率変数 $X_1, X_2, \cdots, X_n$ は**独立**であるという．

◆確率論の基礎概念 (2) ◆

$\omega \in \Omega_n$ に対する p_ω の与え方は必ずしも均等でなくても構わない. E の要素の数 $\#E$ のもつ基本性質である

$$E \cap E' = \emptyset \text{ ならば, } \#(E \cup E') = \#E + \#E'$$

から受け継がれる

$$E \cap E' = \emptyset \text{ ならば, } P(E \cup E') = P(E) + P(E')$$

と, $P(\Omega_n) = 1$ という性質さえ満たしていれば, P を「確率」とよんで差し支えないだろう. $0 \leqq p_\omega \leqq 1$, $\sum_{\omega \in \Omega_n} p_\omega = 1$ を満たす $(p_\omega)_{\omega \in \Omega_n}$ を Ω_n の上の (**確率**) **分布**という.

こうして, 考えたい現象において想定される状況全体の集合 Ω と, その部分集合に「確率」とよばれる量を与える関数 P によって,「確率空間」とよばれる数学モデルを構成し, ランダムな現象を論じる土台とするという立場に到達する. 3.3 節で, Ω が有限集合である場合に, 一般的な定義を与えて性質を調べることにしよう.

3.2　無限回のコイン投げ

前節の大数の法則 (3.5) は,「n が大きいとき, n 回のコイン投げの状況 $\omega \in \Omega_n$ のうち, $H_n(\omega)/n$ が $1/2$ 付近にある ω が大半である」ことを示しているが, 少しまわりくどい印象を受ける方も多いと思う. もっと直接に

$$P\left(\lim_{n \to \infty} \frac{H_n}{n} = \frac{1}{2}\right) = 1 \tag{3.12}$$

を示したいものである. なお, 区別するために, 式 (3.5) を**大数の弱法則** (weak law of large numbers), 式 (3.12) を**大数の強法則** (strong law of large numbers) という.

◆無限回のコイン投げを表す確率変数列◆

ところで, 極限値 $\lim_{n \to \infty} H_n/n$ について議論するためには, 無限個の確率変数の列 $X_1, X_2, \cdots$ を用意しておく必要がある. 大数の弱法則は有限回の試行に関する性質であり, 大数の強法則は無限回の試行に関する性質である. 表が出たら 1, 裏が出たら 0 とする. このとき, 無限回のコイン投げで起こりうる状況の全体は

$$\{\xi = (\xi_1, \xi_2, \cdots, \xi_n, \cdots) : \xi_1, \xi_2, \cdots, \xi_n, \cdots \text{ は 0 または 1}\}$$

と表せるが, これは無限集合だから「確率」をどう考えればいいのかがよくわからない. そこで, 別な方法で無限回のコイン投げを表現してみよう.

$\Omega = [0, 1)$ とする. $\omega \in \Omega$ の小数第 n 位の数字を $a_n = a_n(\omega)$ とすると,

$$\omega = 0.a_1 a_2 a_3 \cdots = \sum_{n=1}^{\infty} \frac{a_n(\omega)}{10^n} \quad [a_n(\omega) \in \{0, 1, \cdots, 9\}]$$

と表される. これを ω の 10 進小数展開という. これと同様に, 0, 1 の値をとる $\omega \in \Omega$ の関数 $d_1(\omega), d_2(\omega), \cdots$ を用いて, ω は

$$\omega = \sum_{n=1}^{\infty} \frac{d_n(\omega)}{2^n} \quad [d_n(\omega) \in \{0, 1\}]$$

と表される. これを ω の 2 進小数展開という[†1]. たとえば, $\omega = 0.71$ の場合,

$$\omega = 0.71 = \frac{1}{2^1} + \frac{0}{2^2} + \frac{1}{2^3} + \frac{1}{2^4} + \frac{0}{2^5} + \cdots$$

となっている. このとき,

$$(d_1(\omega), d_2(\omega), d_3(\omega), d_4(\omega), d_5(\omega), \cdots) = (1, 0, 1, 1, 0, \cdots)$$

である. これは, 図 3.1 のように表すことでもわかる.

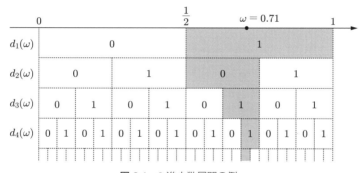

図 3.1 2 進小数展開の例.

さて, $\{\omega \in \Omega : d_1(\omega) = 1, d_2(\omega) = 0\}$ は 2 進小数表示で $[0.10, 0.11)$ という区間であり, その長さは $1/4$ である. このように,

$$\{\omega \in \Omega : d_1(\omega) = c_1, \cdots, d_n(\omega) = c_n\} \quad [c_1, \cdots, c_n \in \{0, 1\}]$$

は $[k/2^n, (k+1)/2^n)$ という形の長さ $1/2^n$ の区間に対応する. そこで, この区間を「$d_1 = c_1, \cdots, d_n = c_n$ となる事象」とよび, 長さ $1/2^n$ を「$d_1 = c_1, \cdots, d_n = c_n$ となる確率」とよんで $P(d_1 = c_1, \cdots, d_n = c_n)$ で表そう. より一般に, 有限個の d_i に関係

[†1] 図 3.1 の境界線上にある $k/2^n$ $[n = 1, 2, \cdots; k = 0, 1, \cdots, 2^n]$ の形の数は 2 進有理数とよばれ, 最後に 0 が続く展開と 1 が続く展開の 2 種類がある. たとえば, $1/2$ は $0.1000\cdots$ と $0.0111\cdots$ の 2 種類の 2 進小数展開をもつ. ここでは, 前者の展開を採用する.

する事象 E は $[a, b)$ の形の排反する有限個の区間の和集合で表されるから，各々の区間の長さの和を $P(E)$ で表し，事象 E の確率とよぶ．

$d_1, d_2, \cdots$ はつぎの (i), (ii) を満たすから，無限回のコイン投げを表す確率変数列と考えることができる．

(i) 任意の $i = 1, 2, \cdots$ に対して，$P(d_i = 1) = P(d_i = 0) = 1/2$.

(ii) (**独立性**) 任意の $n = 2, 3, \cdots$ と任意の $c_1, c_2, \cdots, c_n \in \{0, 1\}$ に対して，

$$P(d_1 = c_1, d_2 = c_2, \cdots, d_n = c_n) = \frac{1}{2^n}$$
$$= P(d_1 = c_1) \times P(d_2 = c_2) \times \cdots \times P(d_n = c_n).$$

◆大数の強法則◆

コイン投げに関する大数の強法則 (3.12) を証明しよう．式 (3.10) で $\lambda = 1/\sqrt{n}$ とおくと $E[e^{|S_n|/\sqrt{n}}] \leqq 2e^{1/2}$ である．一方，指数関数のテイラー展開 $e^x = \sum_{k=0}^{\infty} \dfrac{x^k}{k!}$ より，$x \geqq 0$ のとき $e^x \geqq x^4/4!$ が成り立つことがわかるから，

$$E[e^{|S_n|/\sqrt{n}}] \geqq E\left[\frac{(|S_n|/\sqrt{n})^4}{4!}\right] = \frac{n^2}{24} E\left[\left(\frac{S_n}{n}\right)^4\right]$$

となる．したがって，

$$E\left[\left(\frac{S_n}{n}\right)^4\right] \leqq \frac{48e^{1/2}}{n^2}$$

が得られる．ここで，$\displaystyle\sum_{n=1}^{\infty} E\left[\left(\frac{S_n}{n}\right)^4\right] \leqq \sum_{n=1}^{\infty} \frac{48e^{1/2}}{n^2} < +\infty$ であることに注意しよう．

$$\sum_{n=1}^{\infty} E\left[\left(\frac{S_n}{n}\right)^4\right] = E\left[\sum_{n=1}^{\infty} \left(\frac{S_n}{n}\right)^4\right]$$

が成り立つことを認めると，

$$E\left[\sum_{n=1}^{\infty} \left(\frac{S_n}{n}\right)^4\right] < +\infty \ \ \text{より} \ \ P\left(\sum_{n=1}^{\infty} \left(\frac{S_n}{n}\right)^4 < +\infty\right) = 1$$

でなければならないことがわかる．$\displaystyle\sum_{n=1}^{\infty} \left(\frac{S_n}{n}\right)^4 < +\infty$ から，

$$\lim_{n\to\infty} \left(\frac{S_n}{n}\right)^4 = 0, \ \ \text{したがって} \ \ \lim_{n\to\infty} \frac{S_n}{n} = 0$$

が導かれる．これは，

$$P\left(\lim_{n\to\infty} \frac{S_n}{n} = 0\right) = 1, \quad \text{すなわち} \quad P\left(\lim_{n\to\infty} \frac{H_n}{n} = \frac{1}{2}\right) = 1$$

であることを示している．これで式 (3.12) が示された．

$H_n(\omega) = d_1(\omega) + d_2(\omega) + \cdots + d_n(\omega)$ とおき，

$$A = \left\{\omega \in \Omega : \lim_{n\to\infty} \frac{H_n(\omega)}{n} = \frac{1}{2}\right\}$$

とすると，大数の強法則は $P(A) = 1$ であることを主張している．つまり，コインを n 回投げて表が出た割合が 1/2 に収束する確率は 1 である．見方を変えれば，0 以上 1 未満の実数を 2 進展開すると，「ほとんどすべての」実数について，1 の現れる頻度が 1/2 となることがわかる．より一般に，$\omega \in [0,1)$ を r 進展開したとき，その何桁に注目しても数字の並びが同じ頻度で出現するならば，ω は **正規数** (normal number) とよばれる．0 以上 1 未満の実数の「ほとんどすべて」が正規数である，というのが Borel (1909) の **正規数定理** である．

> ✎ $\omega \in \Omega$ に対して $U(\omega) = \omega$ とおくと，$[0,1)$ の上の一様分布に従う確率変数となる．さらに，ω を 2 進小数で表すと $\omega = 0.d_1 d_2 d_3 \cdots$ であるとき，右のように $\{U_n(\omega)\}$ を定めると，$U(\omega)$ と同じ分布に従う独立な確率変数の列となる（**シュタインハウス** (Steinhaus) **関数系**）．本書で扱うすべての確率過程は，コンピュータによるシミュレーションプログラムを作るのと同じ要領で，この「一様乱数列」のモデルを用いて表現できる．
>
> $U_1(\omega) = 0.d_1 d_3 d_6 d_{10} d_{15} \cdots$
> $U_2(\omega) = 0.d_2 d_5 d_9 d_{14} \cdots$
> $U_3(\omega) = 0.d_4 d_8 d_{13} \cdots$
> $U_4(\omega) = 0.d_7 d_{12} \cdots$
> $U_5(\omega) = 0.d_{11} \cdots$
> $\vdots$

◆単調収束定理◆

上の証明で，「非負の確率変数の無限和の期待値と期待値の無限和が一致する」ことを用いた．この性質は期待値の線型性から類推され，確率論を土台から築いていくと定理として証明されることだが，本書では，期待値の基本性質の一つとして認めることとする．

定理 3.1 ［**単調収束定理**］ 以下が成り立つ．

(1) 確率変数 $X_1, X_2, \cdots$ が $0 \leqq X_1 \leqq X_2 \leqq \cdots$ を満たす確率が 1 であるとき，

$$E\left[\lim_{n\to\infty} X_n\right] = \lim_{n\to\infty} E[X_n].$$

(2) 非負の確率変数 $Y_1, Y_2, \cdots$ に対して，

$$E\left[\sum_{n=1}^{\infty} Y_n\right] = \sum_{n=1}^{\infty} E[Y_n].$$

🐾　確率変数 X が $X \geqq 0$ を満たす確率が 1 であるとき，$E[X] \geqq 0$ となる．この性質は，確率変数 X, Y が $X \geqq Y$ を満たす確率が 1 であるとき $E[X] \geqq E[Y]$ となることと同値である．これを用いると，(1) と (2) は同値であることがわかる．

🐾　定理 2.3 で現れた $\displaystyle\sum_{n=0}^{\infty} u_{2n}$ の意味を述べておこう．

$$Y_{2n} = \begin{cases} 1 & (\text{時刻 } 2n \text{ で原点にいるとき}) \\ 0 & (\text{それ以外}) \end{cases}$$

という確率変数を考えると，その期待値 $E[Y_{2n}]$ は時刻 $2n$ で原点にいる確率 u_{2n} に一致する．また，$\displaystyle\sum_{n=0}^{\infty} Y_{2n}$ という確率変数は原点を訪れる回数を表し，単調収束定理により，その期待値は

$$E\left[\sum_{n=0}^{\infty} Y_{2n}\right] = \sum_{n=0}^{\infty} E[Y_{2n}] = \sum_{n=0}^{\infty} u_{2n}$$

である．したがって，定理 2.3 は，原点を訪れる回数の期待値が無限大になるかどうかが，原点に戻れる確率が 1 になるかどうかと対応していることを示している．

3.3　有限確率空間

起こりうる結果が有限個である試行の数学モデルについて，一般的に考えよう．

◆有限確率空間◆

Ω を，空でない有限集合とする．また，P を，Ω の部分集合 A に 0 以上 1 以下の実数 $P(A)$ を対応させる関数で，

(i)　$P(\Omega) = 1$

(ii)　$A \cap B = \emptyset$ ならば $P(A \cup B) = P(A) + P(B)$

を満たすものとする．このとき，組 (Ω, P) を**有限確率空間** (finite probability space) とよぶ．また，P を Ω 上の**確率測度** (probability measure) とよぶ．

Ω を**標本空間** (sample space) または**全事象**とよび，Ω の元 ω を**標本点** (sample) または**基本事象**とよぶ．Ω の部分集合 A は，いくつかの基本事象を合わせたものだから**事象**とよび，$P(A)$ を事象 A の**確率**とよぶ．また，$\omega \in A$ であるとき，「ω で A が起こる」という．

起こりうる結果が有限個である試行について確率モデルをつくって調べるとき，つぎの手順によることが多い．まず，この試行により生じうる結果や状況の全体を Ω とする．つぎに，基本事象 $\omega \in \Omega$ の確率 p_ω を，

$$0 \leqq p_\omega \leqq 1, \quad \sum_{\omega \in \Omega} p_\omega = 1$$

という条件を満たすように設定する．この $(p_\omega)_{\omega \in \Omega}$ を，Ω 上の**確率分布**とよぶ．そして，事象 $A \subset \Omega$ の確率 $P(A)$ を

$$P(A) = \sum_{\omega \in A} p_\omega \tag{3.13}$$

と定めると，P は上記の (i), (ii) の性質を満たすことがわかる．この (Ω, P) が，解析したい試行に対応する有限確率空間である．

0.1 節の「記号と計算規則のまとめ (1)」にある記号は，集合に対して使われる記号に合わせてあったので，本節で使われるときも同じ意味と理解してよい．また，計算規則として紹介したものの中では，上記の P の性質 (i), (ii) が最も基本的で重要であり，他は (i), (ii) から導くことができる．まず，有限加法性は，(ii) を繰り返し用いることで得られる（式 (3.13) を利用してもよい）．つぎに，A の余事象は $A^c = \{\omega \in \Omega : \omega \notin A\}$ であり，$A \cap A^c = \emptyset$, $A \cup A^c = \Omega$ より

$$P(A) + P(A^c) = P(\Omega), \text{ すなわち } P(A^c) = 1 - P(A)$$

が得られる．とくに，空集合 $\emptyset (= \text{`\{\}'})$ が表す空事象の確率は $P(\emptyset) = 0$ となる．最後に，事象 A, B が $A \subset B$ を満たすとき，$B = A \cup (B \cap A^c)$ が成り立つから，$P(A) \geqq 0$ と合わせると，

$$P(B) = P(B \cap A^c) + P(A) \geqq P(A)$$

という単調性の式が得られる．

以下の小節では，ある有限確率空間 (Ω, P) が与えられている状況で議論を進めてゆく．

◆確率変数とその確率分布◆

標本点 $\omega \in \Omega$ に実数 $X(\omega)$ を対応させる関数 X を**確率変数** (random variable) とよぶ．確率変数 X と実数 r に対して，

$$P(\{\omega \in \Omega : X(\omega) = r\})$$

を確率変数 X が値 r をとる確率という．これを短く $P(X = r)$ と表すことも多い．全事象 Ω が有限集合であるとき，確率変数 X のとりうる値もまた有限個である．X のとりうる値の全体 $x_1, \cdots, x_l$ と，それぞれの値をとる確率 $P(X = x_1), \cdots, P(X = x_l)$ との対応をまとめたものを X の**確率分布**という．確率変数 X のとりうる値の全体 $\Omega_X := \{X(\omega) : \omega \in \Omega\}$ が $\Omega_X = \{x_1, \cdots, x_l\}$ であるとき，

$$P_X(x_i) := P(X = x_i) = P(\{\omega \in \Omega : X(\omega) = x_i\}) \quad [i = 1, \cdots, l]$$

と定めると，表 3.1 の対応が得られる．組 (Ω_X, P_X) はやはり有限確率空間となり，確率変数 X だけに注目してモデル化したものと考えることができる．

表 3.1　X の確率分布.

r	x_1	$\cdots$	x_l
$P(X=r)$	$P_X(x_1)$	$\cdots$	$P_X(x_l)$

◆独立性◆

確率変数列 $\{X_i\}_{i=1,\cdots,n}$ が**独立** (independent) であるとは，任意の $x_1 \in \Omega_{X_1}, x_2 \in \Omega_{X_2}, \cdots, x_n \in \Omega_{X_n}$ に対して，

$$P(X_1 = x_1,\, X_2 = x_2,\, \cdots,\, X_n = x_n) = \prod_{i=1}^{n} P(X_i = x_i)$$

が成り立つときにいう．P の有限加法性により，このことは見かけ上強い，つぎのことと同値である：任意の $1 \leqq m \leqq n$ と任意の $1 \leqq i_1 < i_2 < \cdots < i_m \leqq n$，および任意の $x_1 \in \Omega_{X_{i_1}}, x_2 \in \Omega_{X_{i_2}}, \cdots, x_m \in \Omega_{X_{i_m}}$ に対して，

$$P(X_{i_1} = x_1,\, X_{i_2} = x_2,\, \cdots,\, X_{i_m} = x_m) = \prod_{k=1}^{m} P(X_{i_k} = x_k).$$

確率変数列 $\{X_i\}_{i=1,\cdots,n}$ が**同分布** (identically distributed) であるとは，$X_1, \cdots, X_n$ の確率分布が同じであるときにいう．独立で同分布 (independent identically distributed) であることを，略して **i.i.d.** と表すことが多い．

> ✎　なお，独立性 (independence) より弱い概念として，**ペアごとの独立性** (pairwise independence) がある：$i \neq j$ ならば，任意の $x_i \in \Omega_{X_i}, x_j \in \Omega_{X_j}$ に対して $P(X_i = x_i, X_j = x_j) = P(X_i = x_i)P(X_j = x_j)$ である．

> **問 3.2**　確率変数 X_1, X_2 は独立で，$P(X_i = 1) = P(X_i = 0) = 1/2$ $[i = 1, 2]$ を満たすとする．$X_1 + X_2$ を 2 で割った余りを X_3 とするとき，つぎの問いに答えよ．
> (1) X_1 と X_3 は独立であることを示せ．
> (2) X_1, X_2, X_3 は独立でないことを示せ．

◆期待値◆

確率変数 X の期待値 $E[X]$ を

$$E[X] := \sum_{\omega \in \Omega} X(\omega) P(\{\omega\})$$

によって定める．この式は，

$$E[X] = \sum_{x \in \Omega_X} \sum_{\omega \in \Omega : X(\omega) = x} x P(\{\omega\})$$

$$= \sum_{x \in \Omega_X} x \sum_{\omega \in \Omega : X(\omega) = x} P(\{\omega\}) = \sum_{x \in \Omega_X} x P(X = x)$$

と書き直すことができる. また, 関数 f に $X(\omega)$ を代入した確率変数 $f(X(\omega))$ の期待値は, つぎの式で与えられる.

$$E[f(X)] = \sum_{\omega \in \Omega} f(X(\omega))P(\{\omega\}) = \sum_{x \in \Omega_X} f(x)P(X = x)$$

X や, その関数 $f(x)$ の期待値だけに関心があるとき, 確率空間 (Ω, P) を気にせず, X に関する確率空間 (X の確率分布) (Ω_X, P_X) だけに注目して,

$$E[X] = \sum_{x \in \Omega_X} xP_X(x), \quad E[f(X)] = \sum_{x \in \Omega_X} f(x)P_X(x)$$

と計算するほうが簡単な場合も多い. 一方, つぎに見るように, 同時にいくつもの確率変数を扱い, 和や積などを考えるときは, 「一つの確率空間の上にいくつもの確率変数 (ω の関数) がある」という見方をしてはじめて, すっきりと理解できる.

定理 3.2 期待値について, つぎが成り立つ.

(1) 定数 c に対して, $E[c] = c$.

(2) 確率変数 X, Y に対して, $E[X + Y] = E[X] + E[Y]$. より一般に, n 個の確率変数 $X_1, \cdots, X_n$ に対して, $E\left[\sum_{i=1}^{n} X_i\right] = \sum_{i=1}^{n} E[X_i]$.

(3) 定数 c と確率変数 X に対して, $E[cX] = cE[X]$.

証明 (1)〜(3) はそれぞれ以下のように示される.

$$E[c] = \sum_{\omega \in \Omega} cP(\{\omega\}) = c \sum_{\omega \in \Omega} P(\{\omega\}) = cP(\Omega) = c,$$

$$E[X + Y] = \sum_{\omega \in \Omega} (X(\omega) + Y(\omega))P(\{\omega\})$$

$$= \sum_{\omega \in \Omega} X(\omega)P(\{\omega\}) + \sum_{\omega \in \Omega} Y(\omega)P(\{\omega\}) = E[X] + E[Y],$$

$$E[cX] = \sum_{\omega \in \Omega} cX(\omega)P(\{\omega\}) = c \sum_{\omega \in \Omega} X(\omega)P(\{\omega\}) = cE[X]. \quad \blacksquare$$

定理 3.3 期待値について, つぎが成り立つ.

(1) 任意の $\omega \in \Omega$ で $X(\omega) \leqq Y(\omega)$ ならば, $E[X] \leqq E[Y]$.

(2) (三角不等式) $|E[X]| \leqq E[|X|]$.

証明 (1) $E[X] = \sum_{\omega \in \Omega} X(\omega)P(\{\omega\}) \leqq \sum_{\omega \in \Omega} Y(\omega)P(\{\omega\}) = E[Y]$.

(2) 任意の $\omega \in \Omega$ で $-|X(\omega)| \leqq X(\omega) \leqq |X(\omega)|$ であることに注意すると, (1) より $-E[|X|] \leqq E[X] \leqq E[|X|]$ である. これは (2) を示している. $\quad \blacksquare$

確率変数 X と事象 A に対して，A が起こっている状況 ω にわたる $X(\omega)$ の平均値を

$$E[X : A] := \sum_{\omega \in A} X(\omega) P(\{\omega\})$$

と表し，「確率変数 X の事象 A 上での期待値」という．このとき，

$$E[X] = E[X : A] + E[X : A^c] \tag{3.14}$$

が成り立つ．また，$\omega \in A$ なら $X(\omega) \leqq Y(\omega)$ が成り立つとき，「事象 A 上で $X \leqq Y$」という．定理 3.3 (1) の証明と同様にして，

$$\text{事象 } A \text{ 上で } X \leqq Y \text{ ならば，} \quad E[X : A] \leqq E[Y : A] \tag{3.15}$$

が成り立つことがわかる．

◆分散と標準偏差◆

$X(\omega)$ と期待値 $E[X]$ の距離 $|X(\omega) - E[X]|$ の 2 乗 $(X(\omega) - E[X])^2$ はまた確率変数であるが，その期待値を

$$V[X] := E\left[(X - E[X])^2\right]$$

で表し，確率変数 X の**分散** (variance) という．c を定数とするとき，

$$V[c] = E\left[(c - E[c])^2\right] = E[0] = 0$$

である．分散の計算では，つぎの公式がよく用いられる．

定理 3.4 $\quad V[X] = E[X^2] - (E[X])^2$.

証明 $E[X] = \mu$ と書き，μ が定数であることに注意すると，定理 3.2 により，

$$V[X] = E[(X - \mu)^2] = E[X^2 - 2X\mu + \mu^2]$$
$$= E[X^2] - 2\mu E[X] + \mu^2 = E[X^2] - \mu^2$$

となることがわかる． ∎

一般に，$0 \leqq V[|X|] = E[(|X|)^2] - (E[|X|])^2$ だから，つぎの不等式が成り立つ．

$$E[|X|] \leqq \sqrt{E[X^2]} \tag{3.16}$$

また，つぎの公式も期待値や分散の計算によく用いられる．

定理 3.5 a, b を定数とし，X を確率変数とするとき，X の 1 次関数 $aX + b$ について，以下が成り立つ．

$$E[aX + b] = aE[X] + b, \quad V[aX + b] = a^2 V[X]$$

証明 定理 3.2 により，$E[aX + b] = E[aX] + E[b] = aE[X] + b$ となる．また，

$$aX + b - E[aX + b] = aX + b - (aE[X] + b) = a(X - E[X])$$

となることから，再び定理 3.2 により，

$$V[aX + b] = E[\{a(X - E[X])\}^2] = E[a^2(X - E[X])^2]$$
$$= a^2 E[(X - E[X])^2] = a^2 V[X]$$

となることがわかる． ∎

$X(\omega)$ が期待値 $E[X]$ から離れる確率を，分散 $V[X]$ で評価することができる．

定理 3.6 ［チェビシェフ (Chebyshev) の不等式］　任意の $c > 0$ に対して，つぎが成り立つ．

$$P\left(|X - E[X]| \geqq c\right) \leqq \frac{V[X]}{c^2}$$

証明 $E[X] = \mu$ と書くと，以下のように確かめられる．

$$V[X] = E[(X - \mu)^2 : |X - \mu| \geqq c] + E[(X - \mu)^2 : |X - \mu| < c]$$
$$\geqq E[c^2 : |X - \mu| \geqq c] + E[0 : |X - \mu| < c] = c^2 P(|X - \mu| \geqq c)$$
∎

$\sqrt{V[X]}$ を確率変数 X の**標準偏差** (standard deviation) という．チェビシェフの不等式により，任意の $k > 0$ に対して，つぎが成り立つ．

$$P\left(|X - E[X]| \geqq k\sqrt{V[X]}\right) \leqq \frac{1}{k^2} \tag{3.17}$$

◆共分散◆

確率変数 X, Y の和の分散について，

$$V[X + Y] = E[(X + Y - E[X + Y])^2] = E[\{(X - E[X]) + (Y - E[Y])\}^2]$$
$$= E[(X - E[X])^2] + 2E[(X - E[X])(Y - E[Y])] + E[(Y - E[Y])^2]$$
$$= V[X] + 2E[(X - E[X])(Y - E[Y])] + V[Y] \tag{3.18}$$

が成り立つ．ここで，

$$\mathrm{Cov}[X,Y] := E[(X - E[X])(Y - E[Y])] \tag{3.19}$$

を確率変数 X, Y の**共分散** (covariance) という．共分散についても，定理 3.4 と同様の
つぎの定理が成り立つ．

> **定理 3.7** $\mathrm{Cov}[X,Y] = E[XY] - E[X]E[Y].$

証明 $E[X] = \mu$, $E[Y] = \nu$ とおいて，つぎのように計算すればよい．

$$\mathrm{Cov}[X,Y] = E[(X - \mu)(Y - \nu)] = E[XY - \mu Y - \nu X + \mu\nu]$$
$$= E[XY] - \mu E[Y] - \nu E[X] + \mu\nu = E[XY] - \mu\nu \qquad ∎$$

問 3.3 つぎのことを示せ.
(1) 確率変数 X, Y と定数 c に対して，$\mathrm{Cov}[cX, Y] = c\,\mathrm{Cov}[X,Y]$.
(2) 確率変数 X, Y, Z に対して，$\mathrm{Cov}[X + Y, Z] = \mathrm{Cov}[X,Z] + \mathrm{Cov}[Y,Z]$.

✎ $\mathrm{Cov}[X,Y] = \mathrm{Cov}[Y,X]$ だから，つぎの 2 式も成り立つ．

$$\mathrm{Cov}[X, cY] = c\mathrm{Cov}[X,Y], \quad \mathrm{Cov}[X, Y + Z] = \mathrm{Cov}[X,Y] + \mathrm{Cov}[X,Z]$$

> **定理 3.8** 確率変数 X, Y が独立，すなわち，
>
> すべての x, y について $P(X = x, Y = y) = P(X = x)P(Y = y)$
>
> が成り立つとき，
>
> $$E[XY] = E[X]E[Y] \tag{3.20}$$
>
> である．したがって，この式により，つぎが成り立つ．
>
> $$\mathrm{Cov}[X,Y] = 0, \quad V[X + Y] = V[X] + V[Y]$$

証明 つぎのようにして因数分解できる．

$$E[XY] = \sum_{x \in \Omega_X} \sum_{y \in \Omega_Y} xy P(X = x, Y = y)$$
$$= \sum_{x \in \Omega_X} \sum_{y \in \Omega_Y} xy P(X = x) P(Y = y)$$
$$= \left(\sum_{x \in \Omega_X} x P(X = x) \right) \left(\sum_{y \in \Omega_Y} y P(Y = y) \right) = E[X]E[Y] \qquad ∎$$

✎ 同様にして，関数 f, g に対し $E[f(X)g(Y)] = E[f(X)]E[g(Y)]$ が成り立つことがわかる．

> **問 3.4** つぎの問いに答えよ.
> (1) 確率変数 X_1, X_2 が $V[X_1] = V[X_2]$ を満たすとき,$\text{Cov}[X_1 + X_2, X_1 - X_2]$ を計算せよ.
> (2) 確率変数 X_1, X_2 が独立で,$P(X_i = 1) = P(X_i = 0) = 1/2 \; [i = 1, 2]$ を満たすとき,$X_1 + X_2$ と $X_1 - X_2$ は独立でないことを示せ.

定理 3.9 n 個の確率変数 $X_1, X_2, \cdots, X_n$ について,

$$V\left[\sum_{i=1}^{n} X_i\right] = \sum_{i=1}^{n} V[X_i] + 2 \sum_{1 \leqq i < j \leqq n} \text{Cov}[X_i, X_j] \tag{3.21}$$

である.とくに,$X_1, X_2, \cdots, X_n$ がペアごとに独立ならば,つぎのようになる.

$$V\left[\sum_{i=1}^{n} X_i\right] = \sum_{i=1}^{n} V[X_i] \tag{3.22}$$

証明 式 (3.18) と同じ考え方で,以下のように確かめられる.

$$V\left[\sum_{i=1}^{n} X_i\right] = E\left[\left\{\sum_{i=1}^{n}(X_i - E[X_i])\right\}^2\right]$$

$$= \sum_{i=1}^{n} E[(X_i - E[X_i])^2] + 2 \sum_{1 \leqq i < j \leqq n} E[(X_i - E[X_i])(X_j - E[X_j])] \quad \blacksquare$$

◆独立な確率変数列と期待値◆

独立な確率変数列については,定理 3.8 より強い定理が成り立つ.証明は省略する.

定理 3.10 確率変数列 $\{X_i\}_{i=1,\cdots,n}$ が独立であるとする.関数 $f_1, f_2, \cdots, f_n$ に対して,つぎが成り立つ.

$$E[f_1(X_1) \cdot f_2(X_2) \cdot \cdots \cdot f_n(X_n)] = E[f_1(X_1)] \cdot E[f_2(X_2)] \cdot \cdots \cdot E[f_n(X_n)]$$

3.4 ベルヌーイ試行列の極限定理

最も基本的な独立確率変数列であるベルヌーイ試行列を題材として,確率論の代表的な極限定理を紹介する.

◆ベルヌーイ確率変数とベルヌーイ試行列◆

$0 \leqq p \leqq 1$ とする.確率 p で表が,確率 $1 - p$ で裏が出るコインを 1 回投げる試行は,$P(X = 1) = p, P(X = 0) = 1 - p$ を満たす確率変数 X によってモデル化できる.こ

のとき，X を成功確率 p の**ベルヌーイ確率変数**とよぶ．また，

$$E[X] = E[X^2] = p, \quad V[X] = E[X^2] - (E[X])^2 = p - p^2 = p(1-p)$$

である．

確率 p で表が，確率 $1-p$ で裏が出るコインを繰り返し投げる試行のモデルとして，つぎの (i), (ii) を満たす確率変数の列 $X_1, X_2, \cdots$ を，成功確率 p の**ベルヌーイ試行列** (Bernoulli trials) という：

(i) 任意の $i = 1, 2, \cdots$ に対して，$P(X_i = 1) = p$, $P(X_i = 0) = 1 - p$.

(ii) 任意の $n = 2, 3, \cdots$ と，任意の $c_1, c_2, \cdots, c_n \in \{0, 1\}$ に対して，

$$P(X_1 = c_1, \, X_2 = c_2, \, \cdots, \, X_n = c_n)$$
$$= P(X_1 = c_1) \times P(X_2 = c_2) \times \cdots \times P(X_n = c_n).$$

◆ヤコブ・ベルヌーイの大数の弱法則◆

成功確率 p のベルヌーイ試行列 $X_1, \cdots, X_n$ において，最初の n 回の試行で表が出た回数

$$H_n = \sum_{i=1}^{n} X_i$$

は二項分布 $B(n, p)$ に従う確率変数であり，

$$E[H_n] = \sum_{i=1}^{n} E[X_i] = np, \quad V[H_n] = \sum_{i=1}^{n} V[X_i] = np(1-p) \tag{3.23}$$

となる．また，n 回の試行で表が出た割合（相対頻度）H_n/n については，

$$E\left[\frac{H_n}{n}\right] = \frac{E[H_n]}{n} = p, \quad V\left[\frac{H_n}{n}\right] = \frac{V[H_n]}{n^2} = \frac{p(1-p)}{n} \tag{3.24}$$

となる．チェビシェフの不等式により，任意の $\varepsilon > 0$ に対して，

$$P\left(\left|\frac{H_n}{n} - p\right| \geqq \varepsilon\right) \leqq \frac{V[H_n/n]}{\varepsilon^2} = \frac{p(1-p)}{n\varepsilon^2} \left[\leqq \frac{1}{4n\varepsilon^2}\right] \tag{3.25}$$

である．したがって，最初に Bernoulli (1713) で示された，つぎの定理を得る．

> **定理 3.11** ［ヤコブ・ベルヌーイ (Jacob Bernoulli) の大数の弱法則］ H_n を二項分布 $B(n, p)$ に従う確率変数とすると，任意の $\varepsilon > 0$ に対して，つぎが成り立つ．
>
> $$\lim_{n \to \infty} P\left(\left|\frac{H_n}{n} - p\right| \geqq \varepsilon\right) = 0$$
>
> このことを「H_n/n は p に**確率収束する**」という．

◆ボレル (Borel) の大数の強法則◆

H_n を二項分布 $B(n, p)$ に従う確率変数とする. 式 (3.25) は $p = 1/2$ の場合の式 (3.5) を一般化したものである. それでは, $p = 1/2$ の場合に式 (3.6) を導いたのと似た方法で, 式 (3.25) よりも精密な不等式が得られないだろうか.

$E[H_n] = np$ だから, $|H_n - np| \geqq c$ となる確率を評価するために, $\lambda > 0$ として $E[e^{\lambda(H_n - np)}]$ を計算しよう. H_n は, 長さ n のベルヌーイ試行列 $X_1, \cdots, X_n$ によって $H_n = \displaystyle\sum_{i=1}^{n} X_i$ と表されるから, 独立性により,

$$
\begin{aligned}
E[e^{\lambda(H_n - np)}] &= E\left[\exp\left\{\lambda\left(\sum_{i=1}^{n} X_i - np\right)\right\}\right] \\
&= E\left[\prod_{i=1}^{n} \exp\left\{\lambda\left(X_i - p\right)\right\}\right] = \prod_{i=1}^{n} E[e^{\lambda(X_i - p)}]
\end{aligned}
$$

となる. $E[e^{\lambda(X_i - p)}]$ を評価するために, つぎの補題を用いる.

補題 3.1 λ を実数とし, $c > 0$ とする. X を $P(|X| \leqq c) = 1$, $E[X] = 0$ を満たす確率変数とすると, つぎが成り立つ.
$$
E[e^{\lambda X}] \leqq \cosh(\lambda c) \leqq e^{(\lambda c)^2/2}
$$

証明 $c = 1$ の場合を証明すれば十分である. 一般の場合は X の代わりに X/c を考えればよい. x の関数 $e^{\lambda x}$ のグラフが下に凸であることに注意すると, 任意の $x \in [-1, 1]$ に対して

$$
\begin{aligned}
e^{\lambda x} &\leqq \frac{(1-x)e^{-\lambda} + (x+1)e^{\lambda}}{(x+1) + (1-x)} \\
&= \frac{1}{2}\left(e^{\lambda} + e^{-\lambda}\right) + \frac{x}{2}\left(e^{\lambda} - e^{-\lambda}\right) \\
&= \cosh(\lambda) + x \sinh(\lambda)
\end{aligned}
$$

が成り立つことがわかる (図 3.2). これを用いると,

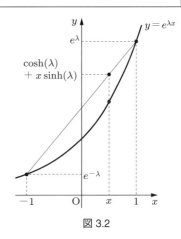

図 3.2

$$
\begin{aligned}
E[e^{\lambda X}] &\leqq E[\cosh(\lambda) + X \sinh(\lambda)] \\
&= \cosh(\lambda) + E[X]\sinh(\lambda) = \cosh(\lambda)
\end{aligned}
$$

が得られる. 問 3.1 により, $\cosh(\lambda) \leqq e^{\lambda^2/2}$ である. ∎

$X_i - p$ は $-p$ または $1 - p$ だから，$P(|X_i - p| \leqq 1) = 1$ である．補題 3.1 により，

$$\text{任意の } i = 1, \cdots, n \text{ に対して，} \quad E[e^{\lambda(X_i - p)}] \leqq e^{\lambda^2/2}$$

となる．したがって，

$$E[e^{\lambda(H_n - np)}] \leqq e^{\lambda^2 n/2}, \quad E[e^{-\lambda(H_n - np)}] \leqq e^{(-\lambda)^2 n/2} = e^{\lambda^2 n/2}$$

となり，

$$E[e^{\lambda|H_n - np|}] \leqq 2e^{\lambda^2 n/2} \tag{3.26}$$

である．

式 (3.26) を利用して，つぎの定理が得られる．

定理 3.12 H_n を二項分布 $B(n, p)$ に従う確率変数とすると，つぎが成り立つ．

$$P(|H_n - np| \geqq c) \leqq 2e^{-c^2/(2n)} \tag{3.27}$$

証明 $\lambda > 0$ のとき，

$$E[e^{\lambda|H_n - np|}] \geqq E[e^{\lambda|H_n - np|} : |H_n - np| \geqq c] \geqq e^{\lambda c} \cdot P(|H_n - np| \geqq c)$$

だから，

$$P(|H_n - np| \geqq c) \leqq 2e^{\lambda^2 n/2 - \lambda c} = 2e^{n(\lambda - c/n)^2/2 - c^2/(2n)}$$

となる．$\lambda = c/n \, (> 0)$ とおくと，式 (3.27) が得られる． ∎

定理 3.13 ［ボレル (Borel) の大数の強法則］ 成功確率 p のベルヌーイ試行列 X_1, $X_2, \cdots$ に対して，$H_n = X_1 + \cdots + X_n$ とおくと，

$$P\left(\lim_{n \to \infty} \frac{H_n}{n} = p\right) = 1$$

が成り立つ．このことを「H_n/n は p に概収束する」という．

証明 式 (3.26) より $E[e^{\lambda|H_n - np|}] \leqq 2e^{\lambda^2 n/2}$ であるから，$\lambda = 1/\sqrt{n}$ とおくと，

$$E\left[\exp\left(\frac{|H_n - np|}{\sqrt{n}}\right)\right] \leqq 2e^{1/2}$$

となる．したがって，$x \geqq 0$ に対して $e^x \geqq x^4/4!$ であることから，

$$E\left[\frac{1}{4!}\left(\frac{|H_n - np|}{\sqrt{n}}\right)^4\right] \leqq 2e^{1/2}, \quad \text{すなわち} \quad E\left[\left(\frac{H_n}{n} - p\right)^4\right] \leqq \frac{48e^{1/2}}{n^2}$$

が成り立つ．3.1 節と同じ議論により，$P\left(\lim_{n \to \infty}\left|\frac{H_n}{n} - p\right| = 0\right) = 1$ が得られる． ∎

◆**二項分布の正規近似**◆

平均値 np からの $\sqrt{n}$ のオーダーのゆらぎについて，つぎの重要な定理が成り立つ．これは定理 2.9 の一般化にあたる．

> **定理 3.14** ［**ド・モアブル–ラプラス (de Moivre-Laplace) の定理**］　確率変数 H_n が二項分布 $B(n,p)$ に従うとき，任意の実数 x に対して，つぎが成り立つ．
> $$\lim_{n\to\infty} P\left(\frac{H_n - np}{\sqrt{np(1-p)}} \leqq x \right) = \int_{-\infty}^{x} \frac{1}{\sqrt{2\pi}} e^{-u^2/2}\, du$$

これも定理 2.9 と同様の方針で証明できるのだが，だいぶ複雑になる．本書では，後の 7.2 節でまったく別の説明を与えることにする．

◆**二項分布における大偏差の確率**◆

確率変数 H_n は二項分布 $B(n,p)$ に従うとする．H_n は期待値 np 付近の値をとる確率が高いが，そこから大きく（n のオーダーで）はずれた値をとる確率を調べよう．

> **定理 3.15**　$0 < p < a < 1$ とし，
> $$H(a \mid p) := a \log \frac{a}{p} + (1-a) \log \frac{1-a}{1-p} \tag{3.28}$$
> とおく．確率変数 H_n が二項分布 $B(n,p)$ に従うとき，つぎが成り立つ．
> (1) 任意の自然数 n に対して，$P(H_n \geqq an) \leqq e^{-nH(a|p)}$．
> (2) $\displaystyle \lim_{n\to\infty} \frac{1}{n} \log P(H_n \geqq an) = -H(a \mid p)$．

> ✐　定理 3.15 は (1) の形で使われる場面が多いが，(2) は (1) が精密な評価式であることを表している．$H(a \mid p)$ は，$B(1,p)$ に対する $B(1,a)$ の**相対エントロピー** (relative entropy)，あるいは**カルバック–ライブラー情報量** (Kullback-Leibler divergence) とよばれる．$B(n,p)$ に対する $B(n,a)$ の相対エントロピーは $nH(a \mid p)$ である．

証明　Arratia and Gordon (1989) の方法で紹介する．確率変数 H_n が二項分布 $B(n,x)$ に従うとき，$H_n \geqq y$ となる確率を $P_x(H_n \geqq y)$ と表す．いま調べたいのは $P_p(H_n \geqq an)$ だが，定理 3.14 を念頭におくと，n が大きいとき $P_a(H_n \geqq an)$ は $1/2$ に近いので，この量を基準として計算を進める（定理 3.14 はまだ証明していないので，ここでは別の弱い評価で代用しよう）．

(1) $k = 0, 1, \cdots, n$ に対して
$$\frac{dP_p}{dP_a}(k) := \frac{P_p(H_n = k)}{P_a(H_n = k)} = \frac{p^k(1-p)^{n-k}}{a^k(1-a)^{n-k}}$$

とおく. $r := \dfrac{p}{1-p} \bigg/ \dfrac{a}{1-a} = \dfrac{p(1-a)}{(1-p)a}$ と定める. $k = an + \xi$ と表すと,

$$\frac{dP_p}{dP_a}(k) = \frac{p^{an+\xi}(1-p)^{(1-a)n-\xi}}{a^{an+\xi}(1-a)^{(1-a)n-\xi}}$$

$$= \left\{\frac{p(1-a)}{(1-p)a}\right\}^{\xi} \cdot \left\{\left(\frac{p}{a}\right)^a \cdot \left(\frac{1-p}{1-a}\right)^{1-a}\right\}^n = r^{k-an} \cdot e^{-nH(a|p)}$$

と書き直せる. an を下回らない最小の整数を $\lceil an \rceil$ で表すと, $an \leqq \lceil an \rceil < an + 1$ が成り立つ. $H_n \geqq an$ と $H_n \geqq \lceil an \rceil$ とは同値であるから,

$$P_p(H_n \geqq an) = P_p(H_n \geqq \lceil an \rceil) = \sum_{k=\lceil an \rceil}^{n} P_p(H_n = k)$$

$$= e^{-nH(a|p)} \cdot \sum_{k=\lceil an \rceil}^{n} r^{k-an} \cdot P_a(H_n = k) \tag{3.29}$$

となる. $0 < r < 1$ と $0 \leqq \lceil an \rceil - an$, および $P_a(H_n = k) \geqq 0$ に注意すると,

$$P_p(H_n \geqq an) \leqq e^{-nH(a|p)} \cdot r^0 \cdot \sum_{k=\lceil an \rceil}^{n} P_a(H_n = k)$$

$$= e^{-nH(a|p)} \cdot P_a(H_n \geqq an) \leqq e^{-nH(a|p)}$$

が得られる.

(2) 式 (3.29) において,

$$\sum_{k=\lceil an \rceil}^{n} r^{k-an} \cdot P_a(H_n = k) \geqq r^{\lceil an \rceil - an} \cdot P_a(H_n = \lceil an \rceil) \tag{3.30}$$

と評価する. $0 < r < 1$ と $\lceil an \rceil - an < 1$ より $r^{\lceil an \rceil - an} > r$ である. また, 問 0.1 の結果から, $k_0 = \lfloor (n+1)a \rfloor$ とおくと $P_a(H_n \geqq k_0) \geqq 1/(n+1)$ である. $\lceil an \rceil$ は k_0 あるいは $k_0 + 1$ のいずれかに一致することに注意すると, $n > k_0$ が成り立つような十分大きいすべての n に対して

$$P_a(H_n = \lceil an \rceil) \geqq P_a(H_n = k_0 + 1)$$

$$= P_a(H_n = k_0) \cdot \frac{(n - k_0)a}{(k_0 + 1)(1-a)} \tag{3.31}$$

である. $P(H_n = \lceil an \rceil) \leqq 1$ と合わせると,

$$\lim_{n \to \infty} \frac{1}{n} \log P_a(H_n = \lceil an \rceil) = 0$$

とわかる.

$$e^{-nH(a|p)} \cdot r \cdot P_a(H_n = \lceil an \rceil) \leqq P_p(H_n \geqq an) \leqq e^{-nH(a|p)},$$

すなわち

$$-H(a \mid p) + \frac{\log r}{n} + \frac{1}{n} \log P_a(H_n = \lceil an \rceil) \leqq \frac{1}{n} \log P_p(H_n \geqq an) \leqq -H(a \mid p)$$

で $n \to \infty$ とすると，(2) が得られる. ∎

系 3.1 $0 < a < p < 1$ とする．確率変数 H_n が二項分布 $B(n, p)$ に従うとき，つぎが成り立つ.

(1) 任意の自然数 n に対して，$P(H_n \leqq an) \leqq e^{-nH(a \mid p)}$.

(2) $\displaystyle\lim_{n \to \infty} \frac{1}{n} \log P(H_n \leqq an) = -H(a \mid p)$.

問 3.5 定理 3.15 から系 3.1 を導け.

✐　図 3.3 は，$p = 2/5$ の場合の $H(a \mid p)$ のグラフである．大数の法則により，H_n/n の確率分布は $n \to \infty$ のとき p に集中していくが，これは $H(a \mid p)$ の最小値 0 を与える点である．一方，$a \neq p$ では $H(a \mid p) > 0$ だから，定理 3.15 と系 3.1 から，p から離れた値をとる確率が指数関数的な速さで 0 に収束することがわかる.

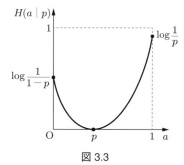

図 3.3

$0 < a < 1$ とする．an が整数であるとき $\lfloor (n+1)a \rfloor = an$ であるから，

$$\frac{1}{n+1} \leqq P_a(H_n = an) = \binom{n}{an} a^{an}(1-a)^{(1-a)n} \leqq 1$$

が成り立つ.

$$H_2(x) := -x \log_2 x - (1-x) \log_2(1-x) \quad [0 < x < 1]$$

を用いて書き直すと，

$$\frac{1}{n+1} \cdot 2^{H_2(a)n} \leqq \binom{n}{an} \leqq 2^{H_2(a)n}$$

が成り立つことがわかる．一方，

$$h(a \mid 1/2) = -(\log 2) \cdot \{H_2(a) - H_2(1/2)\} = -(\log 2) \cdot \{H_2(a) - 1\}$$

であるから，$0 < a < 1/2$ とすると系 3.1 により

$$P_{1/2}(H_n \leqq an) = \frac{1}{2^n} \sum_{k \leqq an} \binom{n}{k} \leqq 2^{H_2(a)n - n},$$

すなわち

$$\sum_{k \leqq an} \binom{n}{k} \leqq 2^{H_2(a)n}$$

が得られる. an が整数であるとき左辺の和の最大項は $\binom{n}{an}$ であり,この項が和の大きさに大きな影響を与えていることがわかる.

3.5 ランダムウォークの漸近的な速度,訪問点の個数

本節では,ランダムウォークの長時間挙動に関する詳しい極限定理を紹介する.

◆1次元単純ランダムウォークの漸近的な速度◆

ボレルの大数の強法則(定理3.13)を1次元単純ランダムウォークに応用しよう.

> **定理3.16** 確率 p で1歩右に動き,確率 $q = 1-p$ で1歩左に動く1次元単純ランダムウォークについて,時刻 n でのウォーカーの位置を S_n とすると,つぎが成り立つ.
>
> $$P\left(\lim_{n\to\infty} \frac{S_n}{n} = p - q\right) = 1$$

証明 確率 p で表が出るコインを n 回投げて表が H_n 回出たとき,ランダムウォークは右に H_n 回,左に $(n - H_n)$ 回動くから,時刻 n での位置 S_n は

$$S_n = (+1) \times H_n + (-1) \times (n - H_n) = H_n - n + H_n = 2H_n - n$$

となる.定理3.13により,

$$\lim_{n\to\infty} \frac{S_n}{n} = \lim_{n\to\infty} \frac{2H_n - n}{n} = 2p - 1 = p - q$$

が成り立つ確率は1である. ∎

1次元単純ランダムウォークは $p \neq 1/2$ のとき非再帰的であり,定理3.16は,S_n が n に比例するような形で発散することを示している. $\lim_{n\to\infty} S_n/n$ という量はランダムウォークの**漸近的な速度** (asymptotic speed) とよばれることがある.再帰的な $p = 1/2$ の場合は $\lim_{n\to\infty} S_n/n = 0$ となる確率が1であるが,この場合,S_n は n よりも小さいオーダーで振動していることがわかっている(後の定理3.18参照).

◆ランダムウォークの訪問点の個数◆

$X_1, X_2, \cdots$ を独立同分布の確率変数列とし,

$$S_0 := 0, \quad S_n = \sum_{i=1}^{n} X_i$$

で定まるランダムウォーク $\{S_n\}$ を考える．$R_n := \#\{S_0, S_1, \cdots, S_n\}$ とおく．すなわち，$S_0, S_1, \cdots, S_n$ のうち，異なる点の個数を R_n で表し，これをランダムウォークの時刻 n までの**訪問点の個数** (range) とよぶ．

$i = 1, 2, \cdots$ に対して，「時刻 i に，それまで訪れていない点に到達する」という事象を

$$A_i := \{k = 0, \cdots, i-1 \text{ に対して } S_i \neq S_k\}$$

で表す．事象 A_i の指示関数

$$1_{A_i} := \begin{cases} 1 & (A_i \text{ が起こったとき}) \\ 0 & (A_i \text{ が起こらなかったとき}) \end{cases}$$

を用いると，$R_0 = 1$ だから，

$$R_n = 1 + \sum_{i=1}^{n} 1_{A_i}$$

と表すことができる．$E[1_{A_i}] = P(A_i)$ より，

$$E[R_n] = E\left[1 + \sum_{i=1}^{n} 1_{A_i}\right] = 1 + \sum_{i=1}^{n} P(A_i)$$

が得られる．

つぎの定理は，Dvoretzky and Erdős (1951) による有名な結果の一部である．

定理 3.17 $\displaystyle \lim_{n \to \infty} \frac{E[R_n]}{n} = P(\text{任意の } k \geqq 1 \text{ に対して } S_k \neq 0).$

証明 $i = 1, 2, \cdots$ とする．$A_i = \{S_i \neq S_{i-1}, S_i \neq S_{i-2}, \cdots, S_i \neq S_0\}$ という事象を書き直すと，

$$\{X_i \neq 0, X_{i-1} + X_i \neq 0, \cdots, X_1 + X_2 + \cdots + X_i \neq 0\}$$

となるが，$\{X_i\}$ は独立同分布だから，この事象の確率は，番号の付け方を逆順にした

$$B_i := \{X_1 \neq 0, X_2 + X_1 \neq 0, \cdots, X_i + X_{i-1} + \cdots + X_1 \neq 0\}$$
$$= \{S_1 \neq 0, S_2 \neq 0, \cdots, S_i \neq 0\} = \{k = 1, \cdots, i \text{ に対して } S_k \neq 0\}$$

という事象の確率と等しい．したがって，$E[R_n] = 1 + \sum_{i=1}^{n} P(B_i)$ となる．

さて，事象 B_i は i について単調減少である．すなわち，$B_1 \supset B_2 \supset \cdots \supset B_n \supset \cdots$ が成り立つ．そこで，

$$B_\infty := \bigcap_{i=1}^{\infty} B_i = \{k = 1, 2, \cdots \text{ に対して } S_k \neq 0\}$$

とおくと，確率の連続性により $\lim_{i \to \infty} P(B_i) = P(B_\infty)$ が成り立つ．一般に，数列 $\{a_n\}$ が $\lim_{n \to \infty} a_n = a$ を満たすとき，$\lim_{n \to \infty} \frac{1}{n} \sum_{i=1}^{n} a_i = a$ が成り立つから，

$$\lim_{n \to \infty} \frac{E[R_n]}{n} = \lim_{n \to \infty} \left[\frac{1}{n} + \frac{1}{n} \sum_{i=1}^{n} P(B_i) \right] = P(B_\infty)$$

となる．∎

例 3.1 $X_1, X_2, \cdots$ は独立同分布で

$$P(X_i = +1) = p, \quad P(X_i = -1) = q = 1 - p \quad [i = 1, 2, \cdots]$$

とすると，$\{S_n\}$ は 1 次元単純ランダムウォークである．定理 2.8 により，

$$P(\text{任意の } k \geq 1 \text{ に対して } S_k \neq 0) = |p - q|$$

である．したがって，定理 3.17 により $\lim_{n \to \infty} E[R_n]/n = |p - q|$ である．$p = q = 1/2$ のときは，より詳しく

$$E[R_n] \sim \sqrt{\frac{8n}{\pi}} \quad (n \to \infty) \tag{3.32}$$

が成り立つことを示そう．定理 2.6 とウォリスの公式（定理 2.7）により，

$$P(B_{2n}) = \frac{1}{2^{2n}} \binom{2n}{n} \sim \frac{1}{\sqrt{\pi n}} \quad (n \to \infty)$$

であり，$P(B_{2n+1}) = P(B_{2n})$ であるから，

$$P(B_i) \sim \sqrt{\frac{2}{\pi i}} \quad (i \to \infty)$$

となる．一般に，

$$\alpha > -1 \text{ のとき，} \quad \sum_{i=1}^{n} i^\alpha \sim \int_0^n x^\alpha \, dx = \frac{n^{\alpha+1}}{\alpha + 1} \quad (n \to \infty)$$

が成り立つから，

$$E[R_n] = 1 + \sum_{i=1}^{n} P(B_i) \sim \sqrt{\frac{2}{\pi}} \cdot 2\sqrt{n} = \sqrt{\frac{8n}{\pi}} \quad (n \to \infty)$$

が得られる．◀

例 3.2 d 次元対称単純ランダムウォークに対しても定理 3.17 は成り立つ．$d \geq 3$ のときは一度も原点に戻らない確率 $\gamma(d) > 0$ だから，

$$E[R_n] \sim \gamma(d) \cdot n \quad (n \to \infty)$$

が成り立つ．Dvoretzky and Erdős (1951) は，$d = 2$ のとき

$$E[R_n] \sim \frac{\pi n}{\log n} \quad (n \to \infty)$$

となることを証明している． ◀

◆重複対数の法則◆

1 次元対称単純ランダムウォークはすべての点を無限回訪問する確率が 1 であるから，

$$P\left(-\infty = \liminf_{n \to \infty} S_n < \limsup_{n \to \infty} S_n = +\infty\right) = 1$$

が成り立つ．さらに詳しく，つぎの**重複対数の法則** (the law of the iterated logarithm) が Khintchine (1924) によって証明されている．

定理 3.18 ［重複対数の法則］ 1 次元対称単純ランダムウォーク $\{S_n\}$ について，

$$\liminf_{n \to \infty} \frac{S_n}{\sqrt{2n \log \log n}} = -1 \text{ かつ } \limsup_{n \to \infty} \frac{S_n}{\sqrt{2n \log \log n}} = +1$$

となる確率は 1 である．

定理 3.18 の証明の流れはつぎのようである．$\{-S_n\}$ は $\{S_n\}$ と同分布だから，$\limsup\limits_{n \to \infty} S_n / \sqrt{2n \log \log n} = 1$ が成り立つ確率が 1 であることを示せばよい．これを，つぎの①，②に分けて調べる．

① 任意の $\lambda > 1$ に対して，

$$\text{有限個を除くすべての } n \text{ で} \quad S_n \leqq \lambda \sqrt{2n \log \log n} \tag{3.33}$$

が成り立つ確率が 1 であることを示す（補題 3.4）．

② 任意の $\lambda < 1$ に対して，

$$\text{無限個の } n \text{ で} \quad S_n \geqq \lambda \sqrt{2n \log \log n} \tag{3.34}$$

が成り立つ確率が 1 であることを示す（補題 3.6）．

これら①，②の証明に先立って，ボレルとカンテリ (Cantelli) によって考案された，

$$\bigcap_{N=1}^{\infty} \bigcup_{n \geq N} E_n = \{E_1, E_2, \cdots \text{ のうち無限個が起こる}\}$$

という事象の確率を調べるのに役立つ補題を二つ準備する（補題 3.2, 3.5）．

それでは，①の証明に必要なつぎの補題をまず証明しよう．

補題 3.2 ［ボレル‐カンテリの第 1 補題］ 任意の事象の列 $E_1, E_2, \cdots$ について，$\displaystyle\sum_{n=1}^{\infty} P(E_n) < +\infty$ ならば $P\left(\displaystyle\bigcap_{N=1}^{\infty} \bigcup_{n \geqq N} E_n\right) = 0$ である．

証明 任意の N_0 に対して

$$P\left(\bigcap_{N=1}^{\infty} \bigcup_{n \geqq N} E_n\right) \leqq P\left(\bigcup_{n \geqq N_0} E_n\right) \leqq \sum_{n \geqq N_0} P(E_n)$$

が成り立つ．$\displaystyle\sum_{n=1}^{\infty} P(E_n) < +\infty$ のとき，$N_0 \to \infty$ とすると，右辺は 0 に収束する． ∎

①の証明では，補題 3.2 とつぎの不等式を組み合わせて用いる．

補題 3.3 任意の $c > 0$ に対して，つぎが成り立つ．

$$P(ある\ k \in \{1, \cdots, n\}\ で\ |S_k| \geqq c) = P\left(\max_{k=1,\cdots,n} |S_k| \geqq c\right)$$

$$\leqq 2P(|S_n| \geqq c) \leqq 4e^{-c^2/(2n)} \tag{3.35}$$

証明 $A_1 := \{S_1 \geqq c\}$，および

$$A_k := \{S_1 < c, \cdots, S_{k-1} < c, S_k \geqq c\} \quad [k = 2, \cdots, n]$$

とおくと，

$$P\left(\max_{k=1,\cdots,n} S_k \geqq c\right) = \sum_{k=1}^{n} P(A_k)$$

と分解できる．つぎに，$B_k := \{S_n - S_k \geqq 0\}$ $[k = 1, \cdots, n]$ とおく．$S_n - S_k$ と S_{n-k} の分布は同じであり，任意の $j = 1, 2, \cdots$ に対して，二項分布 $B(j, 1/2)$ の特徴から $P(S_j \geqq 0) \geqq 1/2$ が成り立つことに注意すると，

$$P(B_k) = P(S_{n-k} \geqq 0) \geqq \frac{1}{2} \quad [k = 1, \cdots, n]$$

である．$A_k \cap B_k$ が起これば $S_n = S_k + (S_n - S_k) \geqq c$ となり，A_k と B_k とは独立だから，

$$P(S_n \geqq c) \geqq \sum_{k=1}^{n} P(A_k \cap B_k) = \sum_{k=1}^{n} P(A_k)P(B_k) \geqq \frac{1}{2} \sum_{k=1}^{n} P(A_k)$$

が成り立つ．以上により

$$P\left(\max_{k=1,\cdots,n} S_k \geqq c\right) \leqq 2P(S_n \geqq c)$$

が得られる．$\{-S_n\}$ も 1 次元対称単純ランダムウォークだから，

$$P\left(\min_{k=1,\cdots,n} S_k \leqq -c\right) = P\left(\max_{k=1,\cdots,n} (-S_k) \geqq c\right)$$

$$\leqq 2P(-S_n \geqq c) = 2P(S_n \leqq -c)$$

が成り立ち，式 (3.11) と合わせると，式 (3.35) が得られる． ∎

補題 3.4 任意の $\lambda > 1$ に対して，式 (3.33) が成り立つ確率は 1 である．

証明 $1 < \gamma < \lambda$ を満たす γ を固定し，$i = 0, 1, 2, \cdots$ に対して $n_i := \lceil \gamma^i \rceil$ とおく．

$$\frac{\gamma^{i+1}}{\gamma^i + 1} \leqq \frac{n_{i+1}}{n_i} \leqq \frac{\gamma^{i+1} + 1}{\gamma^i}$$

だから $\lim_{i \to \infty} n_{i+1}/n_i = \gamma (< \lambda)$ となる．したがって，ある I が存在して，$i \geqq I$ ならば $n_{i+1}/n_i < \lambda$ が成り立つ．

$$E_i := \left\{ \max_{n_i < k \leqq n_{i+1}} S_k > \lambda\sqrt{2n_i \log\log n_i} \right\} \quad [i = 0, 1, 2, \cdots]$$

とおくと，$i \geqq I$ のとき式 (3.35) により，

$$P(E_i) \leqq P\left(\max_{1 \leqq k \leqq n_{i+1}} S_k > \lambda\sqrt{2n_i \log\log n_i}\right) \leqq 4\exp\left(-\frac{\lambda^2 \cdot 2n_i \log\log n_i}{2n_{i+1}}\right)$$

$$\leqq 4\exp(-\lambda \log\log n_i) = \frac{4}{(\log n_i)^\lambda} \leqq \frac{4}{(i\log\gamma)^\lambda}$$

となる．さて，$\lambda > 1$ であることから $\sum_{i=0}^{\infty} P(E_i) < +\infty$ とわかり，ボレル–カンテリの第 1 補題により，

$$\text{無限個の } i \text{ で} \quad \max_{n_i < k \leqq n_{i+1}} S_k > \lambda\sqrt{2n_i \log\log n_i}$$

となる確率は 0，すなわち，

$$\text{有限個を除くすべての } i \text{ で} \quad \max_{n_i < k \leqq n_{i+1}} S_k \leqq \lambda\sqrt{2n_i \log\log n_i}$$

となる確率は 1 である．有限個を除くすべての n で，$n_i < n \leqq n_{i+1}$ を満たすとき，

$$S_n \leqq \max_{n_i < k \leqq n_{i+1}} S_k \leqq \lambda\sqrt{2n_i \log\log n_i} \leqq \lambda\sqrt{2n \log\log n}$$

が成り立つから，求めるべき結論が得られる． ∎

②を証明するために，補題 3.2 と対をなす，つぎの補題を準備する．

補題 3.5 ［ボレル–カンテリの第 2 補題］ 独立な事象の列 $E_1, E_2, \cdots$ について，$\displaystyle\sum_{n=1}^{\infty} P(E_n) = +\infty$ ならば $P\left(\displaystyle\bigcap_{N=1}^{\infty} \bigcup_{n \geq N} E_n\right) = 1$ である．

証明 余事象 $\displaystyle\bigcup_{N=1}^{\infty} \bigcap_{n \geq N} (E_n)^c$ の確率を調べる．

$$P\left(\bigcup_{N=1}^{\infty} \bigcap_{n \geq N} (E_n)^c\right) \leq \sum_{N=1}^{\infty} P\left(\bigcap_{n \geq N} (E_n)^c\right)$$

だから，任意の N に対して $P\left(\displaystyle\bigcap_{n \geq N} (E_n)^c\right) = 0$ となることを示せば十分である．

N を一つ固定し，$M > N$ とする．事象 $E_1, E_2, \cdots$ の独立性と，$1 - x \leq \exp(-x)$ であることを用いると，

$$P\left(\bigcap_{n=N}^{M} (E_n)^c\right) = \prod_{n=N}^{M} P((E_n)^c) = \prod_{n=N}^{M} \{1 - P(E_n)\}$$
$$\leq \prod_{n=N}^{M} \exp(-P(E_n)) = \exp\left(-\sum_{n=N}^{M} P(E_n)\right)$$

が得られる．$\displaystyle\bigcap_{n=N}^{M} (E_n)^c$ は M について単調減少する事象だから，$M \to \infty$ とすると，P と $\exp$ の連続性により，

$$P\left(\bigcap_{n=N}^{\infty} (E_n)^c\right) \leq \exp\left(-\sum_{n=N}^{\infty} P(E_n)\right)$$

となる．$\displaystyle\sum_{n=1}^{\infty} P(E_n) = +\infty$ のとき，右辺は 0 である． ∎

✍ この補題は事象 $E_1, E_2, \cdots$ が独立でないと使うことができない．たとえば，事象 E は $0 < P(E) < 1$ を満たすものとし，$E_1 = E_2 = \cdots = E$ とすると，

$$\sum_{n=1}^{\infty} P(E_n) = +\infty \text{ であるが，} P\left(\bigcap_{N=1}^{\infty} \bigcup_{n \geq N} E_n\right) = P(E) < 1$$

となる．

補題 3.6 任意の $\lambda < 1$ に対して，式 (3.34) が成り立つ確率は 1 である．

証明 $\lambda < \eta < 1$ を満たす η を考える（値は後で決める）．$\eta < 1 - 1/\gamma$ を満たす偶数 γ を固定し，$i = 0, 1, 2, \cdots$ に対して $n_i = \gamma^i$ とおく．

$$E_i := \left\{ S_{n_i} - S_{n_{i-1}} \geq \eta\sqrt{2n_i \log\log n_i} \right\} \quad [i = 1, 2, \cdots]$$

とおくと，ある定数 $K > 0$ が存在して，

$$\text{十分大きいすべての } i \text{ に対して } P(E_i) \geq \frac{K}{i \log \gamma} \tag{3.36}$$

が成り立つ（証明の後半で示す）．これがわかると，$\sum_{i=1}^{\infty} P(E_i) = +\infty$ であり，$E_1, E_2, \cdots$ は独立だから，ボレル‒カンテリの第 2 補題により，

$$P(\text{無限個の } i \text{ で } S_{n_i} - S_{n_{i-1}} > \eta\sqrt{2n_i \log\log n_i}) = 1 \tag{3.37}$$

であることがわかる．一方，補題 3.4 を $\{-S_n\}$ に適用すると，

$$P\left(\bigcup_{N=1}^{\infty} \bigcap_{n \geq N} \{S_n \geq -2\sqrt{2n \log\log n}\} \right) = 1$$

とわかる．任意の $\varepsilon > 0$ に対して，ある自然数 N が存在して，

$$P\left(\bigcap_{n \geq N} \{S_n \geq -2\sqrt{2n \log\log n}\} \right) \geq 1 - \varepsilon$$

が成り立つ．したがって，

$$P\left(n_i \geq N \text{ を満たすすべての } i \text{ で } S_{n_i} \geq -2\sqrt{2n_i \log\log n_i} \right) \geq 1 - \varepsilon \tag{3.38}$$

となる．$n_{i-1} < n_i$ であり，$1/\gamma \leq 1 - \eta$ であったが，さらに $1 - \eta < (\eta - \lambda)^2/4$ となるように η を 1 に近くとると，

$$4n_{i-1} = \frac{4n_i}{\gamma} \leq 4(1-\eta)n_i < (\eta - \lambda)^2 n_i$$

だから，$S_{n_{i-1}} \geq -2\sqrt{2n_{i-1} \log\log n_{i-1}}$ から

$$S_{n_{i-1}} > -(\eta - \lambda)\sqrt{2n_i \log\log n_i}$$

が導かれる．したがって，式 (3.37) と (3.38) と合わせると，

$$P\left(\text{無限個の } n \text{ で } S_n > \lambda\sqrt{2n \log\log n} \right)$$
$$\geq P\left(\text{十分大きいすべての } i \text{ で } S_{n_i} > \lambda\sqrt{2n_i \log\log n_i} \right) \geq 1 - \varepsilon$$

となる．$\varepsilon \searrow 0$ とすると，求めるべき結論が得られる．

式 (3.36) の証明に移る．$S_{n_i} - S_{n_{i-1}}$ と $S_{n_i - n_{i-1}}$ は同分布であることに注意すると，

$$P(E_i) = P(S_{n_i} - S_{n_{i-1}} \geq \eta\sqrt{2n_i \log\log n_i})$$
$$= P(S_{n_i - n_{i-1}} \geq \eta\sqrt{2n_i \log\log n_i})$$

$$= P\left(S_{n_i - n_{i-1}} \geqq \sqrt{2\eta^2(n_i - n_{i-1}) \cdot \frac{n_i}{n_i - n_{i-1}} \log\log n_i}\right)$$

となり，$n_i/(n_i - n_{i-1}) = \gamma/(\gamma - 1) < 1/\eta$ より，

$$\geqq P\left(S_{n_i - n_{i-1}} \geqq \sqrt{2\eta(n_i - n_{i-1})\log\log n_i}\right)$$

となる．補題 2.6 と補題 2.7 から，n と k が正の偶数で $k \leqq n^{2/3}$ を満たすとき，

$$P(S_n = k) \geqq \frac{1}{e\sqrt{2n}} \cdot \exp\left(-\frac{k^2}{2n}\right)$$

が成り立つ．したがって，偶数 n に対して，$P\left(S_n \geqq \sqrt{2\eta n \log\log n'}\right)$ は

$\sqrt{2\eta n \log\log n'}$ と $\sqrt{2\eta n \log\log n'} + \sqrt{n}$ の間の偶数 k に対する $P(S_n = k)$ の和

以上であり，これは

$$\left\lfloor\frac{\sqrt{n}}{2}\right\rfloor \cdot \frac{1}{e\sqrt{2n}} \cdot \exp\left(-\frac{(\sqrt{2\eta n \log\log n'} + \sqrt{n})^2}{2n}\right)$$

以上と評価できる．ある定数 $K > 0$ が存在して $\lfloor\sqrt{n}/2\rfloor \cdot 1/(e\sqrt{2n}) \geqq K$ であり，

$$(\sqrt{2\log\log n'})^2 - (\sqrt{2\eta \log\log n'} + 1)^2$$
$$= 2(1 - \eta)\log\log n' - 2\sqrt{2\eta \log\log n'} - 1 \to +\infty \quad (n' \to \infty)$$

より，n' が十分大きいとき

$$\exp\left(-\frac{(\sqrt{2\eta n \log\log n'} + \sqrt{n})^2}{2n}\right) \geqq \exp\left(-\log\log n'\right) = \frac{1}{\log n'}$$

となる．以上により，n が偶数で n' が十分大きいとき

$$P\left(S_n > \sqrt{2\eta n \log\log n'}\right) \geqq \frac{K}{\log n'}$$

である．$n = n_i - n_{i-1}$，$n' = n_i = \gamma^i$ として適用すると，i が十分大きいとき

$$P(E_i) \geqq P\left(S_{n_i - n_{i-1}} > \sqrt{2\eta(n_i - n_{i-1})\log\log n_i}\right) \geqq \frac{K}{i\log\gamma}$$

である．∎

4

分枝過程

ランダムウォークと少しタイプの異なる確率過程として，家系図の広がり方の問題に起源をもち，相転移とよばれる興味深い現象を見せる分枝過程を紹介する．

4.1 / 二分木の上の浸透過程（パーコレーション）

図 4.1 は**二分木** (binary tree) とよばれるグラフである．原点 O はルート (root) ともよばれる．原点 O から 2 本の辺が伸び，「第 1 世代の点」二つと結ばれる．さらに，第 1 世代の点の各々から 2 本の辺が伸びており，「第 2 世代の点」が合計四つできる．これを無限に繰り返して二分木が得られる．

二分木の上の**浸透過程** (percolation process) あるいは**パーコレーション**とよばれる問題を考える（詳しくは樋口 (2011) を参照）．$0 \leqq p \leqq 1$ とする．二分木の各辺について独立に，確率 p でその辺をそのまま残し，確率 $1-p$ でその辺を削除する．このようにしてできるランダムなグラフにおいて，原点 O と，第 n 世代のいずれかの頂点がつながっている確率を $\theta_n(p)$ と表す．これを第 n 世代までの**浸透確率** (percolation probability) という．第 $(n+1)$ 世代の点までつながっているとき，必ず第 n 世代の点を通過するから，任意の n に対して $\theta_n(p) \geqq \theta_{n+1}(p)$ が成り立つ．ここで，

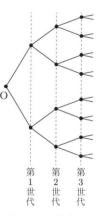

図 4.1 二分木.

$$\theta(p) := \lim_{n \to \infty} \theta_n(p)$$

と定義し，単に**浸透確率**とよぶ．明らかに $\theta(0) = 0, \theta(1) = 1$ である．

> **定理 4.1** 二分木の上のパーコレーションにおいて，浸透確率はつぎのようになる．
>
> $$\theta(p) = \begin{cases} 0 & (0 \leqq p \leqq 1/2) \\ 1 - \left(\dfrac{1-p}{p}\right)^2 & (1/2 \leqq p \leqq 1) \end{cases}$$

すなわち，いくらでも遠くまでつながることがあり得るか否かは，$p = 1/2$ を境に変

化する．このような現象を**相転移** (phase transition) という．また，この 1/2 という値を，二分木の上のパーコレーションにおける**臨界確率** (critical probability) とよぶ．定理 4.1 の $\theta(p)$ を図示すると，図 4.2 のようになる．定理 4.1 の証明は次節で行う．

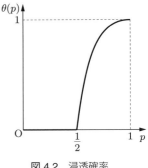

図 4.2　浸透確率．

4.2　浸透確率：定理 4.1 の証明

二分木の上のパーコレーションにおいて，ある辺がそのまま残る確率が p であるとき，事象 A の起こる確率を $P_p(A)$ と書く．

◆絶滅確率◆

$X_0 = 1$ とおき，$n = 1, 2, \cdots$ に対して，残った辺によって原点 O とつながっている第 n 世代の頂点の個数を X_n で表す．$X_n = 0$ ならば，$X_{n+1} = 0$ であることに注意する．残った辺によって原点 O とつながっている頂点全体の集合を C_0 とし，その要素の個数を $\#C_0$ で表すと，$\#C_0 = \sum_{n=0}^{\infty} X_n$ が成り立つ．$\#C_0$ は非負の整数か $+\infty$ を値としてとる確率変数であり，

$$\#C_0 < +\infty \quad \Leftrightarrow \quad \text{ある } N \text{ が存在して，} n \geqq N \text{ で } X_n = 0$$
$$\Leftrightarrow \quad \text{ある } n \text{ で } X_n = 0$$

である．そこで，**絶滅確率** (extinction probability) を

$$\varepsilon(p) := P_p(\#C_0 < +\infty) = P_p(\text{ある } n \text{ で } X_n = 0)$$

と定めると，$\theta(p) = 1 - \varepsilon(p)$ である．ここで，$\varepsilon(p)$ を求めるために，補助的に

$$\varepsilon_N(p) := P_p(\text{ある } n \leqq N \text{ で } X_n = 0) = P_p(X_N = 0) \quad [N = 0, 1, 2, \cdots]$$

という関数を用意する．事象 $\{\text{ある } n \leqq N \text{ で } X_n = 0\}$ は N について単調増加であり，

$$\bigcup_{N=1}^{\infty} \{\text{ある } n \leqq N \text{ で } X_n = 0\} = \{\text{ある } n \text{ で } X_n = 0\}$$

だから，P_p の連続性により $\lim_{N \to \infty} \varepsilon_N(p) = \varepsilon(p)$ が得られる．

◆絶滅確率の満たす方程式◆

以下では，$0 < p < 1$ を一つ固定し，$\varepsilon = \varepsilon(p)$, $\varepsilon_N = \varepsilon_N(p)$ と略記する．

残った辺によって原点 O とつながる第 1 世代の頂点の個数 X_1 の確率分布は，二項分布 $B(2, p)$ である．つまり，

$$P_p(X_1 = 0) = (1-p)^2, \quad P_p(X_1 = 1) = 2p(1-p), \quad P_p(X_1 = 2) = p^2$$

である．$X_1 = 0$ のときは，絶滅が起こっている．$X_1 = k > 0$ のとき，この k 個の頂点から独立に k 系統のパーコレーションが始まると考えられる．二分木は枝分かれの様子が一定だから，それぞれの絶滅確率はやはり ε であり，k 系統のパーコレーションがすべて絶滅する確率は ε^k である．以上により，絶滅確率 ε は

$$\begin{aligned} \varepsilon &= P_p(X_1 = 0) + P_p(X_1 = 1) \cdot \varepsilon^1 + P_p(X_1 = 2) \cdot \varepsilon^2 \\ &= (1-p)^2 + 2p(1-p)\varepsilon + p^2\varepsilon^2 \end{aligned} \tag{4.1}$$

という方程式を満たすはずである．

同様に，第 $(N+1)$ 世代以前に絶滅する確率 ε_{N+1} について，「第 1 世代の k 個の頂点から始まる独立な k 系統のパーコレーションが，その後時間 N 以内に絶滅する」と考えると，時間 N 以内に絶滅する確率が ε_N であることから，

$$\begin{aligned} \varepsilon_{N+1} &= P_p(X_1 = 0) + P_p(X_1 = 1) \cdot (\varepsilon_N)^1 + P_p(X_1 = 2) \cdot (\varepsilon_N)^2 \\ &= (1-p)^2 + 2p(1-p)\varepsilon_N + p^2(\varepsilon_N)^2 \end{aligned} \tag{4.2}$$

が導かれる．ここで，

$$\begin{aligned} f(x) &:= P_p(X_1 = 0) + P_p(X_1 = 1) \cdot x^1 + P_p(X_1 = 2) \cdot x^2 \\ &= (1-p)^2 + 2p(1-p)x + p^2x^2 = \{(1-p) + px\}^2 \end{aligned}$$

とおく．$f(x)$ は X_1 の確率母関数である．式 (4.2) は $\varepsilon_{N+1} = f(\varepsilon_N)$ と表すことができ，$f(x)$ は 2 次関数（連続）であることから，$N \to \infty$ とすると，$\varepsilon = f(\varepsilon)$，すなわち式 (4.1) が得られる．式 (4.2) は，式 (4.1) よりも詳しい情報を含んでいる．

◆定理 4.1 の証明◆

$f(1) = 1$ であることに注意すると，

$$f(x) - x = (x-1)\{p^2x - (1-p)^2\}$$

と因数分解されることがわかるから，2 次方程式 $f(x) = x$ の解は，$x = (1-p)^2/p^2$, 1 である．$p \leqq 1/2$ のとき $(1-p)^2/p^2 \geqq 1$ だから，2 次方程式 $f(x) = x$ の解で 0 以上 1

以下であるものは，$x = 1$ しかない．したがって，絶滅確率 $\varepsilon = 1$ と考えられる．一方，$1/2 < p < 1$ のときは $0 < (1-p)^2/p^2 < 1$ だから，どちらが絶滅確率 ε なのかすぐにはわからない．

そこで，直接 ε を見るだけでなく，途中の ε_N の変化を調べてみよう．2 次関数

$$y = f(x) = p^2 \left(x + \frac{1-p}{p} \right)^2$$

のグラフは，軸が $x = -(1-p)/p \, (<0)$ にある下に凸の放物線である．図 4.3 のように，$0 \leqq x \leqq 1$ における直線 $y = x$ との交わり方は p の値によって異なる．$p \leqq 1/2$ のとき交点が一つであり，とくに $p = 1/2$ のときは点 $(1,1)$ で接している．

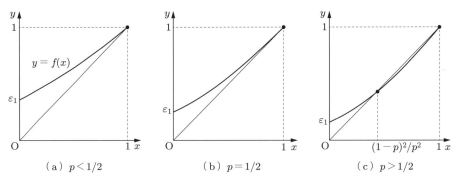

（a）$p < 1/2$ （b）$p = 1/2$ （c）$p > 1/2$

図 4.3　X_1 の確率母関数 $f(x)$ のグラフ．

$\varepsilon_0 = P(X_0 = 0) = 0$, $\varepsilon_1 = P(X_1 = 0) = f(0)$ であり，式 (4.2) より $\varepsilon_{N+1} = f(\varepsilon_N)$ だから，

$$(0,0) \xrightarrow{y = f(x)} (0, \varepsilon_1) \xrightarrow{y = x} (\varepsilon_1, \varepsilon_1) \xrightarrow{y = f(x)} (\varepsilon_1, \varepsilon_2) \xrightarrow{y = x} \cdots$$

と直線で結んでゆくと，$\varepsilon_1, \varepsilon_2, \cdots$ の増大の様子を図示することができる（図 4.4）．これを見ると，$p > 1/2$ のときの絶滅確率 $\varepsilon = (1-p)^2/p^2$ であることが推察される．

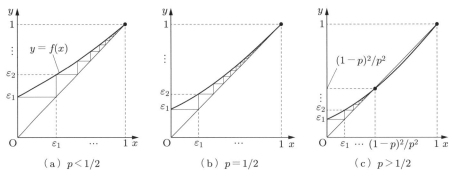

（a）$p < 1/2$ （b）$p = 1/2$ （c）$p > 1/2$

図 4.4　数列 $\{\varepsilon_N\}$ の収束の様子．

以上のことをきちんと示すには, つぎのようにする. 2次方程式 $f(x) = x$ の $0 \leqq x \leqq 1$ における最小の解を x_0 とおくと,

$$x_0 = \begin{cases} 1 & (p \leqq 1/2) \\ \left(\dfrac{1-p}{p} \right)^2 & (p > 1/2) \end{cases}$$

である. 絶滅確率 $\varepsilon = \lim_{N \to \infty} \varepsilon_N$ は $f(\varepsilon) = \varepsilon$ を満たすから, x_0 の最小性より $\varepsilon \geqq x_0$ である. 一方, $0 \leqq x \leqq 1$ において $f(x)$ は真に単調増加だから, 以下のようになる.

- $0 < x_0$ より, $\varepsilon_1 = f(0) < f(x_0) = x_0$.
- $\varepsilon_1 < x_0$ より, $\varepsilon_2 = f(\varepsilon_1) < f(x_0) = x_0$.
- $\varepsilon_2 < x_0$ より, $\varepsilon_3 = f(\varepsilon_2) < f(x_0) = x_0$.

同様にして, 任意の $N = 1, 2, \cdots$ に対して $\varepsilon_N < x_0$ となることがわかるから, $\varepsilon = \lim_{N \to \infty} \varepsilon_N \leqq x_0$ が成り立つ. したがって, $\varepsilon = x_0$ である. これで定理 4.1 が証明できた.

4.3 分枝過程

二分木の上のパーコレーションを含む, より一般の確率モデルを調べよう.

◆モデルの設定◆

$p_0, p_1, p_2, \cdots$ は 0 以上 1 以下の実数とし, $\sum_{k=0}^{\infty} p_k = 1$ を満たすとする. 第 n 世代の個体の総数を X_n で表す $(n = 0, 1, 2, \cdots)$. このとき, つぎのモデルを考える.

- $X_0 = 1$ とする.
- $X_n = r \, (r = 0, 1, 2, \cdots)$ のとき,
  - $r = 0$ ならば, $X_{n+1} = 0$ とおく.
  - $r > 0$ のとき, 第 n 世代の r 個体が互いに独立に, 確率 p_k で第 $(n+1)$ 世代に k 個体を生む.

    (とくに, 各個体は確率 p_0 で死滅し, 確率 p_1 でつぎの世代にそのまま残る.)

このようにして得られる $X_0, X_1, X_2, \cdots$ を **分枝過程** (branching process) という. 数列 $\{p_k\}_{k=0,1,2,\cdots}$ は, この分枝過程の **出生分布** (offspring distribution) とよばれる. なお, $P(X_0 = 1) = 1$ だから $P(X_1 = k) = p_k$ となることに注意されたい.

◆絶滅確率◆

分枝過程の **絶滅確率**, $\varepsilon := P(\text{ある } n \text{ で } X_n = 0)$ に注目しよう. 絶滅確率がすぐにわかる場合を, 以下にあげてみる.

- $p_1 = 1$ のとき，ずっと 1 個体のままであり，$\varepsilon = 0$ となる．
- $p_0 = 1$ のとき，必ず $X_1 = 0$ となり，$\varepsilon = 1$ となる．
- $p_0 = 0$ のとき，個体はまったく死滅しないので，$\varepsilon = 0$ となる．

さて，$\varepsilon_N := P(\text{ある } n \leqq N \text{ で } X_n = 0)$ とおくと，「ある $n \leqq N$ で $X_n = 0$」と「$X_N = 0$」とは同値だから，$\varepsilon_N = P(X_N = 0)$ でもある．$P(X_0 = 1) = 1$ だから，

$$\varepsilon_0 = P(X_0 = 0) = 0, \quad \varepsilon_1 = P(X_1 = 0) = p_0$$

となることに注意されたい．また，確率の連続性により，$\displaystyle \lim_{N \to \infty} \varepsilon_N = \varepsilon$ が得られる．

◆絶滅確率の満たす方程式◆

出生分布が $\{p_k\}$ である分枝過程の絶滅確率 ε がどのような方程式を満たすか考える．第 0 世代の 1 個体は，確率 p_0 で死滅する．また，$k = 1, 2, \cdots$ とすると，第 0 世代の 1 個体は確率 p_k で第 1 世代に k 個体を生み，この k 個体から独立に k 系統の分枝過程が始まると考えられる．それぞれの分枝過程の絶滅確率はやはり ε だから，k 系統の分枝過程がすべて絶滅する確率は ε^k である．以上により，絶滅確率 ε は

$$\varepsilon = p_0 + p_1 \varepsilon^1 + p_2 \varepsilon^2 + \cdots = \sum_{k=0}^{\infty} p_k \varepsilon^k$$

という方程式を満たすはずである．第 N 世代以前に絶滅する確率 ε_N についても，

$$\varepsilon_{N+1} = \sum_{k=0}^{\infty} p_k (\varepsilon_N)^k$$

という式を導くことができる．すなわち，第 $(N+1)$ 世代以前に絶滅する確率は，「第 1 世代の k 個体から始まる独立な k 系統の分枝過程が，その後時間 N 以内に絶滅する」という場合分けから求められる．出生分布 $\{p_k\}$ の確率母関数 $\displaystyle f(x) := \sum_{k=0}^{\infty} p_k x^k$ を用いると，$\varepsilon_{N+1} = f(\varepsilon_N)$ と表せる．通常 $f(x)$ の具体的な形はわからないが，$0 \leqq x \leqq 1$ で $f(x)$ が連続であることはわかるから，$N \to \infty$ とすると $\varepsilon = f(\varepsilon)$ が得られる．

◆絶滅確率の相転移◆

$p_1 = 1$ という極端な場合を除くと，分枝過程の絶滅確率が 1 となるかどうかは，1 個体あたりの**平均出生個体数**

$$m := \sum_{k=0}^{\infty} k p_k$$

によって判定できる．

定理4.2 出生分布が $\{p_k\}$ で，$p_1 \neq 1$ を満たす分枝過程を考える．絶滅確率 ε は，$x = f(x)$ という方程式の $0 \leqq x \leqq 1$ を満たす解のうち最小のものに一致する．さらに，つぎのことがいえる．

$$\text{絶滅確率 } \varepsilon = 1 \iff \text{平均出生個体数 } m \leqq 1$$

この定理は，分枝過程が絶滅するかどうかの**臨界値** (critical value) が $m = 1$ であることを示している．臨界値ちょうどのとき，1個体がつぎの世代に平均的には1個体を残すが，$p_1 = 1$ という確実に残る状況を除くと，確率的な要因によっていつかは必ず絶滅してしまうのである．

証明 $p_0 = 0$ のとき，個体はまったく死滅しないので $\varepsilon = 0$ となるが，$p_1 < 1$ だから，

$$m = p_1 + \sum_{k=2}^{\infty} kp_k \geqq p_1 + 2(1 - p_1) = 2 - p_1 > 1$$

である．そこで，以下では，$p_0 > 0$ かつ $p_1 < 1$ と仮定して議論を進める．

まず，$p_0 + p_1 = 1$ とする．この場合，すべての $k \geqq 2$ で $p_k = 0$ だから，$f(x) = p_0 + p_1 x$ となって，$y = f(x)$ のグラフは点 $(1,1)$ を通り，傾きが $p_1 < 1$ の直線である（図4.5）．したがって，$y = x$ とは $x = 1$ のみで交わる．このとき，$m = 0 \cdot p_0 + 1 \cdot p_1 = p_1 < 1$ であることにも注意しよう．

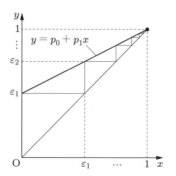

図 4.5 数列 $\{\varepsilon_N\}$ の収束の様子．$p_0 > 0$, $p_0 + p_1 = 1$ の場合．

つぎに，$p_0 + p_1 < 1$ とする．この場合，$p_l > 0$ を満たす $l \geqq 2$ が少なくとも一つ存在するから，$0 < x < 1$ のとき，

$$f'(x) = \sum_{k=1}^{\infty} kp_k x^{k-1} \geqq lp_l x^{l-1} > 0,$$

$$f''(x) = \sum_{k=2}^{\infty} k(k-1)p_k x^{k-2} \geqq l(l-1)p_l x^{l-2} > 0$$

となる．ゆえに，$0 < x < 1$ において $f'(x) > 0$ であり，$f(x)$ は $0 \le x \le 1$ において真に単調増加かつ下に凸である．$f(0) = p_0 > 0$, $f(1) = 1$ だから，$y = f(x)$ の $x = 1$ における接線の傾き $f'(1) = m$ と，直線 $y = x$ の傾き 1 との大小関係に応じて，図 4.6 のように三つの場合がある．

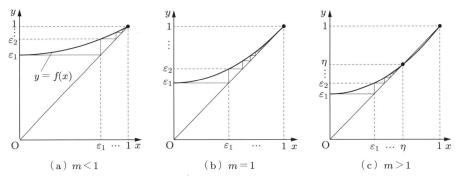

(a) $m < 1$ (b) $m = 1$ (c) $m > 1$

図 4.6　数列 $\{\varepsilon_N\}$ の収束の様子．$p_0 > 0$, $p_0 + p_1 < 1$ の場合．

以上をまとめると，$p_0 > 0$ かつ $p_1 < 1$ のとき，つぎのことが成り立つ．

- $f'(1) = m \le 1$ のとき，$y = f(x)$ のグラフと直線 $y = x$ とは $0 \le x \le 1$ において $x = 1$ のみで交わる．
- $f'(1) = m > 1$ のとき，$y = f(x)$ のグラフと直線 $y = x$ とは $0 \le x \le 1$ において $x = \eta \, (0 < \eta < 1)$ と $x = 1$ の 2 箇所のみで交わる．

方程式 $f(x) = x$ の $0 \le x \le 1$ における最小の解を x_0 とおくと，$m \le 1$ のとき $x_0 = 1$ で，$m > 1$ のとき $0 < x_0 < 1$ である．後は，4.2 節と同様にして，$\varepsilon = x_0$ が示される． ▌

例 4.1　d を自然数とする．2 分木を一般化した d 分木の上のパーコレーションは，出生分布が二項分布 $B(d, p)$ である分枝過程に相当する．平均出生個体数 $m = dp$ だから，定理 4.2 により，臨界確率は $1/d$ である．とくに，$d = 1$ のときは半直線上のパーコレーションに相当するが，臨界確率は 1 となり，相転移が起こらないことがわかる． ◢

> **問 4.1**　$0 \le p \le 1$ とする．出生分布が
>
> $$p_0 = 1 - p, \quad p_1 = 0, \quad p_2 = p, \quad p_k = 0 \quad (k = 3, 4, \cdots)$$
>
> で与えられる分枝過程を考える．このとき，つぎの問いに答えよ．
> (1) 平均出生個体数 m と，$m > 1$ となる p の範囲を求めよ．
> (2) 出生分布の母関数を $f(x) = \displaystyle\sum_{k=0}^{\infty} p_k x^k$ とする．$f(x) = x$ を満たす x を求めよ．
> (3) (1), (2) および定理 4.2 を用いて，この分枝過程の絶滅確率 ε を求めよ．

◆第 n 世代の個体数の分布の確率母関数◆

第 n 世代の個体数 X_n の確率分布 $\{P(X_n = k)\}_{k=0,1,2,\dots}$ を調べるために，X_n の確率母関数

$$f_n(x) := \sum_{k=0}^{\infty} P(X_n = k)x^k$$

を考える．$f_n(0) = P(X_n = 0) = \varepsilon_n$ である．また，

$$f_0(x) = \sum_{k=0}^{\infty} P(X_0 = k)x^k = 1 \cdot x^1 = x,$$

$$f_1(x) = \sum_{k=0}^{\infty} P(X_1 = k)x^k = \sum_{k=0}^{\infty} p_k x^k = f(x)$$

である．

一般に，$f_n(x)$ と $f_{n+1}(x)$ の関係式を求めよう．

補題 4.1 任意の $n = 0, 1, 2, \cdots$ に対して，以下が成り立つ．

(1) $f_{n+1}(x) = f_n(f(x))$.

(2) $f_{n+1}(x) = f(f_n(x))$.

したがって，(2) より，$f_n(x)$ は $f(x)$ を n 回合成した関数であることがわかる．

証明 (1) の証明は以下のようになる．

$$\begin{aligned}
f_{n+1}(x) &= \sum_{k=0}^{\infty} P(X_{n+1} = k)x^k \\
&= \sum_{k=0}^{\infty} \sum_{r=0}^{\infty} P(X_n = r) \sum_{k_1+k_2+\cdots+k_r=k} p_{k_1} p_{k_2} \cdots p_{k_r} x^{k_1+k_2+\cdots+k_r} \\
&= \sum_{r=0}^{\infty} P(X_n = r) \sum_{k_1,k_2,\cdots,k_r=0}^{\infty} p_{k_1} x^{k_1} p_{k_2} x^{k_2} \cdots p_{k_r} x^{k_r} \\
&= \sum_{r=0}^{\infty} P(X_n = r) \left(\sum_{k_1=0}^{\infty} p_{k_1} x^{k_1} \right) \left(\sum_{k_2=0}^{\infty} p_{k_2} x^{k_2} \right) \cdots \left(\sum_{k_r=0}^{\infty} p_{k_r} x^{k_r} \right) \\
&= \sum_{r=0}^{\infty} P(X_n = r)\{f(x)\}^r = f_n(f(x)).
\end{aligned}$$

つぎに，n についての数学的帰納法によって (2) を証明しよう．$n = 1$ のとき，

$$f_2(x) = f_1(f(x)) = f(f_1(x))$$

より，(2) は成り立っている．n まで (2) が成り立っていると仮定すると，(1) も使って，

$$f_{n+1}(x) = f_n(f(x)) = f(f_{n-1}(f(x))) = f(f_n(x))$$

となり，$n+1$ についても (2) が成り立つ．したがって，任意の n について (2) が成り立つ．∎

◆個体数の期待値と分散◆

確率母関数を用いて，第 n 世代の個体数 X_n の期待値や分散を計算しよう．

> **定理 4.3**　出生分布 $\{p_k\}$ の期待値と分散が有限で，それぞれ
>
> $$\sum_{k=0}^{\infty} k p_k = m, \quad \sum_{k=0}^{\infty} (k-m)^2 p_k = \sigma^2 > 0$$
>
> である分枝過程において，任意の $n = 0, 1, 2, \cdots$ に対し，
>
> $$E[X_n] = m^n, \quad V[X_n] = \begin{cases} \dfrac{m^n(m^n-1)}{m(m-1)}\sigma^2 & (m \neq 1) \\ n\sigma^2 & (m = 1) \end{cases}$$
>
> である．したがって，つぎのようになる．
>
> $$\lim_{n\to\infty} E[X_n] = \begin{cases} 0 & (m < 1) \\ 1 & (m = 1) \\ +\infty & (m > 1) \end{cases}, \quad \lim_{n\to\infty} V[X_n] = \begin{cases} 0 & (m < 1) \\ +\infty & (m \geqq 1) \end{cases}$$

証明　出生分布 $\{p_k\}$ の確率母関数 $f(x)$ は

$$f(1) = 1, \quad f'(1) = m, \quad f''(1) + f'(1) - \{f'(1)\}^2 = \sigma^2$$

を満たす．X_n の確率分布の確率母関数 $f_n(x)$ は

$$f_n(1) = 1, \quad f_n'(1) = E[X_n], \quad f_n''(1) + f_n'(1) - \{f_n'(1)\}^2 = V[X_n]$$

を満たし，補題 4.1 (2) より，

$$\text{任意の } n = 0, 1, 2, \cdots \text{ に対して } f_{n+1}(x) = f(f_n(x))$$

が成り立つ．

つぎに，$f_n'(1) = E[X_n]$ の満たす漸化式を求める．合成関数の微分法により，

$$f_{n+1}'(x) = f'(f_n(x))f_n'(x) \tag{4.3}$$

である．$x = 1$ を代入すると，

$$f_{n+1}'(1) = f'(f_n(1))f_n'(1) = f'(1)f_n'(1),$$

すなわち $E[X_{n+1}] = mE[X_n]$ を得る．よって，$E[X_n] = m^n E[X_0] = m^n$ がわかる．

続いて，分散について考える．式 (4.3) をもう一度微分すると，

$$f_{n+1}''(x) = f''(f_n(x))\{f_n'(x)\}^2 + f'(f_n(x))f_n''(x)$$

となる. $x = 1$ を代入すると,

$$f''_{n+1}(1) = f''(1)\{f'_n(1)\}^2 + f'(1)f''_n(1) = (\sigma^2 - m + m^2)\{f'_n(1)\}^2 + mf''_n(1)$$

となる. したがって, つぎのように漸化式が得られる.

$$\begin{aligned}
V[X_{n+1}] &= f''_{n+1}(1) + f'_{n+1}(1) - \{f'_{n+1}(1)\}^2 \\
&= (\sigma^2 - m + m^2)\{f'_n(1)\}^2 + mf''_n(1) + mf'_n(1) - m^2\{f'_n(1)\}^2 \\
&= m\left[f''_n(1) + f'_n(1) - \{f'_n(1)\}^2\right] + \sigma^2\{f'_n(1)\}^2 \\
&= mV[X_n] + \sigma^2 m^{2n} \tag{4.4}
\end{aligned}$$

$m = 1$ のとき, $V[X_{n+1}] = V[X_n] + \sigma^2$ より, $V[X_n] = n\sigma^2 + V[X_0] = n\sigma^2$ となる.
$m \neq 1$ のとき, 式 (4.4) の両辺を m^{n+1} で割ると,

$$\frac{V[X_{n+1}]}{m^{n+1}} = \frac{V[X_n]}{m^n} + \sigma^2 m^{n-1}$$

となるから,

$$\begin{aligned}
\frac{V[X_n]}{m^n} &= \frac{V[X_0]}{m^0} + \sum_{k=0}^{n-1}\left(\frac{V[X_{k+1}]}{m^{k+1}} - \frac{V[X_k]}{m^k}\right) \\
&= \sum_{k=0}^{n-1}\sigma^2 m^{k-1} = \frac{\sigma^2}{m}\cdot\frac{m^n - 1}{m - 1},
\end{aligned}$$

すなわち $V[X_n] = \dfrac{m^n(m^n - 1)}{m(m - 1)}\sigma^2$ が得られる. ∎

> **問 4.2** $\lambda > 0$ とする. 強さ $\lambda > 0$ の**ポアソン分布** (Poisson distribution)
>
> $$p_k = e^{-\lambda}\frac{\lambda^k}{k!} \quad [k = 0, 1, 2, \cdots]$$
>
> を出生分布とする分枝過程を考える. つぎの問いに答えよ.
> (1) 出生分布の母関数 $f(x) = \displaystyle\sum_{k=0}^{\infty} p_k x^k$ を求めよ.
> (2) (1) を利用して, 平均出生個体数 m と出生分布の分散 σ^2 をそれぞれ求めよ.
> (3) 第 n 世代の個体数を X_n で表し, $E = \{$ある n で $X_n = 0\}$ とおく. 定理 4.2 により, $m > 1$ のとき, 方程式 $f(\varepsilon) = \varepsilon$ を満たす $\varepsilon \in (0, 1)$ が唯一つ存在して, $P(E) = \varepsilon$ が成り立つ. このとき, $p_k^* := P(X_1 = k \mid E)$ を計算して, $\{p_k^*\}$ も (ある強さの) ポアソン分布になることを示せ.

◆補足：ファトゥの補題とルベーグの収束定理◆

平均出生個体数 $m = 1$ のとき, 定理 4.2 により

$$P\left(\lim_{n\to\infty} X_n = 0\right) = 1, \quad \text{したがって,} \quad E\left[\lim_{n\to\infty} X_n\right] = 0$$

であり，一方，定理 4.3 により任意の n に対して $E[X_n] = 1$ だから，

$$0 = E\left[\lim_{n\to\infty} X_n\right] \neq \lim_{n\to\infty} E[X_n] = 1$$

となって，期待値と極限の交換は無条件では許されないことがわかる．

一般に，つぎのことが成り立つ．

定理 4.4 ［ファトゥ (Fatou) の補題］　すべての n で $X_n \geqq 0$ のとき，つぎが成り立つ．

$$E\left[\liminf_{n\to\infty} X_n\right] \leqq \liminf_{n\to\infty} E[X_n]$$

証明 $\{X_n\}$ の下極限は $\liminf\limits_{n\to\infty} X_n = \lim\limits_{k\to\infty} \inf\limits_{n\geqq k} X_n$ と表される．k を一つ固定すると，任意の $n \geqq k$ に対して $E[X_n] \geqq E\left[\inf\limits_{n\geqq k} X_n\right]$ であるから，$\inf\limits_{n\geqq k} E[X_n] \geqq E\left[\inf\limits_{n\geqq k} X_n\right]$ とわかる．$\inf\limits_{n\geqq k} X_n$ は k について単調増加であるから，$k \to \infty$ とすると単調収束定理により，

$$\liminf_{n\to\infty} E[X_n] = \lim_{k\to\infty} \inf_{n\geqq k} E[X_n] \geqq \lim_{k\to\infty} E\left[\inf_{n\geqq k} X_n\right]$$
$$= E\left[\lim_{k\to\infty} \inf_{n\geqq k} X_n\right] = E\left[\liminf_{n\to\infty} X_n\right]$$

が得られる． ∎

系 4.1　確率変数 Y は $E[|Y|] < +\infty$ を満たすとすると，以下が成り立つ．

(1) すべての n で $X_n \geqq Y$ のとき，$E\left[\liminf\limits_{n\to\infty} X_n\right] \leqq \liminf\limits_{n\to\infty} E[X_n]$.

(2) すべての n で $X_n \leqq Y$ のとき，$E\left[\limsup\limits_{n\to\infty} X_n\right] \geqq \limsup\limits_{n\to\infty} E[X_n]$.

証明 まず，$\{X_n - Y\}$ にファトゥの補題（定理 4.4）を適用すると，

$$E\left[\liminf_{n\to\infty}(X_n - Y)\right] \leqq \liminf_{n\to\infty} E[X_n - Y]$$

が得られる．$E[|Y|] < +\infty$ だから $E[Y]$ が存在し，上の式を

$$E\left[\liminf_{n\to\infty} X_n\right] - E[Y] \leqq \liminf_{n\to\infty} E[X_n] - E[Y]$$

と書き直すと，(1) が示される．

つぎに，すべての n で $-X_n \geqq -Y$ であり，$E[|-Y|] = E[|Y|] < +\infty$ であるとき，(1) により $E\left[\liminf\limits_{n\to\infty}(-X_n)\right] \leqq \liminf\limits_{n\to\infty} E[-X_n]$ である．ここから (2) が得られる． ∎

定理 4.5 ［ルベーグ (Lebesgue) の収束定理］　$E[Y] < +\infty$ を満たす非負の確率変数 Y が存在して，すべての n で $|X_n| \leqq Y$ が成り立つとすると，つぎが成り立つ．

$$P\left(\lim_{n\to\infty} X_n = X\right) = 1 \text{ のとき, } \lim_{n\to\infty} E[X_n] = E[X]$$

証明 すべての n で $-Y \leqq X_n \leqq Y$ であるから, 系 4.1 により,

$$E[X] \leqq \liminf_{n\to\infty} E[X_n] \leqq \limsup_{n\to\infty} E[X_n] \leqq E[X]$$

が成り立ち, 求めるべき結論が得られる. ∎

◆**分枝過程の例**◆

非常に詳しい計算が可能な分枝過程の例をあげよう.

例 4.2 $0 < p < 1$ とする. 出生分布が成功確率 p の幾何分布, すなわち,

$$p_k = (1-p)^k p \quad [k = 0, 1, 2, \cdots]$$

で与えられる分枝過程を調べる. 確率母関数は, $|x| < 1$ の範囲で考えると,

$$f(x) = \sum_{k=0}^{\infty} p_k x^k = p \sum_{k=0}^{\infty} \{(1-p)x\}^k = \frac{p}{1-(1-p)x}$$

であり, 平均出生個体数は $m = f'(1) = (1-p)/p$ である. また, 方程式 $f(x) = x$ の解は $x = 1,\, p/(1-p)$ である. $p_1 \neq 1$ だから, 定理 4.2 により $m = 1$, すなわち $p = 1/2$ で相転移が起こり, 絶滅確率はつぎのようになる.

$$\varepsilon = \begin{cases} \dfrac{p}{1-p} = \dfrac{1}{m}(<1) & \left(0 < p < \dfrac{1}{2}\right) \\ 1 & \left(\dfrac{1}{2} \leqq p < 1\right) \end{cases}$$

一般に, 1 次分数関数 $g(z) = \dfrac{az+b}{cz+d}$, $h(z) = \dfrac{a'z+b'}{c'z+d'}$ の合成関数 $g(h(z))$ も $\dfrac{a''z+b''}{c''z+d''}$ の形に表され,

$$\begin{pmatrix} a'' & b'' \\ c'' & d'' \end{pmatrix} = \begin{pmatrix} a & b \\ c & d \end{pmatrix} \begin{pmatrix} a' & b' \\ c' & d' \end{pmatrix}$$

が成り立つことがわかる. X_n の確率母関数 $f_n(x)$ は, X_1 の確率母関数

$$f(x) = \frac{p}{1-(1-p)x} = \frac{1}{\frac{1}{p} - \frac{1-p}{p}x} = \frac{1}{m+1-mx}$$

を n 回合成して得られるから, $\begin{pmatrix} 0 & 1 \\ -m & m+1 \end{pmatrix}^n$ を計算することで $f_n(x)$ が求められ,

$$f_n(x) = \begin{cases} \dfrac{n - (n-1)x}{(n+1) - nx} & \left(p = \dfrac{1}{2}\right) \\[4mm] \dfrac{m^n - 1 - (m^n - m)x}{m^{n+1} - 1 - (m^{n+1} - m)x} & \left(p \neq \dfrac{1}{2}\right) \end{cases}$$

となる[†1]．したがって，第 n 世代以前に絶滅する確率は

$$\varepsilon_n = f_n(0) = \begin{cases} \dfrac{n}{n+1} & \left(p = \dfrac{1}{2}\right) \\[4mm] \dfrac{m^n - 1}{m^{n+1} - 1} & \left(p \neq \dfrac{1}{2}\right) \end{cases}$$

である．よって，$m \leqq 1$，すなわち $1/2 \leqq p < 1$ のとき絶滅確率 $\varepsilon = 1$ となるが，つぎのような違いがあることがわかる：

- $m < 1\ (1/2 < p < 1)$ のとき，

$$1 - \varepsilon_n = \frac{m^{n+1} - m^n}{m^{n+1} - 1} = \frac{1 - m}{1 - m^{n+1}} \cdot m^n \leqq m^n$$

  だから，$n \to \infty$ とすると，指数関数的な速さで ε_n は 1 に収束する[†2]．

- $m = 1\ (p = 1/2)$ のときは $1 - \varepsilon_n = 1/(n+1)$ だから，ε_n が 1 に収束する速さは，$m < 1$ のときに比べてずっとゆっくりである．

なお，$m > 1$，すなわち $0 < p < 1/2$ のとき $\varepsilon = \lim\limits_{n \to \infty} \varepsilon_n = 1/m$ であることもわかる．

より一般に，$f_n(x)$ の x^k の係数を見ることで，$P(X_n = k)$ を求めることができる．とくに，$p = 1/2$ の場合，$\varepsilon_n = n/(n+1)$ を用いると，$|x| < 1$ のとき

$$f_n(x) = \frac{n - (n-1)x}{(n+1) - nx} = \frac{n}{n+1} \cdot \frac{1 - \frac{n-1}{n}x}{1 - \frac{n}{n+1}x} = \varepsilon_n \cdot \frac{1 - \varepsilon_{n-1}x}{1 - \varepsilon_n x}$$

$$= \varepsilon_n + (\varepsilon_n - \varepsilon_{n-1}) \cdot \frac{\varepsilon_n x}{1 - \varepsilon_n x} = \frac{n}{n+1} + \frac{1}{n(n+1)} \sum_{k=1}^{\infty} \left(\frac{n}{n+1}\right)^k x^k$$

と表すことができるから，$P(X_n = k)$ がつぎのように求められる．

$$P(X_n = k) = \begin{cases} \dfrac{n}{n+1} & (k = 0) \\[4mm] \dfrac{1}{n(n+1)} \cdot \left(\dfrac{n}{n+1}\right)^k & (k = 1, 2, \cdots) \end{cases}$$

問 4.3　例 4.2 で $p \neq 1/2$ の場合の $P(X_n = k)$ を求めよ．

[†1] $p \neq 1/2$ の式で $p \to 1/2$，すなわち $m \to 1$ の極限をとって得られる式と一致している．
[†2] 一般の分枝過程についても，チェビシェフの不等式と同様の考え方で，

$$1 - \varepsilon_n = P(X_n = 0) = P(X_n \geqq 1) \leqq E[X_n : X_n \geqq 1] \leqq E[X_n] = m^n$$

が得られる．

5 マルチンゲール

この章では，『公平なゲーム』の特徴を抽出して，さまざまな確率現象の解析を容易にする**マルチンゲール理論**を紹介する．典型例である 1 次元対称単純ランダムウォークを詳しく調べることから始めて，さまざまな応用例を紹介しながら，重要な考え方や定理を学んでいく．

5.1 破産問題 ─ ド・モアブルのアイディアによる解法

$0 < p < 1$ とし，$q = 1 - p$ とおく．$X_1, X_2, \cdots$ は独立で，

$$P(X_i = +1) = p, \quad P(X_i = -1) = q \quad [i = 1, 2, \cdots]$$

を満たすとする．$S_0 = x$ とし，$S_n = x + X_1 + \cdots + X_n \ [n = 1, 2, \cdots]$ とおくと，$\{S_n\}$ は x から出発する 1 次元単純ランダムウォークである．いい換えると，最初の所持金を $S_0 = x$ とし，各回に勝てる確率が p であるゲームにおいて毎回 1 ずつ賭けるとき，n 回の勝負が終わった時点での所持金が S_n である．

2.2 節で扱った破産問題について，ここでは，別の観点からの解法を紹介しよう．この解法のアイディアの萌芽は，すでに de Moivre (1738) に見られる．

$0 < x < N$ とし，所持金がはじめて 0 か N に到達する時刻

$$\tau := \inf\{n : S_n = 0 \text{ または } S_n = N\}$$

で勝負を終えることにする．いつまで経っても 0 や N に到達せず，

$$\{n : S_n = 0 \text{ または } S_n = N\} = \emptyset$$

となる状況を $\tau = \inf \emptyset := +\infty$ と表すことにする．

◆ 1 次元対称単純ランダムウォークの破産問題 ◆

まず，$p = 1/2$（公平なゲーム）の場合を調べる．$E[S_0] = x$ であり，任意の $n = 1, 2, \cdots$ に対して

$$E[S_n] = E[x + X_1 + \cdots + X_n] = x + E[X_1] + \cdots + E[X_n] = x$$

が成り立つ．つぎの二つを仮定してみよう．

- いつか勝負が終わる確率は 1 である．すなわち $P(\tau < +\infty) = 1$.
- $E[S_\tau] = E[S_0] = x$ が成り立つ.

このとき，$S_\tau = 0$ か $S_\tau = N$ のいずれかで終わるから，

$$E[S_\tau] = 0 \cdot P(S_\tau = 0) + N \cdot P(S_\tau = N) = N \cdot P(S_\tau = N)$$

より，$P(S_\tau = N) = x/N$ が得られる．これは

$$P(x\,から出発したランダムウォークが\,0\,より先に\,N\,を訪れる) = \frac{x}{N}$$

を意味するから，破産問題の解（例題 2.1）が得られたことになる.

この解法のポイントはつぎの三つである.

- 毎回の勝負後の所持金の期待値が x であることから，『公平なゲーム』と考えられる.
- 所持金が 0 か N になったらゲームを必ずやめるので，「n 回目でゲームをやめるかどうか」を n 回目までの勝負の結果を見て決めている．これは『公平なやめ方』と考えられる[†1].
- 『公平なゲーム』を『公平なやめ方』でやめるとき，

$$（ゲームをやめた時点での所持金の期待値）=（最初の所持金）$$

となることが期待される．この等式から，容易に破産問題の解が得られる.

◆ 1 次元非対称単純ランダムウォークの破産問題 ◆

つぎに，$p \neq q$ とすると，

$$E[X_i] = (+1) \cdot p + (-1) \cdot q = p - q \neq 0$$

だから，$E[S_n] = x + n(p - q)$ は一定の値にならない．不公平なゲームに相当するから当然ともいえるが，これでは先ほどのような破産問題の解法が適用できない．そこで，

$$E\left[\left(\frac{q}{p}\right)^{X_i}\right] = \left(\frac{q}{p}\right)^{+1} \cdot p + \left(\frac{q}{p}\right)^{-1} \cdot q = q + p = 1$$

であることに注目して，$M_n := (q/p)^{S_n}$ とおくと，

$$E[M_0] = E\left[\left(\frac{q}{p}\right)^{S_0}\right] = \left(\frac{q}{p}\right)^{x}$$

であり，任意の $n = 1, 2, \cdots$ に対して，独立性により，

[†1] たとえば，「2 回目のゲームで所持金が 0 になるとわかったら，それをなかったことにして 1 回目が終わった状態でやめる」のはずるいだろう.

$$E[M_n] = E\left[\left(\frac{q}{p}\right)^{S_n}\right] = E\left[\left(\frac{q}{p}\right)^{x+X_1+\cdots+X_n}\right]$$

$$= \left(\frac{q}{p}\right)^x \cdot E\left[\left(\frac{q}{p}\right)^{X_1}\right]\cdots\cdots E\left[\left(\frac{q}{p}\right)^{X_n}\right] = \left(\frac{q}{p}\right)^x$$

となる．任意の n に対して $E[M_n]$ は一定の値 $(q/p)^x$ をとる．ここで，

- $P(\tau < +\infty) = 1$,
- $E[M_\tau] = E[M_0] = (q/p)^x$

を仮定すると，$P(S_\tau = 0) = 1 - P(S_\tau = N)$ より，

$$E[M_\tau] = \left(\frac{q}{p}\right)^0 \cdot \{1 - P(S_\tau = N)\} + \left(\frac{q}{p}\right)^N \cdot P(S_\tau = N)$$

$$= 1 - \left\{1 - \left(\frac{q}{p}\right)^N\right\} \cdot P(S_\tau = N)$$

であるから，$P(S_\tau = N) = \dfrac{1 - (q/p)^x}{1 - (q/p)^N}$ という不公平な場合の破産問題の解（問 2.1）が得られた．

　$p = 1/3,\, q = 2/3$ の場合を考える．賭けをする人は不利であるから，勝ったときの喜びは大きく，負けたときの落胆は小さい．$u(x) = (q/p)^x = 2^x$ という関数は所持金が x であるときの喜びの大きさ（『効用』）を表していると考えられる．$x \in \mathbb{Z}$ と $u(x)$ の関係は図 5.1 のようになっている．

　$\displaystyle\lim_{x \to -\infty} u(x) = 0$ であることから，$p < q$ である 1 次元非対称単純ランダムウォークの位置の極限が $-\infty$ となること（定理 3.16）もうなずけるであろう．

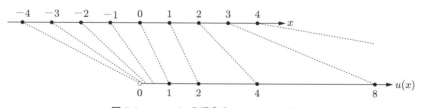

図 5.1　$p = 1/3$ の場合の $u(x) = (q/p)^x$.

5.2　確率積分

◆ 1 次元対称単純ランダムウォークによる確率積分 ◆

　$\{S_n\}$ を，$S_0 = x$ から出発する 1 次元対称単純ランダムウォークとする（5.1 節参照）．n 回目のゲームの後の所持金

$$S_n = x + \sum_{i=1}^n X_i = S_0 + \sum_{i=1}^n 1 \cdot (S_i - S_{i-1})$$

は[†1]，毎回の賭け金 1 が「ランダムに積分されている」と思うことができる.

賭けの戦略，すなわち「$(i-1)$ 回目までの勝負を終えた時点での，i 回目のゲームにおける賭け金 f_i の決め方」について考えよう．つぎの条件を満たす $\{f_i\}_{i=1,2,\cdots}$ は『公平な賭け方』と考えられる.

- 1 回目の勝負の前には何も情報がないので，f_1 は定数とする.
- $i = 2, 3, \cdots$ のとき，f_i は $X_1, \cdots, X_{i-1}$ の関数とする．すなわち，$(i-1)$ 回目の勝負までで得られる情報によって，i 回目のゲームにおける賭け金 f_i を決める.

この条件を満たす $\{f_i\}$ は**可予測** (predictable) であるという.

最初の所持金を $I_0 = c$ とし，可予測な賭け方 $\{f_i\}$ によって勝負にのぞむとき，n 回のゲームを終えた時点での所持金は

$$I_n = c + \sum_{i=1}^{n} f_i X_i = I_0 + \sum_{i=1}^{n} f_i \cdot (S_i - S_{i-1}) \tag{5.1}$$

である．$\{I_n\}$ を，1 次元対称単純ランダムウォーク $\{S_n\}$ による $\{f_i\}$ の**確率積分** (stochastic integral) という．以下，$\{f_i\}$ は $E[|f_i|] < +\infty$ を満たすと仮定する.

つぎの定理は，「公平なゲームで，公平な賭け方をしている限りは儲からない」ことを示している.

定理 5.1 $\{f_i\}$ は可予測とする．$\{I_n\}$ を 1 次元対称単純ランダムウォーク $\{S_n\}$ による $\{f_i\}$ の確率積分とすると，つぎが成り立つ.

$$\text{任意の } n \text{ に対して，} E[I_n] = E[I_{n-1}] = \cdots = E[I_0] = c$$

証明 $E[I_n] = E\left[I_0 + \sum_{i=1}^{n} f_i X_i\right] = E[I_0] + E[f_1 X_1] + \sum_{i=2}^{n} E[f_i X_i]$ と書き直せる．f_1 は定数で，$i = 2, \cdots, n$ のとき f_i は $X_1, \cdots, X_{i-1}$ の関数だから，X_i と独立であることに注意する．さらに，$E[X_1] = \cdots = E[X_n] = 0$ であることから，つぎのようになる.

$$E[I_n] = E[I_0] + f_1 E[X_1] + \sum_{i=2}^{n} E[f_i] E[X_i] = E[I_0] = c \qquad ∎$$

例 5.1 **倍賭け法** (martingale system) とよばれる戦略について考えよう．倍賭け法とは，「初回の賭け金を 1 とし，勝てばそこでやめ，2 回目以降はそれまで負けた分 $+1$ を賭けて勝負を繰り返し，1 回でも勝てばそこでやめる」という戦略である．この賭け方を表す $\{f_i\}_{i=1,2,\cdots}$ は，つぎのようになっている.

[†1] 一般に，$a > b$ のとき $\sum_{i=a}^{b} a_i = 0$ と解釈する.

$$f_1 = 1,$$

$$f_2 = \begin{cases} 1+1=2 & (X_1 = -1 \text{ のとき}), \\ 0 & (X_1 = +1 \text{ のとき}), \end{cases}$$

$$f_3 = \begin{cases} 1+2+1=4 & (X_1 = X_2 = -1 \text{ のとき}), \\ 0 & (X_1 = +1 \text{ または } X_2 = +1 \text{ のとき}), \end{cases}$$

$$\vdots$$

一般に $i = 2, 3, \cdots$ に対し，$1 + 2 + \cdots + 2^{i-2} = 2^{i-1} - 1$ であることに注意して，

$$f_i = \begin{cases} 2^{i-1} & (X_1 = \cdots = X_{i-1} = -1 \text{ のとき}) \\ 0 & (X_1, \cdots, X_{i-1} \text{ のいずれかが } +1 \text{ であるとき}) \end{cases}$$

とする．この $\{f_i\}$ は可予測である．いつかは $+1$ が出るという事象の確率は 1 だから，

$$P\left(\lim_{n \to \infty} I_n = I_0 + 1\right) = 1$$

が成り立つ．◀

　例 5.1 の倍賭け法は『必勝法』ともよばれることがあるが，はたして役に立つのだろうか．定理 5.1 により，任意の n で $E[I_n] = E[I_0]$ だから，

$$\lim_{n \to \infty} E[I_n] = E[I_0] \neq E[I_0] + 1 = E\left[\lim_{n \to \infty} I_n\right]$$

となって，何かおかしなことが起きているようである．i 回目ではじめて勝って賭けを終える確率は $1/2^i$ であり，$(i-1)$ 回目までに失う額は $2^{i-1} - 1$ だから，はじめて勝つまでに失う額の期待値は

$$\sum_{i=1}^{\infty} (2^{i-1} - 1) \cdot \frac{1}{2^i} = \sum_{i=1}^{\infty} \left(\frac{1}{2} - \frac{1}{2^i}\right) = +\infty$$

となる．ここまでの議論は数学的にはすべて正しいのだが，例 5.1 の戦略は現実的には価値のないものであることがわかる．

◆ド・モアブルのアイディアによる破産問題の解法◆

　5.1 節で紹介したド・モアブルのアイディアによる破産問題の解法について，$p = 1/2$ の場合を詳しく調べよう．記号は 5.1 節と同じものを用いる．

$$S_i^{\tau} := \begin{cases} S_i & (i < \tau \text{ のとき}) \\ S_{\tau} & (i \geqq \tau \text{ のとき}) \end{cases} \qquad [i = 0, 1, 2, \cdots]$$

と定めると，$\{S_i^\tau\}$ は，x から出発し 0 か N に到達するとそこで停止する，1次元対称単純ランダムウォークである．ここで，$g_1 = 1$ とし，$j = 2, 3, \cdots$ に対して

$$g_j = \begin{cases} 1 & (S_0, S_1, \cdots, S_{j-1} \text{ がいずれも } 0 \text{ や } N \text{ でないとき}) \\ 0 & (S_0, S_1, \cdots, S_{j-1} \text{ のいずれかが } 0 \text{ または } N \text{ であるとき}) \end{cases}$$

とおくと，$\{g_j\}$ は可予測で，$\{S_i^\tau\}$ を

$$S_0^\tau = x, \quad S_i^\tau = x + \sum_{j=1}^{i} g_j X_j \quad [i = 1, 2, \cdots]$$

と確率積分で表すことができる．よって，定理 5.1 により，任意の i に対して $E[S_i^\tau] = x$ となる．

5.1 節でおいた二つの仮定が正しいことを証明しよう．

補題 5.1　$P\left(\lim_{i \to \infty} S_i^\tau \text{ が存在する}\right) = P(\tau < +\infty) = 1.$

証明　$\{S_i^\tau\}$ のグラフの上下の動きがゲームの勝敗を表すと考え，各回のゲームに参加する（1 だけ投資する）か否かを直前のゲームまでの勝敗を見て決めよう．$0 < a < N$ を満たす a を一つ固定し，$\{S_i^\tau\}$ のグラフが a と $a+1$ の間を何度も横断すると儲けが大きくなる，つぎの戦略を考える：『$\{S_i^\tau\}$ のグラフの高さが a になったら 1 ずつ投資し続け，$a+1$ になったところで投資をやめる』ことを繰り返す．この戦略を数式で表そう．

つぎのような時刻に注目する．

$$\sigma_0 := 0,$$
$$\tau_1 := \inf\{i > \sigma_0 : S_i^\tau = a\}, \qquad \sigma_1 := \inf\{i > \tau_1 : S_i^\tau = a+1\},$$
$$\tau_2 := \inf\{i > \sigma_1 : S_i^\tau = a\}, \qquad \sigma_2 := \inf\{i > \tau_2 : S_i^\tau = a+1\},$$
$$\vdots \qquad\qquad\qquad\qquad \vdots$$

一般に，$k = 1, 2, \cdots$ に対して

$$\tau_k := \inf\{i > \sigma_{k-1} : S_i^\tau = a\}, \qquad \sigma_k := \inf\{i > \tau_k : S_i^\tau = a+1\}$$

とおく．$f_1 = 0$ とし，$i = 2, 3, \cdots$ に対して，

$$f_i = \begin{cases} 1 & (\text{ある } k = 1, 2, \cdots \text{ に対して } \tau_k \leqq i - 1 < \sigma_k \text{ であるとき}), \\ 0 & (\text{それ以外}) \end{cases}$$

により可予測な $\{f_i\}$ を定め，

$$I_0 = 0, \quad I_n = \sum_{i=1}^{n} f_i \cdot (S_i^\tau - S_{i-1}^\tau)$$

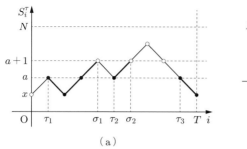
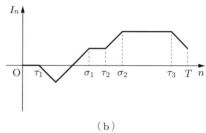

(a) (b)

図 5.2 $\{S_i^\tau\}$ と $\{I_n\}$ の推移の例.

とおく. 図 5.2(a) は $\{S_i^\tau\}$ の推移の例であり，$f_i = 1$ の場合を太線で，$f_i = 0$ の場合を細線で表している. また，図 5.2(b) はこの例に対応する $\{I_n\}$ の推移を表している.

$S_i^\tau - S_{i-1}^\tau = g_i X_i$ より $I_n = \sum_{i=1}^{n} f_i g_i X_i$ と表され，$\{f_i g_i\}$ も可測だから，$\{I_n\}$ は確率積分である. 定理 5.1 により，任意の $n = 1, 2, \cdots$ に対して $E[I_n] = E[I_0] = 0$ が成り立つ. $\sigma_k < T$ を満たす最大の k を U_T で表すと，U_T は時刻 T までに $\{S_i^\tau\}$ が a から $a+1$ に変動した回数を表す. このとき，任意の T に対して

$$I_T \geqq 1 \cdot U_T - a$$

が成り立つ. 右辺第 2 項は，$\tau_{U_T+1} < T < \sigma_{U_T+1}$ という場合に出る可能性のある最大の損失を表している. 両辺の期待値を考えると，

$$0 = E[I_T] \geqq E[U_T] - a,$$

すなわち $E[U_T] \leqq a$ である. U_T は T について単調非減少だから，$+\infty$ も許せば極限値 $U_\infty := \lim_{T \to \infty} U_T$ が存在する. この U_∞ は $\{S_i^\tau\}$ が a から $a+1$ に変動した回数の合計である. 単調収束定理により

$$E[U_\infty] = E\left[\lim_{T \to \infty} U_T\right] = \lim_{T \to \infty} E[U_T] \leqq a$$

だから，$P(U_\infty < +\infty) = 1$ でなければならない. したがって，任意の $0 < a < N$ に対して，$\{S_i^\tau\}$ が a から $a+1$ へと移動する回数は確率 1 で有限である. つまり，$\tau < +\infty$ となる確率は 1 である.

補題 5.1 は，1 次元単純ランダムウォークの性質を使えば，つぎのように短く証明することもできる. $\tau > N$ であるとき，最初の N 回の勝負で N 連勝はしていないはずだから，

$$P(\tau > N) \leqq 1 - \left(\frac{1}{2}\right)^N =: r$$

である. 同様に，$P(\tau > 2N) = P(\tau > 2N \mid \tau > N) \cdot P(\tau > N) \leqq r^2$ であり，一般に

$$P(\tau > kN) \leqq r^k \quad [k = 1, 2, \cdots] \tag{5.2}$$

が成り立つ. 確率の連続性により, $k \to \infty$ とすると $P(\tau = +\infty) = 0$, すなわち $P(\tau < +\infty) = 1$ が得られる. 補題 5.1 の証明はこれよりも長かったが, 公平なゲームの特徴を生かしたもので, 非常に応用範囲が広いことに大きな利点がある (5.7 節を参照).

> **補題 5.2** $E[S_\tau] = x$ である.

証明 定理 5.1 により, 任意の i に対して $E[S_i^\tau] = x$ であり, S_i^τ も S_τ も 0 以上 N 以下だから,

$$|E[S_\tau] - x| = |E[S_\tau - S_i^\tau]| \leqq N \cdot P(\tau > i)$$

が成り立つ. ここで, 確率の連続性と補題 5.1 により,

$$\lim_{i \to \infty} P(\tau > i) = P(\tau = +\infty) = 0$$

である. これは $E[S_\tau] = x$ であることを示している. ∎

✎ $\{S_i^\tau\}$ は $\lim_{i \to \infty} S_i^\tau = S_\tau$ を満たし, 任意の i に対して $|S_i^\tau| \leqq N$ だから, ルベーグの収束定理 (定理 4.5) により $\lim_{i \to \infty} E[S_i^\tau] = E\left[\lim_{i \to \infty} S_i^\tau\right] = E[S_\tau]$ となる, といってもよい. なお, 5.1 節で $p \neq 1/2$ の場合においた二つの仮定が正しいことは, 本節の証明を発展させて得られる一般的な定理 (5.6 節, 5.7 節を参照) を用いて確かめられる.

5.3 伊藤の公式

◆**関数の微分・積分と数列の差分・和分の対応**◆

実数 x に実数 $f(x)$ を対応させる関数 f の変動の様子を調べるために, 導関数

$$f'(x) := \lim_{h \to \infty} \frac{f(x + h) - f(x)}{h}$$

が用いられる. $f'(x)$ が連続であるとき,

$$f(b) - f(a) = \int_a^b f'(x)\, dx$$

となることは, **微分積分学の基本定理**として知られている.

これと似た手法が, 数列に対しても用いられる. 数列 $a_0, a_1, a_2, \cdots$ は, 非負の整数 n に実数 a_n を対応させる関数とみなせる. 数列 $\{a_n\}$ の変動の様子を調べるために, 差分 $a_i - a_{i-1}$ が用いられ, つぎが成り立つ.

$$a_n - a_0 = \sum_{i=1}^{n} (a_i - a_{i-1}) \tag{5.3}$$

◆ランダムウォークの汎関数◆

$\{S_n\}$ を，S_0 から出発する 1 次元単純ランダムウォークとする．これを関数 $f(x)$ で変換して得られる確率過程 $\{f(S_n)\}$ はどのような性質をもつだろうか．S_n 自身が関数の一種であることから，$f(S_n)$ はランダムウォークの**汎関数** (functional) とよばれる．その差分 $f(S_i) - f(S_{i-1})$ を計算することで，$\{f(S_n)\}$ の性質を調べていく．まず，具体例を見よう．

例 5.2 $f(x) = x^2$ の場合を調べる．任意の $i = 1, 2, \cdots$ に対して，

$$
\begin{aligned}
(S_i)^2 - (S_{i-1})^2 &= (S_i + S_{i-1})(S_i - S_{i-1}) \\
&= \{2S_{i-1} + (S_i - S_{i-1})\}(S_i - S_{i-1}) \\
&= 2S_{i-1}(S_i - S_{i-1}) + (S_i - S_{i-1})^2
\end{aligned}
$$

が成り立つが，$S_i - S_{i-1} = \pm 1$ であることに注意すると，

$$(S_i)^2 - (S_{i-1})^2 = 2S_{i-1}(S_i - S_{i-1}) + 1 \tag{5.4}$$

となる．したがって，式 (5.3) により，

$$(S_n)^2 - (S_0)^2 = \sum_{i=1}^{n} \{(S_i)^2 - (S_{i-1})^2\} = \sum_{i=1}^{n} 2S_{i-1}(S_i - S_{i-1}) + n \tag{5.5}$$

と表される．通常の微分積分学における等式

$$b^2 - a^2 = \int_a^b 2x \, dx$$

と見比べると，式 (5.5) の右辺にはもう 1 項付け加わっていることがわかる．$p = 1/2$ で $S_0 = 0$ のとき，式 (5.5) の右辺第 1 項を I_n と表すと，$\{I_n\}$ は $\{2S_{i-1}\}$ の確率積分だから，$E[I_n] = 0$ である．したがって，式 (5.5) の両辺の期待値をとると，$E[(S_n)^2] = n$ が得られる．これは式 (3.2) の別証明になっている． ◀

例 5.3 $f(x) = |x|$ の場合を調べる．任意の $i = 1, 2, \cdots$ に対して，$|S_i| - |S_{i-1}|$ を計算すると，以下のようになる．

- $S_{i-1} > 0$ のとき，$S_i \geqq 0$ だから $|S_i| - |S_{i-1}| = S_i - S_{i-1}$.
- $S_{i-1} = 0$ のとき，$S_i = \pm 1$ だから $|S_i| - |S_{i-1}| = 1$.
- $S_{i-1} < 0$ のとき，$S_i \leqq 0$ だから $|S_i| - |S_{i-1}| = -S_i - (-S_{i-1}) = -(S_i - S_{i-1})$.

$p = 1/2$ のとき，$-(S_i - S_{i-1})$ は $S_i - S_{i-1}$ と同じく確率 $1/2$ ずつで ± 1 のいずれかの値をとる．よって，$|S_{i-1}| > 0$ ならば $|S_i| - |S_{i-1}|$ は確率 $1/2$ ずつで ± 1 のいずれかの値をとり，$|S_{i-1}| = 0$ ならば確率 1 で $|S_i| = 1$ となる．すなわち，$\{|S_n|\}$ は原点以外では対称単純ランダムウォークと同じ法則で動くが，原点にくるとつぎの時刻には強制的

に +1 に移動させられる．このような確率過程は，**原点に反射壁をもつ 1 次元対称単純ランダムウォーク**とよばれる．

ここで，

$$\mathrm{sgn}(x) := \begin{cases} +1 & (x > 0) \\ 0 & (x = 0), \\ -1 & (x < 0) \end{cases} \quad \delta_a(x) := \begin{cases} 1 & (x = a) \\ 0 & (x \neq a) \end{cases}$$

という記号を導入すると，

$$|S_i| - |S_{i-1}| = \mathrm{sgn}(S_{i-1}) \cdot (S_i - S_{i-1}) + \delta_0(S_{i-1})$$

と表すことができるから，式 (5.3) により

$$|S_n| - |S_0| = \sum_{i=1}^{n} \mathrm{sgn}(S_{i-1}) \cdot (S_i - S_{i-1}) + \sum_{i=1}^{n} \delta_0(S_{i-1}) \tag{5.6}$$

が成り立つ．式 (5.6) は**田中の公式**とよばれている．右辺第 1 項の確率積分は，ランダムウォーク $\{S_n\}$ が正側か負側のどちらにいるかに応じて符号を調整する作用を表している．右辺第 2 項は，ランダムウォーク $\{S_n\}$ が時刻 $(n-1)$ 以前に原点を訪れた回数を表しており，ランダムウォークの原点における**局所時間** (local time) という． ◢

3.1 節で計算するのを断念した，$p = 1/2$ の場合における $|S_n|$ の期待値を，田中の公式によって調べてみよう．

定理 5.2　原点から出発する 1 次元対称単純ランダムウォーク $\{S_n\}$ について，

$$E[|S_n|] \sim \sqrt{\frac{2n}{\pi}} \quad (n \to \infty)$$

が成り立つ．

証明　式 (5.6) の両辺の期待値を考えると，定理 5.1 によって右辺第 1 項の期待値は 0 だから，

$$E[|S_n|] = E[|S_0|] + \sum_{i=1}^{n} E\left[\delta_0(S_{i-1})\right] = \sum_{i=1}^{n} P(S_{i-1} = 0)$$

である．したがって，$k = 0, 1, 2, \cdots$ に対して

$$E[|S_{2k+1}|] = E[|S_{2k+2}|] = \sum_{l=0}^{k} P(S_{2l} = 0) = 1 + \sum_{l=1}^{k} P(S_{2l} = 0)$$

となる．ウォリスの公式（定理 2.7）を用いると，例 3.1 での計算と同様にして，

$$\sum_{l=1}^{k} P(S_{2l} = 0) \sim \sum_{l=1}^{k} \frac{1}{\sqrt{\pi l}} \sim 2\sqrt{\frac{k}{\pi}} \quad (k \to \infty)$$

が得られるから，

$$\lim_{k \to \infty} \frac{E[|S_{2k+1}|]}{\sqrt{2k+1}} = \lim_{k \to \infty} \frac{E[|S_{2k+2}|]}{\sqrt{2k+2}} = \sqrt{\frac{2}{\pi}}$$

となる． ∎

◆伊藤の公式◆

一般に，$\mathbb{Z}$ 上の関数 $f(x)$ に対して，

$$f'(x) := \frac{f(x+1) - f(x-1)}{2}, \quad f''(x) := f(x+1) - 2f(x) + f(x-1)$$

と定めると，1 次元単純ランダムウォーク $\{S_n\}$ の汎関数 $f(S_n)$ の差分について，つぎの公式が成り立つ．

> **定理 5.3** ［伊藤の公式］ $\{S_n\}$ を 1 次元単純ランダムウォークとし，$f(x)$ を $\mathbb{Z}$ 上の関数とする．このとき，任意の $i = 1, 2, \cdots$ に対して，
>
> $$f(S_i) - f(S_{i-1}) = f'(S_{i-1})(S_i - S_{i-1}) + \frac{1}{2} f''(S_{i-1})(S_i - S_{i-1})^2$$
> $$= f'(S_{i-1})(S_i - S_{i-1}) + \frac{1}{2} f''(S_{i-1}) \tag{5.7}$$
>
> である．したがって，式 (5.3) により，つぎが成り立つ．
>
> $$f(S_n) = f(S_0) + \sum_{i=1}^{n} f'(S_{i-1}) \cdot (S_i - S_{i-1}) + \frac{1}{2} \sum_{i=1}^{n} f''(S_{i-1}) \tag{5.8}$$

証明 以下の計算では複号同順とする．$S_i - S_{i-1} = \pm 1$ のとき，

（式 (5.7) の右辺）

$$= \pm \frac{f(S_{i-1}+1) - f(S_{i-1}-1)}{2} + \frac{f(S_{i-1}+1) + f(S_{i-1}-1)}{2} - f(S_{i-1})$$

$$= f(S_{i-1} \pm 1) - f(S_{i-1}) = （式 (5.7) の左辺）$$

となり，式 (5.7) が確かめられる． ∎

例 5.4 $f(x) = x^2$ の場合．

$$f'(x) = \frac{(x+1)^2 - (x-1)^2}{2} = \frac{4x}{2} = 2x,$$
$$f''(x) = (x+1)^2 - 2x^2 + (x-1)^2 = 2$$

だから，伊藤の公式 (5.7) と (5.8) により，例 5.2 の等式 (5.4) と (5.5) が得られる. ◀

例 5.5 $f(x) = |x|$ の場合.

$$f'(x) = \frac{|x+1| - |x-1|}{2} = \begin{cases} -1 & (x \leqq -1) \\ x & (-1 \leqq x \leqq 1), \\ 1 & (x \geqq 1) \end{cases}$$

$$\frac{1}{2}f''(x) = \frac{|x+1| + |x-1|}{2} - |x| = \begin{cases} 0 & (x \leqq -1) \\ 1 - |x| & (-1 \leqq x \leqq 1) \\ 0 & (x \geqq 1) \end{cases}$$

である．$x \in \mathbb{Z}$ に制限して考えると，$f'(x) = \mathrm{sgn}(x)$, $(1/2)f''(x) = \delta_0(x)$ だから，伊藤の公式 (5.8) により，例 5.3 の田中の公式 (5.6) が得られる. ◀

問 5.1　$\{S_n\}$ を 1 次元単純ランダムウォークとする．伊藤の公式を用いて，$(S_i)^3 - (S_{i-1})^3$ および $e^{\alpha S_i} - e^{\alpha S_{i-1}}$ を計算せよ．ただし，α は実数とする.

5.4　オプションの価格づけ

　株価の変動の単純なモデル（Cox, Ross, and Rubinstein (1979) の 2 項モデル）をつくり，将来の株価の変動に応じて価値が決まる契約（株式派生商品，株式デリバティブ）の現時点における適正な価格を決定する問題を調べよう.

◆ 2 項 1 期間モデル◆
　株価の 2 種類の増加率 u, d と国債の利率 r について $-1 < d < r < u$ として，つぎのように価格が変動する状況を考える.

	現在	1 期間後
株	S	↗ $(1+u)S$ ↘ $(1+d)S$
国債	B	→ $(1+r)B$

これは，とりうる株価が 2 通りしかないので，2 項 1 期間モデルとよばれる．ここで，国債を考えるのは，株価の価値の比較対象にするためである.

ヨーロピアンコールオプション (European call option) とよばれる権利, すなわち

株を, 1 期間後に価格 K で 1 単位買う権利

について考察しよう. つぎの理由から, この権利には商品としての価値がある.

- 1 期間後の株価が K より高い場合, この権利を行使して株 1 単位を価格 K で購入し, すぐに売却することで利益が出る.
- 1 期間後の株価が K より安い場合, 権利を放棄すればそれ以上の損をしない.

この権利を商品化するにあたって, 現在における適正価格 C_0 を求めたい. まず,

$$x^+ := \max\{x, 0\} = \begin{cases} x & (x \geqq 0) \\ 0 & (x \leqq 0) \end{cases}$$

という記号を用意しておく. これを用いると, この権利の 1 期間後の価値は

$$V_1 := \big((1+u)S - K\big)^+ \text{ または } V_2 := \big((1+d)S - K\big)^+$$

のいずれかになる. ところで, 現在時点で, 株 x 単位と国債 y 単位をうまく組み合わせて購入し,

$$\begin{cases} x(1+u)S + y(1+r)B = V_1 \\ x(1+d)S + y(1+r)B = V_2 \end{cases}$$

が成り立つようにできるだろうか. 連立方程式を解くと,

$$x = \frac{V_1 - V_2}{(u-d)S}, \quad y = \frac{(1+u)V_2 - (1+d)V_1}{(1+r)(u-d)B}$$

とすればよいことがわかる. 一般に, 債券の組み合わせを**ポートフォリオ** (portfolio) とよび, オプションの価値と等しくなるような債券の組み合わせを, そのオプションの**複製ポートフォリオ**とよぶ. ここで,

無裁定の条件:リスク無しにお金をもうけることはできない

をおくと, オプションの現在価格 $C_0 = xS + yB$ でなければならないことがわかる. これは, 上で求めた複製ポートフォリオは 1 期間後にオプションと同じ価値をもつから, 現時点で価格が違うとすると,「安いほうに買い換える」ことで確実に利益を得ることができてしまうためである.

◆ 2 項 1 期間モデルのリスク中立確率◆

さて, $C_0 = xS + yB$ は

$$\frac{1}{1+r}\left\{\frac{r-d}{u-d} \cdot \big((1+u)S - K\big)^+ + \frac{u-r}{u-d} \cdot \big((1+d)S - K\big)^+\right\}$$

と書き直せることに注目しよう.

$$\begin{cases} P^*(R_1 = u) = p^* := \dfrac{r-d}{u-d} \\ P^*(R_1 = d) = 1 - p^* = \dfrac{u-r}{u-d} \end{cases} \tag{5.9}$$

を満たす確率変数 R_1 を導入して, $S_1 = (1 + R_1)S$ とおくと,

$$C_0 = \frac{E^*[(S_1 - K)^+]}{1 + r} \tag{5.10}$$

と表すことができる. 株価の増加率 u, d と国債の利率 r を用いて式 (5.9) のように設定したモデルを用いることで, オプションの現在価格 C_0 を容易に計算することができる. このモデル P^* を**リスク中立確率**とよぶ. P^* のもとでの R_1 の期待値は

$$E^*[R_1] = u \cdot \frac{r-d}{u-d} + d \cdot \frac{u-r}{u-d} = r \tag{5.11}$$

であるから, 株価の増加率の平均と国債の利率とが一致している.

◆ 2 項 T 期間モデル◆

2 項 T 期間モデルをつぎのように定義する $(-1 < d < r < u)$: 第 0 期を現在と考え, $S_0 = S, B_0 = B$ とする. $i = 1, \cdots, T$ について, 第 $(i-1)$ 期から第 i 期にかけて,

第 $(i-1)$ 期　　　　　　第 i 期

$$\boxed{株}\quad S_{i-1} \quad \nearrow\quad S_i = (1+u)S_{i-1}$$
$$\searrow\quad S_i = (1+d)S_{i-1}$$

$$\boxed{国債}\quad B_{i-1} \quad \to\quad B_i = (1+r)B_{i-1}$$

のように価格が変動するものと考える.

$i = 0, 1, \cdots, T$ に対して $B_i = (1+r)^i B$ と表されることはすぐにわかる. 一方, 確率変数 $R_1, \cdots, R_T$ の各々は u か d のいずれかの値をとるとし, $i = 1, \cdots, T$ に対して $S_i = (1 + R_i) \cdots (1 + R_1)S$ とおく. このとき, $\{S_i\}$ が無裁定の条件を満たす市場における株価を表すとしたら, $R_1, \cdots, R_T$ の確率分布をどのように設定したモデルを考えるべきであろうか.

◆条件付き期待値◆

2 項 T 期間モデルにおいて, 第 i 期までの株価の変動に関する情報 $R_1, \cdots, R_i$ を参考に, 株と国債を売買することを考える. ある確率変数 Z に対して

何の情報もない状況における，Z の値の『最良の』推定値

を与えるのが確率変数 Z の期待値 $E[Z]$ であるから，

$R_1, \cdots, R_i$ までわかったという状況における，Z の値の『最良の』推定値

に注目することが重要である．この推定値のことを確率変数 Z の**条件付き期待値**といい，$E[Z \mid R_1, \cdots, R_i]$ と表す．数学的にどのようなものであるかという説明は後回しにして，条件付き期待値の満たすべき性質をいくつか挙げてみよう．

- 通常の期待値と同様に，線型性をもつ．
- $R_1, \cdots, R_i$ の関数として表される確率変数 $g(R_1, \cdots, R_i)$ は定数のように扱える．すなわち，以下が成り立つ．

$$E[g(R_1, \cdots, R_i) \mid R_1, \cdots, R_i] = g(R_1, \cdots, R_i)$$

$$E[g(R_1, \cdots, R_i) \cdot Z \mid R_1, \cdots, R_i] = g(R_1, \cdots, R_i) \cdot E[Z \mid R_1, \cdots, R_i]$$

- $R_1, \cdots, R_i, Z$ が独立であるとき，$E[Z \mid R_1, \cdots, R_i] = E[Z]$.

◆ 2 項 T 期間モデルのリスク中立確率 ◆

2 項 T 期間モデルの話に戻る．国債については，$B_i/(1+r)^i$ が現在価格 B になる．株についても，$S_i' := S_i/(1+r)^i$ とおいて現在時点の価格に換算する．このとき，どの時点でもリスクなしにもうけることができないこと（無裁定の条件）から，

$$E^*[S_{i+1}' \mid R_1, \cdots, R_i] = S_i' \quad [i = 1, \cdots, T-1] \tag{5.12}$$

が成り立つことが望ましい．左辺は

$$E^* \left[\frac{1 + R_{i+1}}{1 + r} \cdot S_i' \,\middle|\, R_1, \cdots, R_i \right] = \frac{S_i'}{1 + r} \cdot E^*[1 + R_{i+1} \mid R_1, \cdots, R_i]$$

と変形できるから，式 (5.12) は

$$E^*[R_{i+1} \mid R_1, \cdots, R_i] = r$$

と同値になる．式 (5.11) から，履歴 $R_1, \cdots, R_i$ のもとでの R_{i+1} の条件付き分布が

$$\begin{cases} P(R_{i+1} = u \mid R_1, \cdots, R_i) = \dfrac{r - d}{u - d} = p^* \\ P(R_{i+1} = d \mid R_1, \cdots, R_i) = \dfrac{u - r}{u - d} = 1 - p^* \end{cases}$$

となるべきであることがわかる．これは $R_1, \cdots, R_i$ によっていないから，結論として，確率変数 $R_1, \cdots, R_T$ は独立同分布で

$$\begin{cases} P^*(R_i = u) = p^* = \dfrac{r - d}{u - d} \\ P^*(R_i = d) = 1 - p^* = \dfrac{u - r}{u - d} \end{cases} \quad [i = 1, \cdots, T] \tag{5.13}$$

を満たすとしたモデル P^* がふさわしいことがわかる．

◆マルチンゲールの定義◆

一般に，確率変数 $X_1, X_2, \cdots$ があり，その値を順次観測しているものとする．

(i) M_0 は定数で，任意の $n = 1, 2, \cdots$ に対して，M_n は $X_1, \cdots, X_n$ の関数

(ii) 任意の $n = 1, 2, \cdots$ に対して

$$E[M_{n+1} \mid X_1, \cdots, X_n] = M_n \quad \Leftrightarrow \quad E[M_{n+1} - M_n \mid X_1, \cdots, X_n] = 0$$

が成り立つとき，$\{M_n\}$ を $\{X_n\}$ に関する**マルチンゲール** (martingale) という[†1]．また，上記の条件 (ii) の代わりに

$$E[M_{n+1} \mid X_1, \cdots, X_n] \leqq M_n \quad \Leftrightarrow \quad E[M_{n+1} - M_n \mid X_1, \cdots, X_n] \leqq 0$$

が成り立つとき，$\{M_n\}$ を $\{X_n\}$ に関する**優マルチンゲール** (supermartingale) といい，

$$E[M_{n+1} \mid X_1, \cdots, X_n] \geqq M_n \quad \Leftrightarrow \quad E[M_{n+1} - M_n \mid X_1, \cdots, X_n] \geqq 0$$

が成り立つとき，$\{M_n\}$ を $\{X_n\}$ に関する**劣マルチンゲール** (submartingale) という[†2]．

例 5.6 $\{S_n\}$ を x から出発する 1 次元単純ランダムウォークとする．

$$
\begin{aligned}
E[S_{n+1} \mid X_1, \cdots, X_n] &= E[S_n + X_{n+1} \mid X_1, \cdots, X_n] \\
&= S_n + E[X_{n+1} \mid X_1, \cdots, X_n] \\
&= S_n + E[X_{n+1}] = S_n + p - q
\end{aligned}
$$

だから，$p = 1/2$ のとき $\{S_n\}$ は $\{X_n\}$ に関するマルチンゲールである．また，$p < q$ [あるいは $p > q$] のとき，$\{S_n\}$ は $\{X_n\}$ に関する優 [あるいは劣] マルチンゲールである． ◀

> たいへんまぎらわしい名前だが，優マルチンゲールでは条件付き期待値が小さくなり，劣マルチンゲールでは条件付き期待値が大きくなる点に注意しよう．

問 5.2 例 5.6 で $M_n = (q/p)^{S_n}$ とおくと，$\{M_n\}$ は $\{X_n\}$ に関するマルチンゲールとなることを示せ．

◆離散ブラック–ショールズ (Black-Scholes) 公式◆

2 項 T 期間モデルにおけるオプションの現在価格 C_0 は

$$C_0 = \frac{E^*[(S_T - K)^+]}{(1 + r)^T} \tag{5.14}$$

[†1] 条件付き期待値を考えるために，詳しくは，すべての n で M_n は可積分，すなわち $E[|M_n|] < +\infty$ という条件がいる．マルチンゲールの語源となった馬具については，Snell (1982) を参照されたい．

[†2] マルチンゲールは，優マルチンゲールと劣マルチンゲールの両方の特別な場合とも考えられる．

で与えられることが知られている（5.8節）. C_0 は，二項分布を用いて，つぎのように具体的に表すことができる.

定理 5.4 ［離散ブラック–ショールズ公式］

$$C_0 = S \cdot P_{p'}(H_T \geqq k_0) - \frac{K}{(1+r)^T} \cdot P_{p^*}(H_T \geqq k_0)$$

が成り立つ. ここで, $p' := \dfrac{1+u}{1+r} \cdot p^*$ であり,

$$(1+u)^k(1+d)^{T-k}S - K > 0 \quad \Leftrightarrow \quad \left(\frac{1+u}{1+d}\right)^k > \frac{1}{(1+d)^T} \cdot \frac{K}{S}$$

を満たす最小の整数 k を k_0 とする. また, $P_p(H_n \geqq x)$ は, 二項分布 $B(n,p)$ に従う確率変数 H_n が x 以上の値をとる確率を表す.

証明 C_0 は以下のように計算される.

$$
\begin{aligned}
C_0 &= \frac{E^*[(S_T - K)^+]}{(1+r)^T} \\
&= \frac{1}{(1+r)^T} \sum_{k=0}^{T} \left((1+u)^k(1+d)^{T-k}S - K\right)^+ \cdot \binom{T}{k}(p^*)^k(1-p^*)^{T-k} \\
&= \frac{1}{(1+r)^T} \sum_{k=k_0}^{T} \left((1+u)^k(1+d)^{T-k}S - K\right) \cdot \binom{T}{k}(p^*)^k(1-p^*)^{T-k} \\
&= S \sum_{k=k_0}^{T} \binom{T}{k} \cdot \left(\frac{1+u}{1+r} \cdot p^*\right)^k \left(\frac{1+d}{1+r} \cdot (1-p^*)\right)^{T-k} \\
&\quad - \frac{K}{(1+r)^T} \sum_{k=k_0}^{T} \binom{T}{k}(p^*)^k(1-p^*)^{T-k} \\
&= S \cdot P_{p'}(H_T \geqq k_0) - \frac{K}{(1+r)^T} \cdot P_{p^*}(H_T \geqq k_0)
\end{aligned}
$$

ここで, 最後の等号では, 式 (5.11) より $\dfrac{1+u}{1+r} \cdot p^* + \dfrac{1+d}{1+r} \cdot (1-p^*) = \dfrac{E^*[1 + R_1]}{1+r} = 1$ であることを用いた. ∎

5.5 条件付き期待値

◆期待値と確率◆

本節に出てくる c は定数を表すとする. 確率変数 Y の期待値 $E[Y]$ は,

$$E[Y - c] = 0 \text{ を満たすとき } c = E[Y]$$

という特徴をもつ. とくに, 事象 A の指示関数

$$1_A(\omega) = \begin{cases} 1 & (\omega \in A) \\ 0 & (\omega \notin A) \end{cases}$$

については $E[1_A] = P(A)$ だから,

$$E[1_A - P(A)] = 0$$

が成り立つ. また, 確率変数 Y に対して $f(c) := E[(Y-c)^2]$ は, $c = E[Y]$ のとき最小値 $f(E[Y]) = E[Y^2] - (E[Y])^2$ をとる. 実際,

$$f(c) = E[Y^2 - 2cY + c^2] = E[Y^2] - 2cE[Y] + c^2$$
$$= (c - E[Y])^2 + E[Y^2] - (E[Y])^2$$

からわかる. この最小値 $E[(Y-E[Y])^2] = E[Y^2] - (E[Y])^2$ を $V[Y]$ で表し, 確率変数 Y の分散とよんでいる. $E[Y]$ は「定数の中で, Y に最も近いもの」と考えられる.

◆与えられた事象に関する条件付き期待値と条件付き確率◆

事象 A の上での確率変数 Y の期待値を

$$E[Y : A] := E[Y \cdot 1_A]$$

で定義する. $P(A) > 0$ とすると,

$$E[Y - c : A] = 0 \text{ を満たすとき } c = \frac{E[Y : A]}{P(A)}$$

である. そこで,

$$E[Y \mid A] := \frac{E[Y : A]}{P(A)}$$

と表し, 事象 A のもとでの確率変数 Y の条件付き期待値という. とくに, Y として事象 B の指示関数をとると, $E[1_B : A] = E[1_B \cdot 1_A] = E[1_{A \cap B}] = P(A \cap B)$ より,

$$E[1_B \mid A] = \frac{P(A \cap B)}{P(A)} = P(B \mid A)$$

となって, 事象 A のもとでの事象 B の条件付き確率と一致する.

◆与えられた確率変数に関する条件付き期待値と条件付き確率◆

本節の残りの部分では, 離散型の確率変数を扱う. 確率変数 X, Y に対して,

$$\{X = x\} \text{ 上で } E[Y \mid X = x] = \frac{E[Y : X = x]}{P(X = x)} \text{ という値をとる確率変数}$$

を $E[Y \mid X]$ で表し，X が与えられたときの Y の条件付き期待値という．一つの式にまとめて

$$E[Y \mid X] = \sum_x E[Y \mid X = x] \cdot 1\{X = x\}$$

と書くと，計算には便利である[†1]．

確率変数 $E[Y \mid X]$ の期待値は

$$E\Big[E[Y \mid X]\Big] = E[Y] \tag{5.15}$$

である．実際，

$$E\Big[E[Y \mid X]\Big] = \sum_x E[Y \mid X = x] \cdot P(X = x) = \sum_x E[Y : X = x] = E[Y]$$

となる．この計算から，式 (5.15) は

$$E[Y] = \sum_x E[Y \mid X = x] \cdot P(X = x) \tag{5.16}$$

と解釈でき，全確率の公式 (0.10) と似た考えによる Y の期待値の計算法といえる．

つぎの定理の (1), (2) にあるように，通常の期待値と同様に，条件付き期待値も線型性をもつ．さらに，(3), (4) にあるように，X の関数は定数扱いとする．

定理 5.5 条件付き期待値について，以下が成り立つ．

(1) 確率変数 Y, Z に対して，$E[Y + Z \mid X] = E[Y \mid X] + E[Z \mid X]$．

(2) 定数 c と確率変数 Y に対して，$E[cY \mid X] = cE[Y \mid X]$．

(3) $E[g(X) \mid X] = g(X)$．

(4) 確率変数 Y に対して，$E[g(X)Y \mid X] = g(X) \cdot E[Y \mid X]$．

(5) ［式 (5.15) の一般化］事象 A が起こるかどうかが X の値だけで決まるとき，$E\Big[E[Y \mid X] : A\Big] = E[Y : A]$ が成り立つ．

(6) 確率変数 X, Y が独立であるとき，$E[Y \mid X] = E[Y]$．

証明 (1) $E[Y + Z : X = x] = E[Y : X = x] + E[Z : X = x]$ から導かれる．

(2) $E[cY : X = x] = cE[Y : X = x]$ から導かれる．

(3) $E[g(X) : X = x] = E[g(x) : X = x] = g(x) \cdot P(X = x)$ より，

$$E[g(X) \mid X] = \sum_x E[g(X) \mid X = x] \cdot 1\{X = x\} = \sum_x g(x) \cdot 1\{X = x\} = g(X)$$

となる．

(4) $E[g(X)Y : X = x] = E[g(x)Y : X = x] = g(x) \cdot E[Y : X = x]$ より，

[†1] 事象 $\{\cdots\}$ の指示関数は通常 $1_{\{\cdots\}}$ と書くが，見やすいように $1\{\cdots\}$ と書くことがある．

$$E[g(X)Y \mid X = x] = g(x) \cdot E[Y \mid X = x]$$

となる. $\{X = x\}$ 上では, $E[g(X)Y \mid X]$ も $g(X) \cdot E[Y \mid X]$ も $g(x) \cdot E[Y \mid X = x]$ に等しいから, $E[g(X)Y \mid X] = g(X) \cdot E[Y \mid X]$ である.

(5) $X = x$ ならば事象 A が起こるような x の全体を $\widetilde{A}$ とおくと,

$$E\Big[E[Y \mid X] : A\Big] = \sum_{x \in \widetilde{A}} E[Y \mid X = x] \cdot P(X = x) = \sum_{x \in \widetilde{A}} E[Y : X = x] = E[Y : A]$$

となる.

(6) $P(X = x) > 0$ のとき,

$$E[Y : X = x] = \sum_y y \cdot P(Y = y, \, X = x)$$

$$= \sum_y y \cdot P(Y = y) P(X = x) = E[Y] \cdot P(X = x)$$

より $E[Y \mid X = x] = E[Y]$ となることから導かれる. ∎

　確率変数 X と事象 B に対して, $P(B \mid X) := E[1_B \mid X]$ を, X が与えられたときの事象 B の条件付き確率という. 定理 5.5(5) より, 事象 A が起こるかどうかが X の値だけで決まるとき, 任意の事象 B に対して, つぎが成り立つ.

$$E\Big[P(B \mid X) : A\Big] = P(B \cap A) \tag{5.17}$$

　つぎの定理は, 条件付き期待値 $E[Y|X]$ に「X の関数の中で, Y に最も近いもの」という一つの直感的な意味を与える.

> **定理 5.6**　g を任意の 1 変数関数とする. 確率変数 X は $E[g(X)^2] < +\infty$ を満たし, 確率変数 Y は $E[Y^2] < +\infty$ を満たすとする. このとき,
>
> $$E[\{Y - g(X)\}^2] \geqq E[\{Y - E[Y \mid X]\}^2]$$
>
> が成り立つ. 等号が成立するのは $P(g(X) = E[Y \mid X]) = 1$ のときに限る.

　　✎　一般に, $P(X = Y) = 1$ のとき, 二つの確率変数 X, Y は実質的に同じものとみなせる.

証明　$\{Y - g(X)\}^2 = [\{Y - E[Y \mid X]\} + \{E[Y \mid X] - g(X)\}]^2$ を

$$\{Y - E[Y \mid X]\}^2 + 2\{Y - E[Y \mid X]\}\{E[Y \mid X] - g(X)\} + \{E[Y \mid X] - g(X)\}^2$$

と展開する. そして,

$$E[\{Y - E[Y \mid X]\}\{E[Y \mid X] - g(X)\} \mid X]$$

$$= \{E[Y \mid X] - g(X)\} \cdot E[Y - E[Y \mid X] \mid X]$$

および

$$E[Y - E[Y \mid X] \mid X] = E[Y \mid X] - E[Y \mid X] = 0$$

によって，

$$E[\{Y - E[Y \mid X]\}\{E[Y \mid X] - g(X)\}]$$
$$= E[E[\{Y - E[Y \mid X]\}\{E[Y \mid X] - g(X)\} \mid X]] = 0$$

が得られる．したがって，

$$E[\{Y - g(X)\}^2] = E[\{Y - E[Y \mid X]\}^2] + E[\{E[Y \mid X] - g(X)\}^2] \qquad (5.18)$$

となる．右辺第 2 項は非負だから，求める不等式が得られる．ここで，

$$E[\{E[Y \mid X] - g(X)\}^2] = 0$$

の必要十分条件は $P(g(X) = E[Y \mid X]) = 1$ である． ▮

◆二つの確率変数に関する条件付き期待値◆

確率変数 X_1, X_2, Y に対して，

$$E[Y \mid X_1, X_2] = \sum_{x_1, x_2} E[Y \mid X_1 = x_1, X_2 = x_2] \cdot 1\{X_1 = x_1, X_2 = x_2\}$$

を，X_1, X_2 が与えられたときの Y の条件付き期待値という．

定理 5.7 ［条件付き期待値の積み重ねに関する性質 (tower property)］

$$E\Big[E[Y \mid X_1] \Big| X_1, X_2\Big] = E[Y \mid X_1],$$
$$E\Big[E[Y \mid X_1, X_2] \Big| X_1\Big] = E[Y \mid X_1].$$

証明 一つ目の式は，

$$E\Big[E[Y \mid X_1] \Big| X_1, X_2\Big] = \sum_{x_1, x_2} E[Y \mid X_1 = x_1] \cdot 1\{X_1 = x_1, X_2 = x_2\}$$
$$= \sum_{x_1} E[Y \mid X_1 = x_1] \cdot 1\{X_1 = x_1\} = E[Y \mid X_1]$$

と示される．つぎに，任意の $\widetilde{x_1}$ に対して，

$$E\Big[E[Y \mid X_1, X_2] : X_1 = \widetilde{x_1}\Big]$$
$$= E\left[\sum_{x_2} E[Y \mid X_1 = \widetilde{x_1}, X_2 = x_2] \cdot 1\{X_1 = \widetilde{x_1}, X_2 = x_2\}\right]$$

$$= \sum_{x_2} E[Y \mid X_1 = \widetilde{x_1}, X_2 = x_2] \cdot P(X_1 = \widetilde{x_1}, X_2 = x_2)$$

$$= \sum_{x_2} E[Y : X_1 = \widetilde{x_1}, X_2 = x_2] = E[Y : X_1 = \widetilde{x_1}]$$

が成り立つことから，二つ目の式が示される. ∎

　図 5.3 は，2 回のコイン投げで表が出る回数 H_2 の条件付き期待値の計算結果を，3.2 節の記号を利用してグラフ化したものである．また，条件付き期待値の意味（定理 5.6）と，その積み重ねに関する性質（定理 5.7）を大胆な模式図にしたものが，図 5.4 である．いずれの図からも，情報が多いほど詳しい推定値が得られることがわかる．

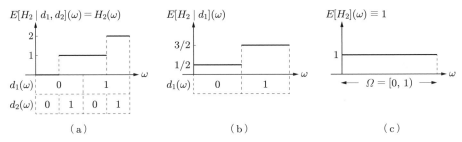

図 5.3　2 回のコイン投げで表が出る回数 H_2 の条件付き期待値と期待値.

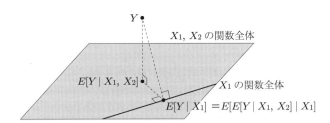

図 5.4　条件付き期待値と，その積み重ねに関する性質を表す模式図.

◆複数の確率変数に関する条件付き期待値◆

　確率変数 $X_1, \cdots, X_n$ に関する条件付き期待値 $E[Y \mid X_1, \cdots, X_n]$ も，これまでと同様に定義することができる．$\boldsymbol{X} = (X_1, \cdots, X_n)$ とまとめて，$E[Y \mid \boldsymbol{X}]$ のように表すこともあり，定理 5.5，5.6 と同様の性質をもつ．ただし，定理 5.5 の (6) に対応する性質は「$X_1, \cdots, X_n, Y$ が独立である」ときに用いることができる．また，いくつかの確率変数を並べた，二つのベクトル $\boldsymbol{X}_1, \boldsymbol{X}_2$ に対しては，定理 5.7 と同様に，

$$E\Big[E[Y \mid \boldsymbol{X}_1, \boldsymbol{X}_2] \, \Big| \, \boldsymbol{X}_1\Big] = E[Y \mid \boldsymbol{X}_1]$$

が成り立つ.

5.6 マルチンゲールの任意停止定理，最適停止問題

◆マルチンゲールに関する確率積分◆

確率過程 $\{X_n\}$ を観測している状況を考える．f_1 を定数とし，$i = 2, 3 \cdots$ に対して f_i を $X_1, \cdots, X_{i-1}$ の関数とする（$\{f_i\}$ は $\{X_n\}$ に関して可予測）．さらに，$\{M_n\}$ を $\{X_n\}$ に関するマルチンゲールとする．$I_0 = c$ とし，

$$I_n = c + \sum_{i=1}^{n} f_i \cdot (M_i - M_{i-1}) \quad [n = 1, 2, \cdots] \tag{5.19}$$

とおく．このとき，$\{I_n\}$ を，可予測過程 $\{f_i\}$ のマルチンゲール $\{M_n\}$ による**確率積分** (stochastic integral) という．

> **定理 5.8** $\{M_n\}$ は $\{X_n\}$ に関するマルチンゲールであるとし，$\{f_i\}$ は $\{X_n\}$ に関して可予測であるとする．$\{f_i\}$ と $\{M_i - M_{i-1}\}$ の少なくともいずれか一方が有界であるとき，確率積分 $\{I_n\}$ もマルチンゲールになる．

証明 $I_0 = c$ で定数である．また，任意の $i = 1, 2, \cdots$ に対して，f_i は $X_i, \cdots, X_{i-1}$ の関数だから，I_n もそうである．さらに，

$$E[I_i - I_{i-1} \mid X_1, \cdots, X_{i-1}] = E[f_i(M_i - M_{i-1}) \mid X_1, \cdots, X_{i-1}]$$
$$= f_i \cdot E[M_i - M_{i-1} \mid X_1, \cdots, X_{i-1}] = f_i \cdot 0 = 0$$

より，$\{I_n\}$ はマルチンゲールである． ∎

> **系 5.1** 定理 5.8 で $\{M_n\}$ を $\{X_n\}$ に関する優［あるいは劣］マルチンゲールにおきかえたとき，（確率積分とはよばないが）式 (5.19) によって定められる $\{I_n\}$ も優［あるいは劣］マルチンゲールになる．

◆停止時刻◆

非負の整数または $+\infty$ の値をとる確率変数 τ が $\{X_n\}$ に関する**停止時刻** (stopping time) であるとは，$P(\tau = 0)$ は 0 または 1 であり，さらに任意の $n = 1, 2, \cdots$ に対して，事象 $\{\tau = n\}$ が起こるかどうかが $X_1, \cdots, X_n$ によって定まるときにいう．いい換えると，

$$1\{\tau = n\} := \begin{cases} 1 & (\tau = n) \\ 0 & (\tau \neq n) \end{cases}$$

が $X_1, \cdots, X_n$ の関数として表される確率変数である．$1\{\tau \leqq n\} = \sum_{i=0}^{n} 1\{\tau = i\}$, $1\{\tau > n\}$ $= 1 - 1\{\tau \leqq n\}$ であるから，$\{\tau \leqq n\}$, $\{\tau > n\}$ なども $X_1, \cdots, X_n$ によって定まる．

$\{M_n\}$ を停止時刻 τ で止めた確率過程 $\{M_n^\tau\}$ を

$$M_n^\tau = \begin{cases} M_n & (n < \tau) \\ M_\tau & (n \geqq \tau) \end{cases} \quad [n = 0, 1, 2, \cdots]$$

で定める．「賭け事の公平さは，公平なやめ方をする限り保たれる」ことが期待されるが，数学的にはつぎのように述べることができる．

定理 5.9 ［任意停止定理］ $\{M_n\}$ は $\{X_n\}$ に関する ［優，劣］ マルチンゲールであるとし，確率変数 τ は $\{X_n\}$ に関する停止時刻であるとする．$\{M_n\}$ を停止時刻 τ で止めて得られる $\{M_n^\tau\}$ も ［優，劣］ マルチンゲールである．

証明 M_n^τ の定義から $M_n^\tau = M_0 + \sum_{i=1}^{n} 1\{i - 1 < \tau\} \cdot (M_i - M_{i-1})$ と書くことができる．$1\{i - 1 < \tau\}$ の値は $X_1, \cdots, X_{i-1}$ によって決まるから，定理 5.8 と系 5.1 によって求めるべき結論が得られる． ∎

$\{M_n\}$ がマルチンゲールであるとき，任意の n に対して $E[M_n] = E[M_0]$ が成り立つ．また，定理 5.9 によると，任意の n に対して $E[M_n^\tau] = E[M_0^\tau] = E[M_0]$ が成り立つから，$\lim_{n \to \infty} E[M_n^\tau] = E[M_0]$ である．また，$\{\tau < +\infty\}$ が起こっているとき，$\lim_{n \to \infty} M_n^\tau = M_\tau$ である．しかし，たとえ $P(\tau < +\infty) = 1$ であっても，$\lim_{n \to \infty} E[M_n^\tau] = E[M_\tau]$ が成り立つとは限らない（例 5.1）．以下に，これが成り立つための簡単な条件をあげる．

定理 5.10 $\{M_n\}$ は $\{X_n\}$ に関するマルチンゲールであるとし，確率変数 τ は $\{X_n\}$ に関する停止時刻で $P(\tau < +\infty) = 1$ を満たすとする．つぎの (a), (b) のいずれかの条件が満たされるとき，$E[M_\tau] = E[M_0]$ が成り立つ．

(a) ある正の整数 N が存在して，$P(\tau \leqq N) = 1$ が成り立つ．

(b) $E[Y] < +\infty$ を満たす非負の確率変数 Y が存在して，任意の n に対して $|M_n| \leqq Y$ が成り立つ．

証明 (a) のとき，任意の $n \geqq N$ で $E[M_n^\tau] = E[M_\tau]$ が成り立つ．
(b) のときは，ルベーグの収束定理（定理 4.5）が適用できる． ∎

同様にして，つぎのことがわかる．

系 5.2 定理 5.10 で $\{M_n\}$ を $\{X_n\}$ に関する優［あるいは劣］マルチンゲールに置き換えたときは，$E[M_\tau] \leqq E[M_0]$［あるいは $E[M_\tau] \geqq E[M_0]$］という結論が得られる．

◆ 1 次元対称単純ランダムウォークの区間からの脱出時刻 ◆

a, b を正の整数とする．任意停止定理の応用として，原点から出発する 1 次元対称単純ランダムウォークが区間 $(-a, b)$ から脱出するまでに要する時間の期待値を求めよう．これは定理 2.2 を一般化したものにあたるが，証明の見通しがよくなっている．

定理 5.11 a, b を正の整数とする．$\{S_n\}$ を原点から出発する 1 次元対称単純ランダムウォークとし，$\tau := \inf\{n > 0 : S_n = -a$ または $S_n = b\}$ とおくと，以下が成り立つ．
$$P(S_\tau = -a) = \frac{b}{a+b}, \quad P(S_\tau = b) = \frac{a}{a+b}, \quad E[\tau] = ab$$

証明 到達確率は破産問題の解から求められるから，$E[\tau]$ を計算しよう．例 5.2 と定理 5.8 により，$N_n := (S_n)^2 - n$ はマルチンゲールである．また，補題 0.1 と式 (5.2) により，

$$E[\tau] = \sum_{n=0}^{\infty} P(\tau > n)$$
$$= \sum_{k=0}^{\infty} \{P(\tau > kN) + P(\tau > kN+1) + \cdots + P(\tau > (k+1)N - 1)\}$$
$$\leqq \sum_{k=0}^{\infty} N \cdot P(\tau > kN) \leqq N \cdot \sum_{k=0}^{\infty} r^k = \frac{N}{1-r} < +\infty$$

となる．とくに $P(\tau < +\infty) = 1$ である．一方，$B := \max\{a, b\}$ とおくと，

$$|N_n^\tau| = \begin{cases} |N_n| \leqq (S_n)^2 + n \leqq B^2 + \tau & (n < \tau) \\ |N_\tau| \leqq (S_\tau)^2 + \tau \leqq B^2 + \tau & (n \geqq \tau) \end{cases}$$

であり，$E[B^2 + \tau] = B^2 + E[\tau] < +\infty$ が成り立つ．したがって，定理 5.10 (b) により，

$$E[(S_\tau)^2 - \tau] = E[N_\tau] = \lim_{n \to \infty} E[N_n^\tau] = 0$$

が得られ，$E[(S_\tau)^2] = E[\tau]$ とわかる．一方，

$$E[(S_\tau)^2] = (-a)^2 \cdot P(S_\tau = -a) + b^2 \cdot P(S_\tau = b) = a^2 \cdot \frac{b}{a+b} + b^2 \cdot \frac{a}{a+b} = ab$$

であるから，$E[\tau] = ab$ となる． ∎

◆最適停止の問題◆

N を自然数とし，確率変数の列 $Y_1, \cdots, Y_N$ を順次観測する．本節では，$Y_1, \cdots, Y_N$ に関する停止時刻 τ のうち $1, \cdots, N$ の範囲の値をとる（時刻 N では必ず止める）ものを考える．X_n を $Y_1, \cdots, Y_n$ の値で決まる確率変数とするとき，停止時刻 τ 全体にわたる $E[X_\tau]$ の最大値 $\max_\tau E[X_\tau]$ を実現する停止時刻（最適停止時刻）を求める問題を**最適停止の問題** (optimal stopping problem) という．

◆最適停止の問題：スネル (Snell) の解法◆

$\{X_n\}_{n=1,\cdots,N}$ から新しい確率変数の列 $\{Z_n\}_{n=1,\cdots,N}$ を，つぎの手順で（Z_N からさかのぼって）定める：

① $Z_N := X_N$ とおく．
② $Z_N, \cdots, Z_n$ まで定まったとき，$Z_{n-1} := \max\{E[Z_n \mid Y_1, \cdots, Y_{n-1}], X_{n-1}\}$ とおく．

この $\{Z_n\}$ は**スネル包** (Snell envelope) とよばれている．

補題 5.3 $\{Z_n\}$ はつぎの性質をもつ．

(1) 任意の n に対して $X_n \leqq Z_n$ が成り立つ．
(2) $\{Z_n\}$ は $\{Y_n\}$ に関する優マルチンゲールである．

証明 (1) $X_N = Z_N$ であり，$n < N$ のとき $X_n \leqq Z_n$ である．
(2) 定義から $Z_{n-1} \geqq E[Z_n \mid Y_1, \cdots, Y_{n-1}]$ である． ∎

定理 5.12 $\tau_0 := \min\{n : X_n = Z_n\}$ は最適停止時刻となり，つぎが成り立つ．

$$\max_\tau E[X_\tau] = E[X_{\tau_0}] = E[Z_1]$$

証明 τ_0 の定義から，$n < \tau_0$ ならば $Z_n = E[Z_{n+1} \mid Y_1, \cdots, Y_n]$ が成り立つ．これは，$\{Z_n\}$ を τ_0 で止めた $\{Z_n^{\tau_0}\}$ が $\{Y_n\}$ に関するマルチンゲールであることを示している．したがって，$E[X_{\tau_0}] = E[Z_{\tau_0}] = E[Z_N^{\tau_0}] = E[Z_1]$ が成り立つ．また，任意の停止時刻 τ に対して，まず補題 5.3 (1)，つぎに補題 5.3 (2) と系 5.2 を順に用いると，

$$E[X_\tau] \leqq E[Z_\tau] \leqq E[Z_1] = E[X_{\tau_0}]$$

であることがわかるから，τ_0 は最適停止時刻である． ∎

例 5.7 X_1, X_2, X_3 は独立で，いずれも区間 $[0,1]$ 上の一様分布に従うとし，$Y_n = X_n$ $[n=1,2,3]$ とする．スネル包の定義から

$$Z_3 = X_3, \quad Z_2 = \max\{E[Z_3 \mid X_1, X_2], X_2\}, \quad Z_1 = \max\{E[Z_2 \mid X_1], X_1\}$$

であるが，独立性により $E[Z_3 \mid X_1, X_2] = E[X_3] = \int_0^1 x\,dx = 1/2$ となり，$Z_2 = \max\{1/2, X_2\}$ と求められる．同様に，

$$E[Z_2 \mid X_1] = E\left[\max\left\{\frac{1}{2}, X_2\right\}\right] = \int_0^{1/2} \frac{1}{2}\,dx + \int_{1/2}^1 x\,dx = \frac{1}{4} + \frac{1}{8} = \frac{5}{8}$$

より $Z_1 = \max\{5/8, X_1\}$ である．定理 5.12 により，

$$\tau_0 = \begin{cases} 1 & (X_1 \geqq 5/8 \text{ のとき}) \\ 2 & (X_1 < 5/8 \text{ だが } X_2 \geqq 1/2 \text{ のとき}) \\ 3 & (\text{その他}) \end{cases}$$

が最適停止時刻を与え，

$$E[X_{\tau_0}] = E[Z_1] = \int_0^{5/8} \frac{5}{8}\,dx + \int_{5/8}^1 x\,dx = \frac{89}{128}$$

となる． ◀

例 5.8 例 5.7 を一般化し，$X_1, \cdots, X_N$ は独立で，いずれも区間 $[0,1]$ 上の一様分布に従うとする．また，$Y_n = X_n\ [n = 1, \cdots, N]$ とする．X が区間 $[0,1]$ 上の一様分布に従うとき，任意の $c \in [0,1]$ に対して

$$E[\max\{c, X\}] = \int_0^c c\,dx + \int_c^1 x\,dx = c^2 + \frac{1}{2} - \frac{c^2}{2} = \frac{c^2+1}{2}$$

である．よって，

$$s_0 = 0, \quad s_{i+1} = \frac{(s_i)^2 + 1}{2} \quad [i = 0, \cdots, N-1]$$

と定めると，s_i は i について単調に増加し，$\{X_n\}_{n=1, \cdots, N}$ のスネル包は

$$Z_i = \max\{s_{N-i}, X_i\} \quad [i = 1, \cdots, N]$$

と表される．定理 5.12 により，$\tau_0 := \min\{i : X_i \geqq s_{N-i}\}$ が最適停止時刻を与え，$E[X_{\tau_0}] = E[Z_1] = s_N$ である． ◀

◆最良選択問題◆

読者の皆さんも経験があるかもしれない，つぎのような問題を考えよう．A さんは新居を探していて，これから N 件の物件を見学する（N は 2 以上の整数とする）．折しも年度末で物件の動きが激しく，各物件を見学した直後に入居するかどうかを決めなければならず，後戻りができない．そして，N 番目の物件まで来たら，そこに決めざるを得ない．この問題をつぎのように設定しよう．

- 物件を順次見ていくときの, 1 位 (最良) から N 位 (最悪) までの現れ方は等確率とする. つまり, $1, 2, \cdots, N$ を並べ替えてできる順列 $(\sigma_1, \sigma_2, \cdots, \sigma_N)$ の全体を $\mathfrak{S}_N$ で表すとき, 確率変数 $W_1, W_2, \cdots, W_N$ は

$$P(W_1 = \sigma_1, W_2 = \sigma_2, \cdots, W_N = \sigma_N) = \frac{1}{N!} \quad [(\sigma_1, \sigma_2, \cdots, \sigma_N) \in \mathfrak{S}_N]$$

を満たすとする. W_n を n 番目の物件の絶対順位という.

- A さんがわかるのは, それまでに見学した物件との優劣の順位だけである :

$$Y_n := (W_1, \cdots, W_n \text{ の中で } W_n \text{ 以下であるものの個数}) \quad [n = 1, 2, \cdots, N]$$

と定義される n 番目の物件の相対順位を観測し, $Y_n = 1$ となる物件だけが入居の候補になりうる.

- n 番目の物件が最良の物件であるという条件付き確率を

$$X_n := P(W_n = 1 \mid Y_1, \cdots, Y_n) \quad [n = 1, \cdots, N]$$

とし, $E[X_\tau]$ を最大にする停止時刻 τ を求める. 任意の停止時刻 τ に対して, 式 (5.17) により,

$$\begin{aligned}
E[X_\tau] &= \sum_{n=1}^{N} E[P(W_n = 1 \mid Y_1, \cdots, Y_n) : \tau = n] \\
&= \sum_{n=1}^{N} P(W_n = 1, \tau = n) = P(W_\tau = 1)
\end{aligned}$$

であるから, $P(W_\tau = 1)$ を最大にする τ を求めたことになる.

この問題において, 実は $Y_1, \cdots, Y_N$ は独立で,

$$P(Y_n = k) = \frac{1}{n} \quad [k = 1, \cdots, n]$$

を満たす. 実際, $W_1, \cdots, W_N$ と $Y_1, \cdots, Y_N$ とは 1 対 1 に対応するから,

$$P(Y_1 = k_1, \cdots, Y_N = k_N) = \frac{1}{N!} \quad [(k_1, k_2, \cdots, k_N) \in \mathfrak{S}_N]$$

であり, 任意の $n = 1, 2, \cdots, N$ と $k = 1, \cdots, n$ に対して

$$P(Y_n = k) = \frac{\binom{N}{n} \cdot (n-1)! \cdot (N-n)!}{N!} = \frac{1}{n}$$

が成り立つ.

つぎに, $n = 1, 2, \cdots, N$ に対して

$$X_n = \frac{n}{N} \cdot 1\{Y_n = 1\} = \begin{cases} \dfrac{n}{N} & (Y_n = 1 \text{ のとき}) \\ 0 & (Y_n \neq 1 \text{ のとき}) \end{cases}$$

が成り立つ．実際，$Y_n \neq 1$ のときは $W_n = 1$ となりえず，また，$Y_n = 1$ のときは，$\{Y_n\}$ の独立性を用いて，つぎのように計算できる．

$$X_n = P(W_n = 1 \mid Y_1, \cdots, Y_n) = P(Y_{n+1} \neq 1, \cdots, Y_N \neq 1 \mid Y_1, \cdots, Y_n)$$
$$= \frac{n}{n+1} \cdot \frac{n+1}{n+2} \cdots \cdots \frac{N-1}{N} = \frac{n}{N}$$

さて，$N = 2$ のとき，$X_2 = 1\{Y_2 = 1\}$，$X_1 = 1/2$ より，スネル包の定義から

$$Z_2 = X_2, \quad Z_1 = \max\{E[Z_2 \mid Y_1], X_1\} = \frac{1}{2} = X_1$$

となる．定理 5.12 より，最適停止時刻は $\tau_0 = 1$ であり．最良選択に成功する確率は $1/2$ とわかる．以下では，N が 3 以上の整数であると仮定し，$\{X_n\}_{n=1,\cdots,N}$ のスネル包 $\{Z_n\}_{n=1,\cdots,N}$ を求めよう．

- $Z_N = X_N$ である．
- $Z_{N-1} = \begin{cases} \dfrac{N-1}{N} & (Y_{N-1} = 1 \text{ のとき}) \\ \dfrac{N-1}{N} \cdot \dfrac{1}{N-1} & (Y_{N-1} \neq 1 \text{ のとき}) \end{cases}$ である．これは，

$$E[Z_N \mid Y_1, \cdots, Y_{N-1}] = P(Y_N = 1) = \frac{1}{N} = \frac{N-1}{N} \cdot \frac{1}{N-1}$$

および $\dfrac{1}{N-1} < 1$ であることに注意すればわかる．

- Z_{N-2} を求めるとき，

$$E[Z_{N-1} \mid Y_1, \cdots, Y_{N-2}]$$
$$= \frac{N-1}{N} \cdot P(Y_{N-1} = 1) + \frac{N-1}{N} \cdot \frac{1}{N-1} \cdot P(Y_{N-1} \neq 1)$$
$$= \frac{N-1}{N} \cdot \frac{1}{N-1} + \frac{N-1}{N} \cdot \frac{1}{N-1} \cdot \frac{N-2}{N-1}$$
$$= \frac{N-2}{N} \left(\frac{1}{N-2} + \frac{1}{N-1} \right)$$

であるから，つぎのように場合分けが生じる．

○ $\dfrac{1}{N-2} + \dfrac{1}{N-1} \leqq 1$ の場合は，

$$Z_{N-2} = \begin{cases} \dfrac{N-2}{N} & (Y_{N-2} = 1 \text{ のとき}) \\ \dfrac{N-2}{N} \cdot \left(\dfrac{1}{N-2} + \dfrac{1}{N-1} \right) & (Y_{N-2} \neq 1 \text{ のとき}) \end{cases}$$

という，前の段階と同様の形になる．

○ $\dfrac{1}{N-2} + \dfrac{1}{N-1} > 1$ の場合は，$Z_{N-2} = \dfrac{N-2}{N} \cdot \left(\dfrac{1}{N-2} + \dfrac{1}{N-1} \right)$ という定数になり，この後は $Z_1 = \cdots = Z_{N-2}$ となることもわかる．

ここで,

$$k_N^* := \min\left\{k = 2, \cdots, N-2 : \frac{1}{k} + \cdots + \frac{1}{N-1} \leqq 1\right\}$$

と定めると,

$$\frac{1}{k_N^*} + \cdots + \frac{1}{N-1} \leqq 1 < \frac{1}{k_N^*-1} + \frac{1}{k_N^*} + \cdots + \frac{1}{N-1} \qquad (5.20)$$

が成り立つから, つぎのことが確かめられる.

補題 5.4　$k_N^* \leqq k < N$ ならば,

$$Z_k = \begin{cases} \dfrac{k}{N} = X_k & (Y_k = 1 \text{ のとき}) \\[2mm] \dfrac{k}{N}\left(\dfrac{1}{k} + \cdots + \dfrac{1}{N-1}\right) > X_k & (Y_k \neq 1 \text{ のとき}) \end{cases}$$

である. 一方, $1 \leqq k < k_N^*$ ならば,

$$Z_k = Z_{k_N^*-1} = \frac{k_N^*-1}{N}\left(\frac{1}{k_N^*-1} + \cdots + \frac{1}{N-1}\right) > X_k$$

である.

定理 5.12 の停止時刻 τ_0 が与える最適な停止規則は,

　　k_N^* 番目より前の物件はすべて見送り, k_N^* 番目以降で相対順位が 1 位の物
　　件にはじめて出会った時点で, その物件に決める

というものである. つぎの補題から, k_N^* は総物件数 N の約 36.8% であることがわかる.

補題 5.5　$\dfrac{N}{e} \leqq k_N^* < \dfrac{N}{e} + \left(2 - \dfrac{1}{e}\right)$ が成り立つ. したがって, $k_N^* \sim N/e$ $(N \to \infty)$ である.

証明　和と積分を比較すると,

$$\frac{1}{k_N^*} + \cdots + \frac{1}{N-1} \geqq \int_{k_N^*}^{N} \frac{1}{x}\,dx = \log\frac{N}{k_N^*},$$

$$\frac{1}{k_N^*-1} + \frac{1}{k_N^*} + \cdots + \frac{1}{N-1} \leqq \int_{k_N^*-2}^{N-1} \frac{1}{x}\,dx = \log\frac{N-1}{k_N^*-2}$$

であり, 式 (5.20) と合わせると,

$$\log\frac{N}{k_N^*} \leqq 1 < \log\frac{N-1}{k_N^*-2}, \quad \text{すなわち} \quad \frac{N}{k_N^*} \leqq e < \frac{N-1}{k_N^*-2}$$

となるから，これを解けばよい.

上記の停止規則で最良選択に成功する確率は

$$E[Z_1] = \frac{k_N^* - 1}{N} \left(\frac{1}{k_N^* - 1} + \cdots + \frac{1}{N - 1} \right)$$

である．式 (5.20) より $1 < \dfrac{1}{k_N^* - 1} + \cdots + \dfrac{1}{N - 1} \leqq 1 + \dfrac{1}{k_N^* - 1}$ だから，

$$\frac{k_N^* - 1}{N} < E[Z_1] \leqq \frac{k_N^*}{N}$$

が成り立ち，$N \to \infty$ のとき $E[Z_1]$ は $1/e \;(\fallingdotseq 0.368)$ に収束する.

5.7 マルチンゲールの収束定理

1 次元対称単純ランダムウォークの破産問題において，勝負の決着がつく確率が 1 となることを，5.2 節の補題 5.1 で証明した．本節では，この補題の証明法を深めて，「ある意味で有界なマルチンゲールは，収束する確率が 1 である」という重要な定理を証明し，その応用を紹介する.

◆マルチンゲールの収束定理◆

確率変数列 $\{M_n\}$ に対して，$\displaystyle\lim_{n \to \infty} M_n$ が存在することを示すために，つぎの補題が用いられる.

補題 5.6 $a < b$ を満たす任意の有理数 a, b に対して

$$P\left(\liminf_{n \to \infty} M_n < a < b < \limsup_{n \to \infty} M_n \right) = 0$$

であるとき，つぎが成り立つ.

$$P\left(\lim_{n \to \infty} M_n \text{ が（} \pm\infty \text{ も許して）存在する} \right) = 1$$

証明 有理数全体の集合を $\mathbb{Q}$ と表す．$\displaystyle\lim_{n \to \infty} M_n$ が存在しないという事象は，

$$\left\{ \liminf_{n \to \infty} M_n < \limsup_{n \to \infty} M_n \right\} = \bigcup_{a, b \in \mathbb{Q}: a < b} \left\{ \liminf_{n \to \infty} M_n < a < b < \limsup_{n \to \infty} M_n \right\}$$

と表される．$\{M_n\}$ は上極限と下極限の間を無限回往復するから，とくに，下極限と上極限に挟まれたある区間 $[a, b]$（a, b は有理数）を無限回横断する．$\mathbb{Q}$ は可算集合だから，

$$P\left(\bigcup_{a, b \in \mathbb{Q}: a < b} \left\{ \liminf_{n \to \infty} M_n < a < b < \limsup_{n \to \infty} M_n \right\} \right)$$

$$\leqq \sum_{a,b\in\mathbb{Q}:a<b} P\left(\liminf_{n\to\infty} M_n < a < b < \limsup_{n\to\infty} M_n\right) = 0$$

となる. ∎

補題 5.6 を利用するために，つぎの量を導入する. $a < b$ とし，$\{M_n\}$ が時刻 n までに区間 $[a, b]$ を a から b の向きに横断した回数（**上向き横断数**）を $U_n(a, b)$ で表す. $U_n(a, b)$ は n について単調増加だから，$+\infty$ も許せば極限

$$U_\infty(a, b) := \lim_{n\to\infty} U_n(a, b)$$

が存在する. 有利でないゲームに相当する優マルチンゲールでは，$U_n(a, b)$ の期待値がつぎの定理のように制限される.

定理 5.13 $\{M_n\}$ が $\{X_n\}$ に関する優マルチンゲールであるとき，任意の $a < b$ に対して，つぎが成り立つ.

$$E[U_n(a, b)] \leqq \frac{|a| + E[|M_n|]}{b - a}$$

証明 $\sigma_0 := 0$ とし，$j = 1, 2, \cdots$ に対して

$$\tau_j := \inf\{i > \sigma_{j-1} : M_i \leqq a\}, \quad \sigma_j := \inf\{i > \tau_j : M_i \geqq b\}$$

とおく. $\sigma_j < n$ を満たす最大の j が $U_n(a, b)$ である. $f_1 = 0$ とし，$i = 2, 3, \cdots$ に対して

$$f_i = \begin{cases} 1 & (\text{ある } j = 1, 2, \cdots \text{ に対して } \tau_j \leqq i-1 < \sigma_j \text{ であるとき}) \\ 0 & (\text{それ以外}) \end{cases}$$

により可予測な $\{f_i\}$ を定め，

$$I_0 = 0, \quad I_n = \sum_{i=1}^n f_i \cdot (M_i - M_{i-1})$$

とおくと，系 5.1 により $\{I_n\}$ も優マルチンゲールである. $\{M_n\}$ が区間 $[a, b]$ を上向きに 1 回横切るたびに，I_n の値は少なくとも $(b - a)$ だけ増加する. 時刻 n までに区間 $[a, b]$ を $U_n(a, b)$ 回上向きに横断した後に $\{M_n\}$ の値が a 以下になった場合，時刻 n まで $f_i = 1$ のままになる. $M_n \geqq a$ ならば損失は生じないが，$M_n < a$ ならば，少なくとも $a - M_n$ の損失が起こる. したがって，

$$I_n \geqq (b - a) \cdot U_n(a, b) - (a - M_n) \cdot 1\{M_n < a\}$$
$$\geqq (b - a) \cdot U_n(a, b) - (|a| + |M_n|)$$

となる. 両辺の期待値をとると，

$$E[I_n] \geqq (b-a) \cdot E[U_n(a,b)] - (|a| + E[|M_n|])$$

となる．$\{I_n\}$ は優マルチンゲールだから，$E[I_n] \leqq E[I_0] = 0$ である．

$\{M_n\}$ に対して，ある定数 $K > 0$ が存在して，

$$\text{任意の } n \text{ で} \quad E[|M_n|] \leqq K \tag{5.21}$$

が成り立つとき，$\boldsymbol{L^1}$**-有界** （L^1-bounded） であるという．とくに，$\{M_n\}$ が非負の優マルチンゲールならば，任意の n で $E[|M_n|] = E[M_n] \leqq E[M_1]$ だから，L^1-有界である．

定理 5.14 ［ドゥーブ (Doob) の収束定理］ $\{M_n\}$ は L^1-有界で，$\{X_n\}$ に関する優マルチンゲールとすると，$P\left(\lim_{n\to\infty} M_n \text{ が存在する}\right) = 1$ である．

証明 上向き横断数の不等式 （定理 5.13） により，任意の $a < b$ に対して $E[U_n(a,b)] \leqq \dfrac{|a| + K}{b - a}$ が成り立つ．$n \to \infty$ とすると，単調収束定理により $E[U_\infty(a,b)] \leqq \dfrac{|a| + K}{b - a}$ だから，$P(U_\infty(a,b) < +\infty) = 1$ である．補題 5.6 により，$\lim_{n\to\infty} M_n$ が （$\pm\infty$ も許せば） 存在する確率は 1 である．さらに，ファトゥの補題により，

$$E\left[\left|\lim_{n\to\infty} M_n\right|\right] = E\left[\lim_{n\to\infty} |M_n|\right] = E\left[\liminf_{n\to\infty} |M_n|\right] \leqq \liminf_{n\to\infty} E[|M_n|] \leqq K < +\infty$$

が成り立つから，$\lim_{n\to\infty} M_n$ は確率 1 で有限である．

つぎの事実は，「単調増加 ［あるいは単調減少］ で上 ［あるいは下］ に有界な数列は極限値をもつ」ことの確率版といわれることがある．

系 5.3 つぎの (a), (b) のいずれかのとき，確率 1 で $\lim_{n\to\infty} M_n$ が存在する．

(a) 劣マルチンゲール $\{M_n\}$ が $\sup_{n\geqq 1} E[M_n^+] < +\infty$ を満たす．

(b) 優マルチンゲール $\{M_n\}$ が $\sup_{n\geqq 1} E[M_n^-] < +\infty$ を満たす．

証明 (a) の場合を考える．$|M_n| = M_n^+ + M_n^-$, $M_n = M_n^+ - M_n^-$ より $|M_n| + M_n = 2M_n^+$ であるから，$E[|M_n|] = 2E[M_n^+] - E[M_n]$ が成り立つ．$\{M_n\}$ は劣マルチンゲールだから，右辺は $2E[M_n^+] - E[M_1]$ 以下である．したがって，$\sup_{n\geqq 1} E[M_n^+] < +\infty$ から $\sup_{n\geqq 1} E[|M_n|] < +\infty$ が導かれる （$M_n^+ \leqq |M_n|$ より，実はこの 2 条件は同値である）．

(b) の場合も同様である．

◆ L^2-有界マルチンゲールの収束定理 ◆

マルチンゲール $\{M_n\}$ が各 n で $E[(M_n)^2] < +\infty$ を満たすとき，**2乗可積分マルチンゲール** (square-integrable martingale) という．$d_0 := M_0$ とし，$i = 1, 2, \cdots$ に対して

$d_i := M_i - M_{i-1}$ とおくと, $M_n = \sum_{i=0}^{n} d_i$ と表される. ここで,

$$(M_n)^2 = \left(\sum_{i=0}^{n} d_i\right)^2 = \sum_{i=0}^{n} (d_i)^2 + 2 \sum_{0 \leqq i < j \leqq n} d_i d_j \tag{5.22}$$

であるが,

$$E[(M_n)^2] = \sum_{i=0}^{n} E[(d_i)^2] \tag{5.23}$$

が成り立つ. これは, $i < j$, すなわち $i \leqq j - 1$ のとき,

$$E[d_i d_j] = E[E[d_i d_j \mid X_1, \cdots, X_{j-1}]]$$
$$= E[d_i \cdot E[d_j \mid X_1, \cdots, X_{j-1}]] = E[d_i \cdot 0] = 0 \tag{5.24}$$

となるからである. 左辺は d_i と d_j の内積に相当するから, d_i と d_j はある意味で直交していると考えてよい. そのため, 式 (5.23) を**ピタゴラス** (Pythagoras) **の定理**ということがある.

$\{M_n\}$ に対して, ある定数 $K > 0$ が存在して,

$$\text{任意の } n \text{ で} \quad E[(M_n)^2] \leqq K \tag{5.25}$$

が成り立つとき, **L^2-有界** (L^2-bounded) であるという. $\{M_n\}$ がマルチンゲールであるとき, 式 (5.23) により, 式 (5.25) はつぎの式と同値である.

$$\sum_{i=1}^{\infty} E[(M_i - M_{i-1})^2] < +\infty \tag{5.26}$$

定理 5.15 $\{M_n\}$ は L^2-有界で, $\{X_n\}$ に関するマルチンゲールとすると, $M_\infty := \lim_{n \to \infty} M_n$ が存在する確率が 1 となるだけでなく, 以下が成り立つ.

$$\lim_{n \to \infty} E[(M_n - M_\infty)^2] = 0 \tag{5.27}$$

$$\lim_{n \to \infty} E[M_n] = E[M_\infty] \tag{5.28}$$

証明 任意の n に対して $E[|M_n|] \leqq \sqrt{E[(M_n)^2]} \leqq \sqrt{K}$ であることから, 式 (5.21) が満たされる. 式 (5.27) が成り立つことがわかれば,

$$|E[M_n] - E[M_\infty]| \leqq E[|M_n - M_\infty|] \leqq \sqrt{E[(M_n - M_\infty)^2]} \tag{5.29}$$

から式 (5.28) が得られる. ファトゥの補題により,

$$E[(M_\infty - M_n)^2] = E\left[\lim_{m \to \infty} (M_{n+m} - M_n)^2\right] \leqq \liminf_{n \to \infty} E[(M_{n+m} - M_n)^2]$$

となる．一方，任意の自然数 m に対して，式 (5.23) により

$$E[(M_{n+m} - M_n)^2] = E\left[\left(\sum_{i=n+1}^{n+m} d_i\right)^2\right] = \sum_{i=n+1}^{n+m} E[(d_i)^2] \leqq \sum_{i=n+1}^{\infty} E[(d_i)^2]$$

が成り立つから，

$$\text{任意の } n \text{ に対して } E[(M_\infty - M_n)^2] \leqq \sum_{i=n+1}^{\infty} E[(d_i)^2]$$

となる．最後に，式 (5.26) より，$n \to \infty$ とすると，式 (5.27) が得られる．∎

◆応用：分枝過程◆

マルチンゲールを応用することで，第 4 章で調べた分枝過程における個体数の増大の様子をさらに詳しく調べよう．

平均が m で，分散が $\sigma^2 \in (0, +\infty)$ である出生分布 $\{p_k\}$ の分枝過程を考える．ここでは，第 n 世代の個体数 X_n をつぎのようにして計算する．$\{Y_i^{(n)} : n = 1, 2, \cdots ; i = 1, 2, \cdots\}$ は独立同分布で，分布 $\{p_k\}$ に従うとする．$X_0 = 1, X_1 = Y_1^{(1)}$ とおき，

$$X_{n+1} := \sum_{i=1}^{X_n} Y_i^{(n+1)} \quad [n = 1, 2, \cdots]$$

と定める（$X_n = 0$ のときは $X_{n+1} = 0$ とする）．

さて，$X_n = k$ のとき

$$E[X_{n+1} \mid X_1, \cdots, X_n] = E\left[\sum_{i=1}^k Y_i^{(n+1)} \,\middle|\, X_1, \cdots, X_n\right] = E\left[\sum_{i=1}^k Y_i^{(n+1)}\right] = mk$$

であるから，両辺を m^{n+1} で割り，$M_n := X_n/m^n$ $[n = 0, 1, 2, \cdots]$ とおくと，

$$E[M_{n+1} \mid X_1, \cdots, X_n] = M_n$$

となる．したがって，$\{M_n\}$ は $\{X_n\}$ に関する非負のマルチンゲールであり，ドゥーブの収束定理（定理 5.14）により，極限値 $W := \lim_{n \to \infty} M_n$ が存在する確率は 1 である．

ある n で $X_n = 0$ となるとき，$W = 0$ である．したがって，定理 4.2 により，$m \leqq 1$ ならば $P(W = 0) = 1$ となる．一方，$m > 1$ であるときには，つぎの定理が成り立つ．

定理 5.16 平均が $m > 1$ で，分散が $\sigma^2 \in (0, +\infty)$ である出生分布 $\{p_k\}$ の分枝過程においては，$P(W = 0) < 1$ である．さらに詳しく，

$$P(W > 0 \mid \text{すべての } n \text{ で } X_n > 0) = 1 \tag{5.30}$$

となる．したがって，絶滅しない場合の個体数について，つぎが成り立つ．

$$X_n \sim W \cdot m^n \quad (n \to \infty)$$

証明 定理 4.3 により，任意の n に対して

$$E[(X_n)^2] = V[X_n] + (E[X_n])^2 = \frac{m^n(m^n - 1)}{m(m-1)}\sigma^2 + m^{2n}$$

である．したがって，$m > 1$ であるとき，

$$E[(M_n)^2] = \frac{E[(X_n)^2]}{m^{2n}} = \frac{1 - m^{-n}}{m(m-1)}\sigma^2 + 1 \leqq \frac{1}{m(m-1)}\sigma^2 + 1$$

が成り立つ．定理 5.15 とマルチンゲール性により $E[W] = \lim_{n \to \infty} E[M_n] = E[M_0] = 1$ であり，$P(W = 0) < 1$ とわかる．

つぎに，$\rho = P(W = 0)$ とおく．第 1 世代の個体数が $k(\neq 0)$ であるとき，第 1 世代の個体の各々から始まる独立な分枝過程において，W に対応する極限値を $W_1, \cdots, W_k$ とすると，これらは W と同じ分布に従う．$W = 0$ と $W_1 = \cdots = W_k = 0$ は同値であるから，$\rho = \sum_{k=0}^{\infty} p_k \rho^k = f(\rho)$ が成り立つ．すなわち，ρ は 1 より小さい $f(x)$ の不動点であるから，定理 4.2 により $\rho = P(ある n で X_n = 0)$ である．したがって，

$$P(\{W = 0\} \cap \{\text{すべての } n \text{ で } X_n > 0\}) = P(W = 0) - P(\text{ある } n \text{ で } X_n = 0) = 0$$

となり，式 (5.30) と同値な

$$P(\{W > 0\} \cap \{\text{すべての } n \text{ で } X_n > 0\}) = P(\text{すべての } n \text{ で } X_n > 0)$$

が得られる．よって，絶滅しない場合，$X_n/m^n \to W > 0$ となる． ∎

5.8 ランダムウォークに関するマルチンゲールの表現定理

◆ 1 次元単純ランダムウォークに基づく確率積分 ◆

$0 < p < 1$ とし，$q = 1 - p$ とおく．$X_1, X_2, \cdots$ は独立同分布で，

$$P(X_i = +1) = p, \quad P(X_i = -1) = q \quad [i = 1, 2, \cdots]$$

を満たすとする．$E[X_i] = p - q$ だから，例 5.6 により，

$$M_n = \sum_{i=1}^{n} \{X_i - (p - q)\} \quad [n = 0, 1, 2, \cdots]$$

とおくと，$\{M_n\}$ は $\{X_n\}$ に関するマルチンゲールになる．$\{f_i\}$ が $E[|f_i|] < +\infty$ を満たし，$\{X_n\}$ に関して可予測であるとき，

$$I_n = I_0 + \sum_{i=1}^{n} f_i \cdot \{X_i - (p - q)\} \quad [n = 0, 1, 2, \cdots]$$

によって定まる $\{I_n\}$ も，$\{X_n\}$ に関するマルチンゲールになる．これを，1 次元単純ランダムウォークに基づく $\{f_i\}$ の確率積分とよぶ．

S_0 から出発する 1 次元単純ランダムウォーク $\{S_n\}$ を

$$S_n = S_0 + \sum_{i=1}^{n} X_i = S_0 + \sum_{i=1}^{n} \{X_i - (p - q)\} + (p - q)n$$

と書き直すと，右辺は，確率積分の形で表されたマルチンゲールと，可予測な項（いまは定数）の和になっている．これは，$\{S_n\}$ の**ドゥーブ分解** (Doob decomposition) とよばれる一種の標準形である．

同様の考え方によって，$\{f(S_n)\}$ のドゥーブ分解を得ることができる．

定理 5.17 $\{S_n\}$ を 1 次元単純ランダムウォークとし，$f(x)$ を $\mathbb{Z}$ 上の関数とする．このとき，$(Lf)(x) := pf(x+1) + qf(x-1) - f(x)$ とすると，つぎが成り立つ．

$$f(S_n) = f(S_0) + \sum_{i=1}^{n} f'(S_{i-1})\{X_i - (p-q)\} + \sum_{i=1}^{n} (Lf)(S_{i-1}) \tag{5.31}$$

証明 式 (5.8) を

$$f(S_n) - f(S_0) = \sum_{i=1}^{n} f'(S_{i-1})\{X_i - (p-q)\} + \sum_{i=1}^{n} \left\{ f'(S_{i-1})(p-q) + \frac{f''(S_{i-1})}{2} \right\}$$

と変形する．$p - q = 2p - 1 = 1 - 2q$ に注意すると，

$$
\begin{aligned}
&f'(x)(p-q) + \frac{f''(x)}{2} \\
&= \frac{(2p-1)f(x+1) - (1-2q)f(x-1) + f(x+1) - 2f(x) + f(x-1)}{2} \\
&= pf(x+1) + qf(x-1) - f(x) = (Lf)(x)
\end{aligned}
$$

となるから，求める等式が得られる． ∎

さて，$E[f(S_i) \mid X_1, \cdots, X_{i-1}] = pf(S_{i-1}+1) + qf(S_{i-1}-1)$ であることから，

$$(Lf)(S_{i-1}) = E[f(S_i) \mid X_1, \cdots, X_{i-1}] - f(S_{i-1})$$

と表すことができ，つぎの定理が得られる．

定理 5.18 $\{S_n\}$ を 1 次元単純ランダムウォークとし，$f(x)$ を $\mathbb{Z}$ 上の関数とする．$\{f(S_n)\}$ が $\{X_n\}$ に関するマルチンゲールであるための必要十分条件は，$f(S_n)$ が

$\{f'(S_{i-1})\}$ の確率積分

$$f(S_0) + \sum_{i=1}^{n} f'(S_{i-1})\{X_i - (p-q)\}$$

で表されることである.

一般に, $\{X_n\}$ に関するマルチンゲールは, ある可予測な $\{f_i\}$ の確率積分として表される.

定理 5.19 [1 次元単純ランダムウォークに関するマルチンゲールの表現定理]

$\{M_n\}$ を $\{X_n\}$ に関するマルチンゲールとすると, 可予測な $\{f_i\}$ が存在して,

$$M_n = M_0 + \sum_{i=1}^{n} f_i \cdot \{X_i - (p-q)\}$$

と表される.

証明 多少強引ではあるが, 式 (5.3) により

$$M_n - M_0 = \sum_{i=1}^{n} \frac{M_i - M_{i-1}}{X_i - (p-q)} \cdot \{X_i - (p-q)\}$$

と表すことができるから, $f_i := \dfrac{M_i - M_{i-1}}{X_i - (p-q)}$ が $X_1, \cdots, X_{i-1}$ の関数であることを確かめればよい. M_{i-1} と M_i は, それぞれ $(i-1)$ 変数の関数 F_{i-1} と i 変数の関数 F_i によって,

$$M_{i-1} = F_{i-1}(X_1, \cdots, X_{i-1}), \quad M_i = F_i(X_1, \cdots, X_{i-1}, X_i)$$

と表されるから,

$$f_i = \begin{cases} \dfrac{F_i(X_1, \cdots, X_{i-1}, +1) - F_{i-1}(X_1, \cdots, X_{i-1})}{2q} & (X_i = +1 \text{ のとき}) \\[3mm] -\dfrac{F_i(X_1, \cdots, X_{i-1}, -1) - F_{i-1}(X_1, \cdots, X_{i-1})}{2p} & (X_i = -1 \text{ のとき}) \end{cases} \tag{5.32}$$

である. 一方, $\{M_n\}$ はマルチンゲールだから,

$$\begin{aligned} 0 &= E[M_i - M_{i-1} \mid X_1, \cdots, X_{i-1}] \\ &= \{F_i(X_1, \cdots, X_{i-1}, +1) - F_{i-1}(X_1, \cdots, X_{i-1})\} \cdot p \\ &\quad + \{F_i(X_1, \cdots, X_{i-1}, -1) - F_{i-1}(X_1, \cdots, X_{i-1})\} \cdot q \end{aligned} \tag{5.33}$$

が成り立ち, 式 (5.32) に出てきた 2 通りの値は一致する. さらに,

$$f_i = \frac{F_i(X_1, \cdots, X_{i-1}, +1) - F_i(X_1, \cdots, X_{i-1}, -1)}{2} \tag{5.34}$$

とも書き直すことができ, この値は $X_1, \cdots, X_{i-1}$ で定まる. ∎

◆ドゥーブのマルチンゲール◆

$E[|X|] < +\infty$ を満たす確率変数 X に対して

$$M_0 =: E[X], \quad M_n := E[X \mid X_1, \cdots, X_n] \quad [n = 1, 2, \cdots]$$

と定めると，条件付き期待値の積み重ねに関する性質（定理 5.7）から，任意の $n = 1, 2, \cdots$ に対して

$$E[M_{n+1} \mid X_1, \cdots, X_n] = E\Big[E[X \mid X_1, \cdots, X_n, X_{n+1}] \Big| X_1, \cdots, X_n\Big]$$
$$= E[X \mid X_1, \cdots, X_n] = M_n$$

が成り立つ．この $\{M_n\}$ はドゥーブのマルチンゲールとよばれることがある．

◆応用：オプションの複製ポートフォリオの存在◆

2 項 T 期間モデルを調べる．5.4 節と同じ記号を用いるが，$\{R_i\}$ についてはつぎのように表現し直そう．$X_1, \cdots, X_T$ は独立同分布で，

$$P^*(X_i = +1) = p^*, \quad P^*(X_i = -1) = 1 - p^* \quad [i = 1, \cdots, T]$$

を満たすとする．$\mu = (u + d)/2$, $\sigma = (u - d)/2$ と定め，$R_i := \mu + \sigma X_i \; [i = 1, \cdots, T]$ とおくと，$R_1, \cdots, R_T$ は独立同分布で，5.4 節の式 (5.9) を満たす．

割引株価過程 $\{S_n'\}$ の差分は，$i = 1, \cdots, T$ に対して，

$$S_i' - S_{i-1}' = \left(\frac{1 + R_i}{1 + r} - 1\right) \cdot S_{i-1}' = \frac{S_{i-1}'}{1 + r} \cdot (R_i - r)$$

であり，

$$R_i - r = R_i - E^*[R_i] = (\mu + \sigma X_i) - E^*[\mu + \sigma X_i] = \sigma \cdot (X_i - E^*[X_i])$$

に注意すると，

$$S_i' - S_{i-1}' = \frac{\sigma \cdot S_{i-1}'}{1 + r} \cdot (X_i - E^*[X_i]) \tag{5.35}$$

が得られる．これは，$\{S_n'\}$ が $\{\sigma \cdot S_{i-1}'/(1 + r)\}$ の確率積分で表されることをいっており，定理 5.8 により，$\{S_n'\}$ は $\{X_n\}$ に関するマルチンゲールとなる．

初期の資産を I_0 とし，ポートフォリオ $\{(x_i, y_i)\}_{i=1, \cdots, T}$ と，それに対応する資産過程 $\{I_i\}_{i=0,1,\cdots,T}$ をつぎのように定義する．

- x_1 と y_1 は，$I_0 = x_1 S + y_1 B$ を満たす定数とする．
- $i = 2, \cdots, T$ とし，

$$I_{i-1} = x_{i-1} S_{i-1} + y_{i-1} B_{i-1}$$

が成り立っているとする. x_i と y_i は $X_1, \cdots, X_{i-1}$ で決まる確率変数で,

$$I_{i-1} = x_i S_{i-1} + y_i B_{i-1}$$

を満たすよう資産配分を組み替える. このとき, $I_i = x_i S_i + y_i B_i$ となる.

さて, $I_n' := I_n/(1+r)^n \ [n = 0, 1, \cdots, T]$ とおくと,

$$I_i' = x_i S_i' + y_i B_i' = x_i S_i' + y_i B, \quad I_{i-1}' = x_i S_{i-1}' + y_i B_{i-1}' = x_i S_{i-1}' + y_i B$$

および式 (5.35) から, 割引された資産過程 $\{I_n'\}$ の差分は

$$I_i' - I_{i-1}' = x_i \cdot (S_i' - S_{i-1}') = \frac{\sigma \cdot x_i \cdot S_{i-1}'}{1+r} \cdot (X_i - E^*[X_i])$$

と表せる. これは, $\{I_n'\}$ が $\{\sigma \cdot x_i \cdot S_{i-1}'/(1+r)\}$ の確率積分で表されることを意味しており, 定理 5.8 により, $\{I_n'\}$ は $\{X_n\}$ に関するマルチンゲールとなる. したがって, P^* という確率の定め方は無裁定市場の特徴をとらえていることがわかる. この観点から, P^* は同値マルチンゲール測度ともよばれる.

$\{(x_i, y_i)\}$ がヨーロピアンコールオプションの複製ポートフォリオであるとは, 対応する $\{I_n\}$ が

$$I_i \geqq 0 \quad [i = 0, 1, \cdots, T], \qquad I_T = (S_T - K)^+$$

を満たすときにいう. このようなものが存在するとき, $\{I_n'\}$ のマルチンゲール性から,

$$I_0 = E^*[I_0'] = E^*[I_T'] = \frac{E^*[(S_T - K)^+]}{(1+r)^T}$$

でなければならない. 逆に, $I_0' = I_0 = E^*[(S_T - K)^+]/(1+r)^T$ とし,

$$I_i' := E^*\left[\frac{(S_T - K)^+}{(1+r)^T} \,\middle|\, X_1, \cdots, X_i\right] \quad [i = 1, \cdots, T]$$

とすると, この $\{I_i'\}$ はドゥーブのマルチンゲールであるから, マルチンゲールの表現定理 (定理 5.19) により, 一意的に定まるある可予測過程 $\{f_i\}$ の確率積分, すなわち,

$$I_n' = I_0' + \sum_{i=1}^{n} f_i \cdot (X_i - E^*[X_i]) \quad [n = 1, \cdots, T]$$

と表される. $I_n = (1+r)^n I_n'$ とおくと $I_n \geqq 0$ で, $\{I_n\}$ は

$$x_i = \frac{(1+r)f_i}{\sigma \cdot S_{i-1}'}, \quad y_i = \frac{I_{i-1} - x_i S_{i-1}}{B_{i-1}} \quad [i = 1, \cdots, T]$$

というポートフォリオに対応する資産過程である. $I_T = (1+r)^T I_T' = (S_T - K)^+$ だから, この $\{(x_i, y_i)\}$ はヨーロピアンコールオプションの複製ポートフォリオである. したがって, オプションの現在価格 C_0 は式 (5.14) で与えられる.

これで複製ポートフォリオがちょうど一つ存在することがわかったが，さらに $x_i \geqq 0$ となっていることも示しておこう．式 (5.34) から，任意の $x_1, \cdots, x_{i-1} = \pm 1$ に対して，

$$E^* \left[(S_T - K)^+ \mid X_1 = x_1, \cdots, X_{i-1} = x_{i-1}, X_i = +1 \right]$$
$$\geqq E^* \left[(S_T - K)^+ \mid X_1 = x_1, \cdots, X_{i-1} = x_{i-1}, X_i = -1 \right]$$

が成り立つことを示せば十分である．時刻 $(i-1)$ までの株価の上昇回数は

$$h_{i-1} := \frac{(i-1) + (x_1 + \cdots + x_{i-1})}{2}$$

と表せるから，

$$左辺 = E^* \left[\left((1 + R_T) \cdots (1 + R_{i+1})(1+u)^{h_{i-1}+1}(1+d)^{i-h_{i-1}-1} - K \right)^+ \right],$$
$$右辺 = E^* \left[\left((1 + R_T) \cdots (1 + R_{i+1})(1+u)^{h_{i-1}}(1+d)^{i-h_{i-1}} - K \right)^+ \right]$$

となる．x の関数 x^+ は単調増加だから，求めるべき結論が得られる．

5.9 コルモゴロフの大数の強法則

マルチンゲールの収束定理を応用して，独立な確率変数の和に広く適用できるコルモゴロフ (Kolmogorov) の大数の強法則（定理 5.20, 5.21）を証明することができる．まず，有用な補題を一つ準備する．

補題 5.7　数列 $\{a_n\}$ について，$\displaystyle\sum_{n=1}^{\infty} \frac{a_n}{n}$ が収束しているとき，つぎが成り立つ．

$$\lim_{n \to \infty} \frac{a_1 + \cdots + a_n}{n} = 0$$

証明　$i = 1, 2, \cdots$ に対して $b_i := \displaystyle\sum_{n=i}^{\infty} \frac{a_n}{n}$ とおくと，仮定より $\displaystyle\lim_{i \to \infty} b_i = 0$ である．ここで，$a_i = i(b_i - b_{i+1})$ であることに注意すると，

$$\frac{a_1 + a_2 + \cdots + a_n}{n} = \frac{(b_1 - b_2) + 2(b_2 - b_3) + \cdots + n(b_n - b_{n+1})}{n}$$
$$= \frac{b_1 + b_2 + \cdots + b_n}{n} - b_{n+1}$$

であり，$n \to \infty$ のとき，右辺は 0 に収束する．∎

> **定理 5.20** $X_1, X_2, \cdots$ は独立であり，$E[X_i] = m_i \, [i = 1, 2, \cdots]$ とする．
>
> $$\sum_{i=1}^{\infty} \frac{V[X_i]}{i^2} < +\infty$$
>
> ならば，つぎが成り立つ．
>
> $$P\left(\lim_{n \to \infty}\left(\frac{X_1 + \cdots + X_n}{n} - \frac{m_1 + \cdots + m_n}{n}\right) = 0\right) = 1$$

証明 $n = 1, 2, \cdots$ に対して $M_n := \displaystyle\sum_{i=1}^{n} \frac{X_i - m_i}{i}$ とおくと，$\{M_n\}$ は $\{X_n\}$ に関するマルチンゲールであり，

$$\sup_{n \geqq 1} E[(M_n)^2] = \sum_{i=1}^{\infty} E\left[\left(\frac{X_i - m_i}{i}\right)^2\right] = \sum_{i=1}^{\infty} \frac{V[X_i]}{i^2} < +\infty$$

を満たすから，L^2-有界マルチンゲールの収束定理（定理 5.15）により，

$$P\left(\sum_{i=1}^{\infty} \frac{X_i - m_i}{i} \text{ は収束する}\right) = 1$$

が得られる．補題 5.7 により，$P\left(\displaystyle\lim_{n \to \infty} \frac{1}{n} \sum_{i=1}^{n}(X_i - m_i) = 0\right) = 1$ となる． ∎

　定理 5.20 は $X_1, X_2, \cdots$ の分布が同じでなくても独立ならば適用できるが，分散 $V[X_i]$ が $i \to \infty$ のときあまり大きくならないという条件がついている．一方，$X_1, X_2, \cdots$ が独立同分布の場合は，分散に関する条件が不要になる．このことを示すために，鍵となる補題を二つ準備しよう．

> **補題 5.8** 確率変数 X について，$E[|X|] < +\infty$ となるための必要十分条件は，$\displaystyle\sum_{n=1}^{\infty} P(|X| > n) < +\infty$ である．

証明 $n = 1, 2, \cdots$ に対して $A_n := \{n - 1 < |X| \leqq n\}$ とおくと，

$$E[|X|] = \sum_{n=1}^{\infty} E[|X| : A_n]$$

と書ける．$(n-1)P(A_n) < E[|X| : A_n] \leqq nP(A_n)$ より，

$$\sum_{n=1}^{\infty} (n-1)P(A_n) < E[|X|] \leqq \sum_{n=1}^{\infty} nP(A_n)$$

となる．ここで，

$$\sum_{n=1}^{\infty} nP(A_n) = \sum_{n=1}^{\infty} n\{P(|X| > n-1) - P(|X| > n)\} = \sum_{n=1}^{\infty} P(|X| > n)$$

に注意すれば，求めるべき結論が得られる. ▮

補題 5.9 確率変数 X は $E[|X|] < +\infty$ を満たすとし，$m := E[X]$ とおく. 確率変数の列 $X_1, X_2, \cdots$ は独立で，いずれも X と同じ分布に従うとする. このとき，

$$Y_n := \begin{cases} X_n & (|X_n| \leqq n \text{ のとき}) \\ 0 & (|X_n| > n \text{ のとき}) \end{cases} \qquad [n = 1, 2, \cdots]$$

と定めると，つぎが成り立つ.

(1) $\displaystyle \lim_{n \to \infty} E[Y_n] = m$.

(2) $P(\text{十分大きいすべての } n \text{ で } Y_n = X_n \text{ となる}) = 1$.

(3) $\displaystyle \sum_{n=1}^{\infty} \frac{V[Y_n]}{n^2} < +\infty$.

証明 補助的に

$$Z_n := \begin{cases} X & (|X| \leqq n \text{ のとき}) \\ 0 & (|X| > n \text{ のとき}) \end{cases} \qquad [n = 1, 2, \cdots]$$

と定めると，Y_n と Z_n の分布は同じである.

(1) すべての n で $|Z_n| \leqq |X|$ が成り立ち，$\displaystyle \lim_{n \to \infty} Z_n = X$ であることから，ルベーグの収束定理（定理 4.5）により $\displaystyle \lim_{n \to \infty} E[Z_n] = E[X] = m$ が成り立つ. すべての n で $E[Y_n] = E[Z_n]$ であることから，左辺は $\displaystyle \lim_{n \to \infty} E[Y_n]$ に等しい.

(2) X_n と X が同じ分布に従うことと，補題 5.8 により，

$$\sum_{n=1}^{\infty} P(Y_n \neq X_n) = \sum_{n=1}^{\infty} P(|X_n| > n) = \sum_{n=1}^{\infty} P(|X| > n) < +\infty$$

が得られる. ボレル–カンテリの第 1 補題（補題 3.2）により，求めるべき結論が得られる.

(3) Y_n と Z_n が同じ分布に従うことから，

$$V[Y_n] = E[(Y_n)^2] - (E[Y_n])^2 \leqq E[(Y_n)^2] = E[(Z_n)^2] = E[|X|^2 : |X| \leqq n]$$

と評価できる. したがって，単調収束定理（定理 3.1 (2)）も用いると，

$$\sum_{n=1}^{\infty} \frac{V[Y_n]}{n^2} \leqq \sum_{n=1}^{\infty} \frac{E[|X|^2 : |X| \leqq n]}{n^2} = E\left[|X|^2 \cdot \sum_{n=\lceil |X| \rceil}^{\infty} \frac{1}{n^2} \right]$$

となる. ここで，$\displaystyle \frac{n(n+1)}{2} = \sum_{k=1}^{n} k \leqq \sum_{k=1}^{n} n = n^2$ より，

$$\sum_{n=\lceil |X| \rceil}^{\infty} \frac{1}{n^2} \leqq \sum_{n=\lceil |X| \rceil}^{\infty} \frac{2}{n(n+1)} = 2 \sum_{n=\lceil |X| \rceil}^{\infty} \left(\frac{1}{n} - \frac{1}{n+1} \right) = \frac{2}{\lceil |X| \rceil} \leqq \frac{2}{|X|}$$

が成り立つから，$\displaystyle\sum_{n=1}^{\infty} \frac{V[Y_n]}{n^2} \leqq 2E[|X|] < +\infty$ である. ∎

定理 5.21 確率変数 X は $E[|X|] < +\infty$ を満たすとし，$m := E[X]$ とおく. 確率変数の列 $X_1, X_2, \cdots$ は独立で，いずれも X と同じ分布に従うとき，つぎが成り立つ.

$$P\left(\lim_{n\to\infty} \frac{X_1 + \cdots + X_n}{n} = m\right) = 1$$

証明 補題 5.9 (2) により，$\displaystyle\lim_{n\to\infty} \frac{1}{n}\sum_{i=1}^{n}(X_i - Y_i) = 0$ が成り立つ確率は 1 である. また，

補題 5.9 (3) により $\displaystyle\lim_{n\to\infty} \frac{1}{n}\sum_{i=1}^{n}(Y_i - E[Y_i]) = 0$ となる確率は 1 であり，補題 5.9 (1) に

より $\displaystyle\lim_{n\to\infty} \frac{1}{n}\sum_{i=1}^{n}E[Y_i] = m$ となる. 以上をまとめると，求めるべき結論が得られる. ∎

6 離散時間確率過程の応用と発展

　これまでに紹介してきたランダムウォークやマルチンゲールの性質・解析手段を踏まえて，本章では，時間の経過に従って推移確率が変化したり，独立性やマルコフ性をもたなかったりする確率過程，またその応用をいくつか紹介する．

　本章の最初の二つの節では，「ランダム」とはおよそ関係なさそうでも背後で確率論が活躍する話題を扱う．6.1 節の「疲労するランダムウォーク」は微分積分学の問題に由来をもつ歴史的にも重要な問題であり，6.2 節では世の中のさまざまなデータで見受けられる先頭数字の法則性に関連して，数論のある問題を考察する．

　一方，逆向きの話として，「ランダム」には動くことのできないコンピュータを用いて確率現象を解析する手法を 6.3 節で扱う．事象の確率や確率変数の期待値の数値計算を行なう場合に限定すれば，正真正銘の「乱数」と遜色がない効果をあげる「擬似乱数」を生成するプログラムがつくれることを紹介する．

　本章の後半（6.4〜6.6 節）は，過去の履歴に応じて推移確率の変化する確率過程を扱う．著名人の twitter にはたくさんのフォロワーがいるが，そうした人物のフォロワーはますます増えてゆき，インターネット上のつながり方はさまざまな興味深い性質をもつようになる．このような「複雑ネットワーク」のモデルの詳細については他書に譲るが，本章で紹介する考え方は，こうした応用上重要な問題を解析する基盤となる．

6.1 疲労するランダムウォーク

◆ランダムに符号をつけた級数◆

　級数 $\displaystyle\sum_{n=1}^{\infty}\frac{1}{n^{\alpha}}$ は，$\displaystyle\int_{1}^{\infty}\frac{dx}{x^{\alpha}}$ と同様に $\alpha > 1$ のとき収束し，$\alpha \leqq 1$ のとき発散する．とくに $\displaystyle\sum_{n=1}^{\infty}\frac{1}{n} = +\infty$ だが，符号を交互につけた級数 $\displaystyle\sum_{n=1}^{\infty}\frac{(-1)^{n}}{n}$ は収束し，極限値が $\log 2$ であることまでわかっている．では，「コインを投げてランダムに符号をつける」操作をしたときはどうなるのだろうか．

> **定理 6.1** $X_1, X_2, \cdots$ は独立同分布で
> $$P(X_n = +1) = P(X_n = -1) = \frac{1}{2} \quad [n = 1, 2, \cdots]$$
> を満たすとする．数列 $\{a_n\}$ に対して，以下のことが成り立つ．

> (1) $\displaystyle\sum_{n=1}^{\infty} (a_n)^2 < +\infty$ ならば，$\displaystyle\sum_{n=1}^{\infty} a_n X_n$ が収束する確率は 1 である．
>
> (2) $\displaystyle\sum_{n=1}^{\infty} (a_n)^2 = +\infty$ ならば，$\displaystyle\sum_{n=1}^{\infty} a_n X_n$ が収束する確率は 0 である．

✎　定理 6.1 の (1) は Rademacher (1922) によって，(2) は Khintchine and Kolmogorov (1925) によって示された．$\displaystyle\sum_{n=1}^{\infty} \dfrac{X_n}{n^{\alpha}}$ は，$\alpha > \dfrac{1}{2}$ のとき収束する確率が 1 となり，$\alpha \leqq \dfrac{1}{2}$ のとき発散する確率が 1 となる．とくに $\displaystyle\sum_{n=1}^{\infty} \dfrac{X_n}{n}$ が収束する確率は 1 である．ランダムな符号をつけたことによる打ち消しあいの効果で収束しやすくなっていることがわかる．

✎　上記の問題の「ランダムな符号」を定式化するために，Rademacher (1922) は 3.2 節の $d_n(\omega)$ を用いて $R_n(\omega) := 2d_n(\omega) - 1$ と定められる関数の列 $\{R_n(\omega)\}$ を利用した．現在では，これをラデマッハ関数系という．

[証明] $i = 1, 2, \cdots$ に対して $d_i := a_i X_i$ とおくと，$d_1, d_2, \cdots$ は同分布ではなくなるが独立で，各々の平均は 0 である．したがって，$M_n := \displaystyle\sum_{i=1}^{n} d_i$ とおくと，$\{M_n\}$ は $\{X_n\}$ に関するマルチンゲールである．

(1) $\displaystyle\sum_{i=1}^{\infty} E[(d_i)^2] = \sum_{i=1}^{\infty} (a_i)^2 < +\infty$ だから，定理 5.15 の条件 (5.26) が満たされ，$\displaystyle\sum_{i=1}^{\infty} d_i$ が収束する確率は 1 である．

(2) 数列 $\{a_n\}$ が有界でないとき，d_i は 0 に収束しないから，$\displaystyle\sum_{i=1}^{\infty} d_i$ も収束しない．そこで，

$$\text{ある定数 } C_1 > 0 \text{ が存在して，すべての } n \text{ で } |a_n| \leqq C_1 \tag{6.1}$$

と仮定してよい．式 (6.1) のもとでは，

$$P\left(\sum_{i=1}^{\infty} d_i \text{ が収束する} \right) = P\left(\lim_{n\to\infty} M_n \text{ が存在する} \right) > 0 \tag{6.2}$$

となるために $\displaystyle\sum_{i=1}^{\infty} (a_i)^2 < +\infty$ が必要であることを示そう．式 (6.2) が成り立つとき，

$$0 < P(\{M_n\} \text{ は有界}) = P\left(\bigcup_{C=1}^{\infty} \{ \text{すべての } n \text{ で } |M_n| \leqq C \} \right)$$
$$\leqq \sum_{C=1}^{\infty} P(\text{すべての } n \text{ で } |M_n| \leqq C)$$

より，

$$\text{ある定数 } C_2 > 0 \text{ が存在して，} P(\text{すべての } n \text{ で } |M_n| \leqq C_2) > 0 \tag{6.3}$$

が成り立つ．$\tau := \inf\{n : |M_n| > C_2\}$ とおくと，式 (6.3) より $P(\tau = +\infty) > 0$ である．

例 5.2 と同様に，$i = 1, 2, \cdots$ に対して

$$(M_i)^2 - (M_{i-1})^2 = 2M_{i-1} \cdot d_i + (d_i)^2 = 2a_i M_{i-1} \cdot X_i + (a_i)^2$$

となるから，$M_0 = 0$ に注意すると，

$$(M_n)^2 = \sum_{i=1}^{n} 2a_i M_{i-1} \cdot X_i + \sum_{i=1}^{n} (a_i)^2$$

が得られる．$A_n := \sum_{i=1}^{n} (a_i)^2$ および $N_n := (M_n)^2 - A_n$ とおくと，定理 5.8 より，$\{N_n\}$ は $\{X_n\}$ に関するマルチンゲールである．$N_n^\tau = (M_n^\tau)^2 - A_n^\tau$ であり，定理 5.9 より $\{N_n^\tau\}$ もマルチンゲールだから，任意の n に対して $E[N_n^\tau] = E[N_0^\tau] = 0$ となる．$n < \tau$ のとき，$(M_n^\tau)^2 = (M_n)^2 \leqq (C_2)^2$ である．一方，$n \geqq \tau$ のとき $(M_n^\tau)^2 = (M_\tau)^2$ であるが，$M_\tau = M_{\tau-1} + (M_\tau - M_{\tau-1})$ と分けると，$\tau - 1 < \tau$ および式 (6.1) により，

$$|M_\tau| \leqq |M_{\tau-1}| + |M_\tau - M_{\tau-1}| \leqq C_2 + C_1$$

である．したがって，任意の n に対して $(M_n^\tau)^2 \leqq (C_1 + C_2)^2$ となり，

$$E[A_n^\tau] = E[(M_n^\tau)^2] \leqq (C_1 + C_2)^2$$

が成り立つ．$\{A_n^\tau\}$ は単調増加だから，その極限を A_∞^τ と表すと単調収束定理 (定理 3.1 (2)) により $E[A_\infty^\tau] \leqq (C_1 + C_2)^2$ が得られ，$P(A_\infty^\tau < +\infty) = 1$ である．ところで，$\tau = +\infty$ となっている場合には $A_\infty^\tau = A_\infty = \sum_{i=1}^{\infty} (a_i)^2$ であるから，$P(\tau = +\infty) > 0$ となるために は $\sum_{i=1}^{\infty} (a_i)^2 < +\infty$ が必要である．∎

◆疲労するランダムウォーク◆

$a_n \searrow 0$ のとき，$\{M_n\}$ は，時間の経過に従って歩幅が小さくなる「**疲労するランダム ウォーク**」(fatigued random walk) ともいうことができる．定理 6.1 の (1) は，歩幅が ある程度速く 0 に収束する場合，ウォーカーが「どこかで寝てしまう」確率が 1 である といっている．寝てしまう場所はランダムであり，その確率分布は $a_n = 1/2^n$ のとき区 間 $[-1, 1]$ の上の一様分布となることがわかっているものの，一般にはほとんど解明され ていない ($a_n = 1/n$ については Schmuland (2003) を参照)．一方，定理 6.1 の (2) の ように歩幅がゆっくり 0 に収束する場合，

$$P\left(-\infty = \liminf_{n \to \infty} M_n < \limsup_{n \to \infty} M_n = +\infty\right) = 1$$

という，$a_n \equiv 1$ の対称単純ランダムウォークと似た性質をもつことが，定理 6.1 の証 明中の記号を用いるとつぎのようにしてわかる．$\tau' := \inf\{n : M_n > C\}$ とすると

$M_n^{\tau'} \leqq C + C_1$ であるから, $(M_n^{\tau'})^+ \leqq C + C_1$ が成り立ち, 系5.3 (a) により $\lim_{n \to \infty} M_n^{\tau'}$ が存在する確率は1となる. したがって,

$$P\left(\{\text{すべての } n \text{ で } M_n \leqq C\} \cap \left\{\lim_{n \to \infty} M_n \text{ が存在する}\right\}\right) = 1$$

であり, $C \nearrow \infty$ とすると,

$$P\left(\{\{M_n\} \text{ は上に有界}\} \cap \left\{\lim_{n \to \infty} M_n \text{ が存在する}\right\}\right) = 1$$

が得られる. ゆえに, $\{M_n\}$ の極限が存在しないときは, $\{M_n\}$ は上にも下にも有界でないことがわかる.

6.2　ベンフォードの法則

本節の内容はいままでの流れとまったく異質なように見えるかもしれない. しかし, 大数の法則の応用として次節で紹介する, 期待値のある数値計算法と関係している. 日常的な話題を扱うので, 間奏曲のような感じで読んでいただけたらと思う.

◆世の中には1で始まる数が多くみられる?◆

平成24年度の都道府県別人口のデータ[†1]によると, 人口の先頭数字（上1桁）が1である都道府県が全体の $22/47 \fallingdotseq 0.4681$ であることがわかる. また, 2010年度の国別人口データ[†2]を用いて人口の先頭数字の様子を集計すると, 表6.1のようになる.

表6.1　世界の国別人口（2010年度）の先頭数字.

先頭の数字	1	2	3	4	5	6	7	8	9	合計
度数	76	42	30	27	27	19	14	11	13	259

人口のデータに限らず, 世の中のさまざまなデータで先頭数字に1が多いように感じられる. このような現象については, Newcomb (1881) や Benford (1938) で報告され始め, 今日ではベンフォードの法則 (Benford's law) という名でよばれることが多い.

◆等比数列の先頭数字◆

生物の個体数（人口）との関連から, 等比数列 $\{a^n\}$（a は正の整数）の先頭数字について調べてみよう. a が 10^m の形をしているときは a^n の先頭数字がつねに1となるから, この場合は除外して考える. $c = 1, \cdots, 9$ に対して,

---

†1 総務省統計局 人口推計 (http://www.stat.go.jp/data/jinsui/2012np/) による.
†2 国際連合 人口推計 (http://esa.un.org/unpd/wpp/Excel-Data/population.htm) による.

$$\lim_{n \to \infty} \frac{(a^1, \cdots, a^n \text{ の中で先頭数字が } c \text{ であるものの数)}}{n}$$

という極限値が存在するとき，これを「a^n が c で始まる確率」とよぶことにしよう．

　例として，$a = 2, c = 1$ の場合を調べる．数列 $\{2^n\}$ を書き並べると，

$$2, 4, 8,$$
$$\mathbf{16}, 32, 64,$$
$$\mathbf{128}, 256, 512,$$
$$\mathbf{1024}, 2048, 4096, 8192,$$
$$\mathbf{16384}, 32768, 65536,$$
$$\mathbf{131072}, 262144, 524288,$$
$$\vdots$$

となっている．先頭数字が 1 であるものの数と割合をまとめると，表 6.2 および図 6.1 のようになる．

表 6.2　$2^1, \cdots, 2^n$ の中で先頭数字が 1 であるものの数.

n	1–3	4–6	7–9	10–13	$\cdots$
$2^1, \cdots, 2^n$ の中で 先頭数字が 1 であるものの数	0	1	2	3	$\cdots$

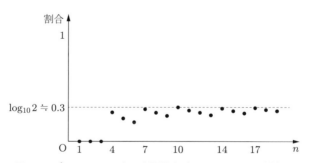

図 6.1　$2^1, \cdots, 2^n$ の中で先頭数字が 1 であるものの割合.

　$2^1, \cdots, 2^n$ の中で先頭数字が 1 であるものの割合は，n を大きくすると 0.3 くらいに収束しそうである．一般に，$k = 2, 3, \cdots$ について，k 桁の数で 2^n の形になっているものの中には 1 で始まるものがちょうど一つずつあることを示すことができる．これを認めると，2^n が k 桁の数である，すなわち

$$10^{k-1} \leqq 2^n < 10^k \quad \Leftrightarrow \quad k - 1 \leqq n \log_{10} 2 < k$$

であるとき，$2^1, \cdots, 2^n$ の中に 1 で始まる数はちょうど $(k-1)$ 個あることがわかる．したがって，

$$n \log_{10} 2 - 1 < (2^1, \cdots, 2^n \text{ の中で先頭数字が 1 であるものの数}) \leqq n \log_{10} 2$$

となり，n で割って $n \to \infty$ とすれば，

$$(2^n \text{ が 1 で始まる確率}) = \log_{10} 2 = 0.30102 \cdots$$

が得られる．

$a = 2$，$c = 1$ 以外の場合は，数列 $\{a^n\}$ を具体的に計算してもなかなか規則性を見い出すことができないので，別の方針で調べてみよう．$c = 1, \cdots, 9$ と $k = 1, 2, \cdots$ に対して，

「a^n が c で始まる k 桁の数である」

$$\Leftrightarrow \quad c \cdot 10^{k-1} \leqq a^n < (c + 1) \cdot 10^{k-1}$$

$$\Leftrightarrow \quad \log_{10} c + (k - 1) \leqq n \log_{10} a < \log_{10}(c + 1) + (k - 1)$$

といい換えることができる．$\log_{10} c$ と $\log_{10}(c + 1)$ は 1 未満であることに注目すると，まとめて

「a^n が c で始まる数である」

$$\Leftrightarrow \quad \log_{10} c \leqq (n \log_{10} a \text{ の小数部分}) < \log_{10}(c + 1)$$

と述べられる．一般に，実数 x の小数部分を $\langle x \rangle$ で表すと，「$a^1, a^2, \cdots, a^n$ の中で先頭数字が c であるものの数」は，「$\langle \log_{10} a \rangle$，$\langle 2 \log_{10} a \rangle$，$\cdots$ $\langle n \log_{10} a \rangle$ の中で $\log_{10} c$ 以上 $\log_{10}(c + 1)$ 未満であるものの数」と等しいことがわかる．こうして，等比数列 $\{a^n\}$ の先頭数字の問題が，等差数列 $\{n \log_{10} a\}$ の小数部分の数列 $\{\langle n \log_{10} a \rangle\}$ に関する問題にいい換えられた．ⓒ $= \log_{10} c$ と略記して数直線上に表すと，図 6.2 のようになる．これを用いれば，$\langle n \log_{10} a \rangle$ が九つの区間のいずれに入るかで，a^n の先頭数字がわかる．

図 6.2　a^n の先頭数字を調べるのに役立つ九つの区間．

つぎに，$\alpha := \log_{10} a$ とおく．等差数列 $\{n\alpha\}$ は数直線に等間隔で並ぶ．$\boxed{n} = n\alpha$ と略記し，$\alpha = \log_{10} 2$ の場合に図示すると，図 6.3 のようになる．$n\alpha$ の小数部分 $\langle n\alpha \rangle$ は 1 を超えると 0 に戻るから，$\langle n\alpha \rangle$ も同じ $\boxed{n}$ で表すと，図 6.4 のようになる．

数列 $\{\langle n\alpha \rangle\}$ は 0 と 1 の間を行き来するため，図 6.4 のように描くと，番号の並び方が複雑に見える．むしろ，図 6.5(a) のように，周の長さが 1 の円周の上で α ずつ回転させると考えるのがよい．一方，図 6.5(b) は，円周上の点 0，$\boxed{1}$，$\boxed{2}$，$\cdots$ を順に矢印でつないだものである．これは，円形のビリヤード台の上で 0 から $\boxed{1}$ に向かって球を打ち，台の縁に完全弾性衝突して反射されるときの軌跡と一致していることがわかる．

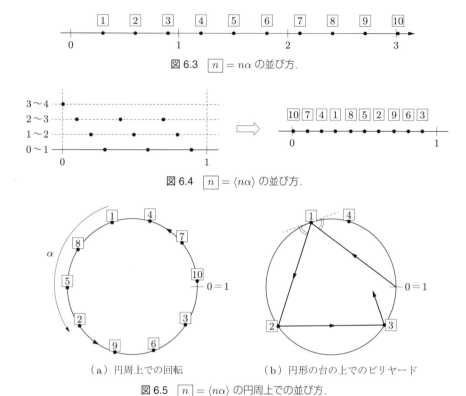

図 6.3 $\boxed{n} = n\alpha$ の並び方.

図 6.4 $\boxed{n} = \langle n\alpha \rangle$ の並び方.

（a）円周上での回転   （b）円形の台の上でのビリヤード

図 6.5 $\boxed{n} = \langle n\alpha \rangle$ の円周上での並び方.

さて，α が有理数ならば，しばらくすると，$\langle n\alpha \rangle$ は α に戻ってくる．一方，a が 10^m の形でないとき，$\alpha = \log_{10} a$ は無理数であることがわかり，α が無理数ならば，

$$\langle \alpha \rangle, \langle 2\alpha \rangle, \langle 3\alpha \rangle, \cdots, \langle n\alpha \rangle, \cdots$$

の中に同じ数が出てこないこともわかる．したがって，数列 $\{\langle n\alpha \rangle\}$ は円周（区間 $[0,1)$）を『ぎっしりと』埋めつくすことが想像される．

> 問 6.1 　α を無理数とするとき，$n \neq m$ ならば $\langle n\alpha \rangle \neq \langle m\alpha \rangle$ であることを証明せよ．

◆一様分布定理と「ベンフォードの法則」◆

それでは，数列 $\{\langle n\alpha \rangle\}$ の数字の埋まり方に『濃淡』のようなものはあるのだろうか．

つぎの定理は，円周のどの部分にも均等に数字が埋まることをいっている．また，図 6.5(b) の円形のビリヤード台では，$\boxed{1}, \boxed{2}, \cdots$ のうちで円周の上半分や左半分にあるものの割合がいずれも $1/2$ となることがわかる．

> **定理 6.2** ［無理数回転の一様分布定理］ α が無理数であるとき，$0 \leqq a < b \leqq 1$ に対して，つぎが成り立つ.
>
> $$\lim_{n \to \infty} \frac{(\langle \alpha \rangle, \langle 2\alpha \rangle, \cdots, \langle n\alpha \rangle \text{ のうち } a \text{ 以上 } b \text{ 未満であるものの個数})}{n} = b - a$$

定理 6.2 の証明はつぎの小節で与えるが，その応用として，等比数列の先頭数字に関する以下の定理が得られる.

> **定理 6.3** ［等比数列に関する「ベンフォードの法則」］ 正の整数 a が 10^m の形でないとき，$c = 1, \cdots, 9$ に対して，a^n の先頭数字が c である確率は
>
> $$\log_{10}(c+1) - \log_{10} c = \log_{10}\left(1 + \frac{1}{c}\right)$$
>
> である.

証明 定理 6.2 により，

$$\lim_{n \to \infty} \frac{(a^1, \cdots, a^n \text{ の中で先頭数字が } c \text{ であるものの個数})}{n}$$

$$= \lim_{n \to \infty} \frac{\left(\begin{array}{c} \langle \log_{10} a \rangle, \langle 2\log_{10} a \rangle, \cdots \langle n\log_{10} a \rangle \text{ の中で} \\ \log_{10} c \text{ 以上 } \log_{10}(c+1) \text{ 未満であるものの個数} \end{array}\right)}{n}$$

$$= \log_{10}(c+1) - \log_{10} c. \quad \blacksquare$$

$c = 1, \cdots, 9$ に対する $f(c) := 259 \log_{10}\left(1 + \frac{1}{c}\right)$ の値を表にまとめると，表 6.3 のようになり，最初に紹介した 2010 年度の国別人口データ（表 6.1）はこれと極めて近い.

表 6.3

c	1	2	3	4	5	6	7	8	9
$f(c)$	78	46	32	25	21	17	15	13	12

◆無理数回転の一様分布定理（定理 6.2）の証明◆

区間 $[0, 1)$ を，N 個の区間 $[0, 1/N), [1/N, 2/N), \cdots, [(N-1)/N, 1)$ に分割する. $(N+1)$ 個の異なる数 $\langle \alpha \rangle, \langle 2\alpha \rangle, \cdots, \langle (N+1)\alpha \rangle$ を考えると，N 個の区間のうち少なくとも 1 個の区間には 2 個以上の数が入る必要がある（鳩の巣原理）. いま，$\langle n'\alpha \rangle$ と $\langle n''\alpha \rangle$ が同じ区間に入っている $(1 \leqq n' < n'' \leqq N+1)$ とすると，$|\langle n''\alpha \rangle - \langle n'\alpha \rangle| < 1/N$ である. 一方，$\langle x \rangle - \langle y \rangle = \langle x - y \rangle$ であることに注意すると，

$$\langle n''\alpha \rangle - \langle n'\alpha \rangle = \langle n''\alpha - n'\alpha \rangle = \langle (n'' - n')\alpha \rangle.$$

となる. そこで, $d := n'' - n'$ および $\varepsilon := |\langle d\alpha \rangle|$ とおくと $0 < \varepsilon < 1/N$ である. このとき, $\langle d\alpha \rangle = \varepsilon$ または $\langle d\alpha \rangle = 1 - \varepsilon$ のいずれかが成り立っている.

$(s-1)\varepsilon \leqq 1$ かつ $s\varepsilon > 1$ を満たす自然数 $s\,(\geqq N)$ をとる. $\alpha, 2\alpha, \cdots, sd\alpha$ をつぎのように並べ替える.

$$
\begin{array}{ccccccccc}
\alpha & \overset{+d\alpha}{\Rightarrow} & \alpha + d\alpha & \Rightarrow & \alpha + 2d\alpha & \Rightarrow & \cdots & \Rightarrow & \alpha + (s-1)d\alpha \\
\downarrow & & \downarrow & & \downarrow & & & & \downarrow \\
2\alpha & \Rightarrow & 2\alpha + d\alpha & \Rightarrow & 2\alpha + 2d\alpha & \Rightarrow & \cdots & \Rightarrow & 2\alpha + (s-1)d\alpha \\
\downarrow & & \downarrow & & \downarrow & & & & \downarrow \\
3\alpha & \Rightarrow & 3\alpha + d\alpha & \Rightarrow & 3\alpha + 2d\alpha & \Rightarrow & \cdots & \Rightarrow & 3\alpha + (s-1)d\alpha \\
\downarrow & & \downarrow & & \downarrow & & & & \downarrow \\
\vdots & & \vdots & & \vdots & & \vdots & & \vdots \\
\downarrow & & \downarrow & & \downarrow & & & & \downarrow \\
d\alpha & \Rightarrow & d\alpha + d\alpha & \Rightarrow & d\alpha + 2d\alpha & \Rightarrow & \cdots & \Rightarrow & d\alpha + (s-1)d\alpha \\
& & [= 2d\alpha] & & [= 3d\alpha] & & & & [= sd\alpha]
\end{array}
$$

任意の一つの行に注目し, 横に並んだ s 個の数の小数部分を順に $x_1, x_2, \cdots, x_s$ とする. これらは, $\langle d\alpha \rangle = \varepsilon$ のとき円周上で反時計回りに並び, $\langle d\alpha \rangle = 1 - \varepsilon$ のときは時計回りに並ぶ. また, x_1 と x_2, x_2 と x_3, $\cdots$, x_{s-1} と x_s の距離はいずれも ε であり, s の選び方から, x_s と x_1 の距離は 0 と ε の間である. 区間 $[a, b]$ の幅 $b - a$ を h と略記する. $x_1, x_2, \cdots, x_s$ のうち区間 $[a, b]$ に含まれるものの個数は, 少なくとも $\lfloor h/\varepsilon \rfloor$ であるが, x_s と x_1 の距離が小さい場合を考慮に入れても $\lfloor h/\varepsilon \rfloor + 2$ を超えないから, $s - 1 \leqq 1/\varepsilon < s$ に注意すると, $sh - 2$ と $sh + 2$ の間であるといえる. したがって, $\alpha, 2\alpha, \cdots, sd\alpha$ のうち小数部分が区間 $[a, b]$ に含まれるものの個数は, $d(sh - 2)$ と $d(sh + 2)$ の間であることがわかる.

最後に, Nds より大きい任意の自然数 n を考え, n を ds で割った商が q, 余りが r とする. すなわち, $n = q \cdot ds + r$ $[q \geqq N; 0 \leqq r < ds]$ である. 各 $l = 1, \cdots, q$ について, $\langle (l-1)ds\alpha + \alpha \rangle, \cdots, \langle lds\alpha \rangle$ のうち区間 $[a, b]$ に含まれるものの個数は $d(sh - 2)$ と $d(sh + 2)$ の間にある. また, $\langle qds\alpha + \alpha \rangle, \cdots, \langle n\alpha \rangle$ のうち区間 $[a, b]$ に含まれるものの個数は 0 と $n - qds = r\,(< ds)$ の間にある. したがって, $\langle \alpha \rangle, \langle 2\alpha \rangle, \cdots, \langle n\alpha \rangle$ のうち区間 $[a, b]$ に含まれるものの個数を c_n とおくと, これは $qd(sh - 2)$ と $qd(sh + 2) + ds$ の間にある. $qds = n - r, 0 < h < 1, 0 \leqq r < ds$ に注意すると,

$$
c_n - nh
\begin{cases}
\leqq -rh + 2qd + ds \leqq 2qd + ds \\
\geqq -rh - 2qd \geqq -ds - 2qd
\end{cases}
$$

と評価できるから,

$$\left| \frac{c_n}{n} - h \right| \le \frac{2qd + ds}{n} \le \frac{2qd + ds}{qds} = \frac{2}{s} + \frac{1}{q} \le \frac{2}{N} + \frac{1}{N} = \frac{3}{N}$$

となる．$n \to \infty$ とした後 $N \to \infty$ とすれば，定理 6.2 の結論が得られる．

6.3　モンテカルロ法

前節で紹介した無理数回転と関係し，確率変数の期待値の数値計算に適している擬似乱数生成法を紹介する．

◆モンテカルロ積分◆

(Ξ_m, P_m) を，コインを m 回投げる試行の確率空間とする．すなわち，

$$\Xi_m := \{\xi = (\xi_1, \xi_2, \cdots, \xi_m) : \xi_1, \xi_2, \cdots, \xi_m \text{ は 0 または 1}\},$$

$$P_m(\{\xi\}) = \frac{1}{2^m} \quad [\xi \in \Xi_m]$$

である．X を，m 回のコイン投げに関する確率変数（$\xi \in \Xi_m$ の関数）とし，P_m のもとでの X の期待値

$$\mu := E_m[X] = \frac{1}{2^m} \sum_{\xi \in \Xi_m} X(\xi)$$

を求めたい．しかし，m が大きくなると，これを直接数値計算することはできなくなる．

そこで，「コインを m 回投げて X の値を計算する」という試行を N セット行い，得られた値の算術平均を求めると，N が大きいとき，μ に近い値が得られる確率が高いと考えられる．このことを確かめよう．m 回のコイン投げを N セット行うとき，コインを投げた回数に通し番号をつけると考えれば，P_{Nm} に従って $\xi^* = (\xi_1^*, \cdots, \xi_{Nm}^*) \in \Xi_{Nm}$ を選ぶことと同じになる．n セット目の試行で得られる X の値を

$$X_n(\xi^*) := X\left((\xi_{(n-1)m+1}^*, \cdots, \xi_{nm}^*)\right) \quad [n = 1, \cdots, N]$$

と表し，その算術平均

$$S_N(\xi^*) := \frac{1}{N} \sum_{n=1}^{N} X_n(\xi^*)$$

を考える．P_{Nm} のもとで $\{X_n(\xi^*) : n = 1, \cdots, N\}$ は独立同分布であり，$X_n(\xi^*)$ の分布は P_m のもとでの $X(\xi)$ の分布と一致するから，

$$\sigma^2 := V_m[X] = \frac{1}{2^m} \sum_{\xi \in \Xi_m} \{X(\xi) - \mu\}^2$$

とおくと，

$$E_{Nm}[X_n] = E_m[X] = \mu, \quad V_{Nm}[X_n] = V_m[X] = \sigma^2 \quad [n = 1, \cdots, N] \tag{6.4}$$

となり，定理 3.2 (1) と，定理 3.9 の式 (3.22) を用いると，

$$E_{Nm}[S_N] = \mu, \quad V_{Nm}[S_N] = \frac{\sigma^2}{N} \tag{6.5}$$

が導かれる．チェビシェフの不等式により，任意の $\varepsilon > 0$ に対して

$$P_{Nm}(\{\xi^* \in \Xi_{Nm} : |S_N(\xi^*) - \mu| \leqq \varepsilon\}) \geqq 1 - \frac{\sigma^2}{N\varepsilon^2} \tag{6.6}$$

が成り立ち，左辺の「μ に近い値が得られる」事象の確率は，$N \to \infty$ で 1 に収束することがわかる．これは，式 (3.5) の一般化にもなっている．

以上のように，大数の法則に基づいて，「$S_N(\xi^*)$ を求めると，たいていの場合 μ に近い値が得られる」という虫のよいゲームを通じて数値計算を行う方法を，**モンテカルロ積分** (Monte Carlo integration) という．

◆安全なモンテカルロ積分◆

k を，N と m で決まるが Nm よりはずっと小さい自然数とする．長さ k の $\{0,1\}$-列 $\xi' \in \Xi_k$ から，N 本の長さ m の $\{0,1\}$-列 $Z_1(\xi'), \cdots, Z_N(\xi')$ を生成するプログラムを**擬似乱数生成器** (pseudorandom number generator) とよぶ．その中でも，つぎの性質 (1), (2) を満たすものを考えよう．

(1) 任意の $n = 1, \cdots, N$ に対して，

$$P_k(\{\xi' \in \Xi_k : Z_n(\xi') = \xi\}) = \frac{1}{2^m} \quad [\xi \in \Xi_m].$$

(2) $1 \leqq n_1 < n_2 \leqq N$ を満たす任意の整数の組 (n_1, n_2) に対して，

$$P_k(\{\xi' \in \Xi_k : Z_{n_1}(\xi') = \xi_1, Z_{n_2}(\xi') = \xi_2\}) = \frac{1}{2^{2m}} \quad [\xi_1, \xi_2 \in \Xi_m].$$

すなわち，**種** (seed) $\xi' \in \Xi_k$ を P_k に従って均等に選ぶとき，$Z_n(\xi')$ の各々は Ξ_m で均等に分布し，$\{Z_n(\xi') : n = 1, \cdots, N\}$ はペアごとに独立になっている．ここで，

$$X'_n(\xi') := X\left(Z_n(\xi')\right) \quad [n = 1, \cdots, N]$$

と表し，その算術平均を

$$S'_N(\xi') := \frac{1}{N} \sum_{n=1}^{N} X'_n(\xi')$$

とする．P_k のもとで $\{X'_n(\xi') : n = 1, \cdots, N\}$ はペアごとに独立であり，$X'_n(\xi')$ の分布は P_m のもとでの $X(\xi)$ の分布と一致するから，

$$E_k[X'_n] = E_m[X] = \mu, \quad V_k[X'_n] = V_m[X] = \sigma^2 \quad [n = 1, \cdots, N] \tag{6.7}$$

となり，定理 3.2 (1) と，定理 3.9 の式 (3.22) を用いると，

$$E_k[S'_N] = \mu, \quad V_k[S'_N] = \frac{\sigma^2}{N} \tag{6.8}$$

が得られる．チェビシェフの不等式により，任意の $\varepsilon > 0$ に対して

$$P_k(\{\xi' \in \Xi_k : |S'_N(\xi') - \mu| \leqq \varepsilon\}) \geqq 1 - \frac{\sigma^2}{N\varepsilon^2} \tag{6.9}$$

が成り立つ．

式 (6.6) と式 (6.9) から，上の性質 (1), (2) を満たす擬似乱数生成器を用いた場合に「μ からはずれた値が出る」危険性は，『真の乱数』を用いた場合に比べて大きくならないことがわかる．この意味で，式 (6.9) を満たす擬似乱数生成器は，モンテカルロ積分に関して**安全** (secure) であるという．乱数と擬似乱数は異なるものだが，モンテカルロ積分を行うという用途に限れば乱数の代わりを演じることができる，といっている．

◆ランダム–ワイル–サンプリング◆

6.2 節で登場した無理数回転は，**ワイル変換** (Weyl transformation) ともよばれる．無理数回転から一様分布が現れたことを念頭において，モンテカルロ積分に関して安全な擬似乱数生成器を以下のような方法でつくることができる．

まず，区間 $[0,1)$ での話に翻訳するために

$$D_m := \left\{ \frac{i}{2^m} : i = 0, 1, \cdots, 2^m - 1 \right\} (\subset [0,1))$$

とおく．$\xi = (\xi_1, \cdots, \xi_m) \in \Xi_m$ と，2 進数 $0.\xi_1 \cdots \xi_m \in D_m$ とは 1 対 1 に対応する．P_m に従って $\xi \in \Xi_m$ を均等に選ぶことと，D_m から一つの数字を均等に選ぶこととは等価であり，後者に関する確率も P_m で表す．

実数 x に対して，その小数部分 $\langle x \rangle \in [0,1)$ を超えない最大の D_m の要素を $\lfloor x \rfloor_m$ で表す．すなわち，$\lfloor x \rfloor_m := \lfloor 2^m \langle x \rangle \rfloor / 2^m$ である．j を正の整数とし，$\omega' = (x, \alpha)$ $[x, \alpha \in D_{m+j}]$ に対して

$$Z_n(\omega') := \lfloor x + n\alpha \rfloor_m \quad [n = 1, \cdots, 2^{j+1}]$$

と定める．つぎの定理から，$N = 2^{j+1}$ の場合，$k = 2m + 2j$ とすると，k は Nm よりもずっと小さく，m 回のコイン投げに対する確率変数のモンテカルロ積分に関して安全な擬似乱数生成器が構成できることがわかる（さらなる詳細と，コンピュータへの実装に関しては，杉田 (2014) を参照されたい）．

定理 6.4 ［ランダム–ワイル–サンプリング］　確率空間 (D_{2m+2j}, P_{2m+2j}) の上で D_m に値をとる確率変数の列 $\{Z_n(\omega')\}_{n=1,\cdots,2^{j+1}}$ について，つぎが成り立つ．

> (1) 任意の $n = 1, \cdots, 2^{j+1}$ と，任意の $u \in D_m$ に対して，$P_{2m+2j}(Z_n(\omega') = u) = 1/2^m$ である．
>
> (2) $1 \leqq n_1 < n_2 \leqq 2^{j+1}$ を満たす任意の整数の組 (n_1, n_2) について，任意の $u, v \in D_m$ に対して，$P_{2m+2j}(Z_{n_1}(\omega') = u, Z_{n_2}(\omega') = v) = 1/2^{2m}$ である．

証明 Sugita (2016) の方法で証明する．(2) で $v \in D_m$ について和をとれば (1) が導かれるから，(2) を証明すれば十分である．組 (n_1, n_2) を一つ固定する．$u, v \in D_m$ に対して

$$A(u, v) := \{\omega' \in D_{2m+2j} : Z_{n_1}(\omega') = u, \, Z_{n_2}(\omega') = v\}$$
$$= \{(x, \alpha) : x, \alpha \in D_{m+j}, \, \lfloor x + n_1\alpha \rfloor_m = u, \, \lfloor x + n_2\alpha \rfloor_m = v\}$$

とおくと，

$$P_{2m+2j}(Z_{n_1}(\omega') = u, \, Z_{n_2}(\omega') = v) = \frac{\#A(u, v)}{2^{2m+2j}}$$

と表すことができる．そこで，

$$(*) \quad 任意の\ u, v \in D_m\ に対して\ \#A(u, v) = \#A(0, 0)$$

が成り立つことを示そう．$(*)$ が成り立つとすると，

$$2^{2m+2j} = \sum_{u, v \in D_m} \#A(u, v) = 2^{2m} \cdot \#A(0, 0)$$

より，任意の $u, v \in D_m$ に対して $\#A(u, v) = 2^{2j}$ であることがわかり，(2) が示される．

$(*)$ を示すために，組 (n_1, n_2) に応じて，うまい $\Delta x, \Delta \alpha \in D_{m+j}$ を見つけて，

$$T_1(x, \alpha) := (x + \Delta x, \alpha + \Delta \alpha) \quad [x, \alpha \in D_{m+j}]$$

と定めると，任意の $u, v \in D_m$ に対して

$$T_1 A(u, v) := \{T_1(x, \alpha) : (x, \alpha) \in A(u, v)\} = A\left(u + \frac{1}{2^m}, v\right)$$

が成り立つことを示そう．

$$\lfloor x + n_1\alpha \rfloor_m = u, \qquad \lfloor (x + \Delta x) + n_1(\alpha + \Delta\alpha) \rfloor_m = u + \frac{1}{2^m},$$
$$\lfloor x + n_2\alpha \rfloor_m = v, \qquad \lfloor (x + \Delta x) + n_2(\alpha + \Delta\alpha) \rfloor_m = v$$

となるためには，

$$\begin{cases} \langle \Delta x + n_1 \Delta\alpha \rangle = \dfrac{1}{2^m} \\ \langle \Delta x + n_2 \Delta\alpha \rangle = 0 \end{cases}$$

となる $\Delta x, \Delta\alpha$ を見つければ十分であるから，

$$\langle (n_2 - n_1)\Delta\alpha \rangle = -\frac{1}{2^m}$$

を満たす $\Delta\alpha \in D_{m+j}$ を求めよう．整数 $(n_2 - n_1)$ が 2 で l 回まで割り算できるとき $(0 \le l \le j)$, $n_2 - n_1 = 2^l s$ （s は奇数）と表されるから，

$$\langle 2^l s \Delta\alpha \rangle = -\frac{1}{2^m}$$

と書き直せる．これは，$1 \le t \le n_2 - n_1$ を満たすある整数 t が存在して，

$$2^l s \Delta\alpha + t = -\frac{1}{2^m}$$

が成り立つことと同値だから，両辺に 2^m をかけると，

$$s \cdot (2^{l+m} \Delta\alpha) + 2^m \cdot t = -1$$

となる．s と 2^m は互いに素だから，$s, 2s, 3s, \cdots, (2^m - 1)s, 2^m s$ を 2^m で割った余りはすべて異なる（後の問 6.2 を参照）．したがって，1 以上 2^m 未満の自然数 $\widehat{\alpha}$ で，$\widehat{\alpha}s$ を 2^m で割った余りが -1 となるものが存在する．よって，

$$\Delta\alpha = \frac{\widehat{\alpha}}{2^{l+m}}, \quad \Delta x = \langle -n_2 \Delta\alpha \rangle$$

とおけばよい．

　同様にして，うまい $\Delta x', \Delta\alpha' \in D_{m+j}$ を見つけて，

$$T_2(x, \alpha) := (x + \Delta x', \alpha + \Delta\alpha') \quad [x, \alpha \in D_{m+j}]$$

と定めると，任意の $u, v \in D_m$ に対して

$$T_2 A(u, v) := \{T_2(x, \alpha) : (x, \alpha) \in A(u, v)\} = A\left(u, v + \frac{1}{2^m}\right)$$

が成り立つことがわかる．したがって，任意の $u, v \in D_m$ に対して

$$A(u, v) = (T_1)^{2^m u} (T_2)^{2^m v} A(0, 0)$$

と表されることがわかる．T_1, T_2 は全単射だから $\#A(u, v) = \#A(0, 0)$ である． ∎

> **問 6.2**　a, b を互いに素な自然数とする．$a, 2a, \cdots, ba$ を b で割った余りはすべて異なる（すなわち，0 から $b-1$ まですべて現れる）ことを示せ．

6.4 ／ ポリアの壺

◆モデルの定義◆

ポリアの壺とは，つぎのような確率モデルである：

① 壺の中に赤玉 a 個と白玉 b 個を入れておく．

② 壺から 1 個を取り出し，色を見てもとに戻す．

③ 取り出した玉と同じ色の玉を c 個壺の中に追加する．

④ 以下，②と③を繰り返す．

n 回の試行の後の壺の中の玉の総数は $(a + b + cn)$ 個となる．

0.2 節では，$a = b = c = 1$ の場合を調べた．以下では，より一般の場合を調べる．

◆ $c = 1$ の場合 ◆

α, β を 2 以上の整数とする. $a = \alpha$, $b = \beta$, $c = 1$ の場合は

$$P(\text{はじめの } k \text{ 回が赤玉で, 続く } (n-k) \text{ 回が白玉})$$

$$= \frac{\alpha}{\alpha + \beta} \cdot \frac{\alpha + 1}{\alpha + \beta + 1} \cdots \cdot \frac{\alpha + (k-1)}{\alpha + \beta + (k-1)}$$

$$\times \frac{\beta}{\alpha + \beta + k} \cdot \frac{\beta + c}{\alpha + \beta + k + 1} \cdots \cdot \frac{\beta + (n-k-1)}{\alpha + \beta + (n-1)} \qquad (6.10)$$

となる. 式 (6.10) の積分表示は, $a = b = c = 1$ のモデルで

$$\underbrace{\text{赤} \cdots \text{赤}}_{(\alpha - 1) \text{ 個}} \underbrace{\text{白} \cdots \text{白}}_{(\beta - 1) \text{ 個}} \underbrace{\text{赤} \cdots \text{赤}}_{k \text{ 個}} \underbrace{\text{白} \cdots \text{白}}_{(n-k) \text{ 個}}$$

$$\underbrace{\phantom{\text{赤} \cdots \text{赤白} \cdots \text{白}}}_{=:\text{事象 } A} \underbrace{\phantom{\text{赤} \cdots \text{赤白} \cdots \text{白}}}_{=:\text{事象 } B}$$

という取り出され方を考えると得られ, 交換可能性と式 (0.8) より,

$$P(B \mid A) = \frac{P(A \cap B)}{P(A)} = \frac{\int_0^1 x^{(\alpha-1)+k}(1-x)^{(\beta-1)+(n-k)}\, dx}{\int_0^1 x^{\alpha-1}(1-x)^{\beta-1}\, dx}$$

$$= \int_0^1 x^k (1-x)^{n-k} \frac{x^{\alpha-1}(1-x)^{\beta-1}}{B(\alpha, \beta)}\, dx \qquad (6.11)$$

となる. ここで,

$$B(\alpha, \beta) := \int_0^1 x^{\alpha-1}(1-x)^{\beta-1}\, dx \qquad (6.12)$$

はベータ関数とよばれる. 式 (6.11) の $x^{\alpha-1}(1-x)^{\beta-1}/B(\alpha, \beta)$ という因子が, 壺の中身の初期設定に関係している.

◆ ガンマ関数とベータ関数の関係 ◆

0.1 節の問 0.2 の等式は

$$\int_0^1 x^k (1-x)^{n-k}\, dx = \frac{k!\,(n-k)!}{(n+1)!}$$

と書き直すことができる. 正の整数 α, β に対して, $k = \alpha - 1$, $n - k = \beta - 1$ とおくと $n + 1 = \alpha + \beta - 1$ だから,

$$B(\alpha, \beta) = \int_0^1 x^{\alpha-1}(1-x)^{\beta-1}\, dx = \frac{(\alpha-1)!\,(\beta-1)!}{(\alpha + \beta - 1)!}$$

となる. さて, 部分積分法を繰り返し用いると,

$$\int_0^\infty x^{n-1} e^{-x}\, dx = (n-1)! \quad [n = 1, 2, \cdots]$$

が確かめられる．$s > 0$ に対して，**ガンマ関数** $\Gamma(s)$ は

$$\Gamma(s) := \int_0^\infty x^{s-1} e^{-x}\, dx \tag{6.13}$$

によって定義され，$\Gamma(s+1) = s\Gamma(s)$ を満たすことがわかる．とくに，n が自然数のときは $\Gamma(n+1) = n!$ となるから，$\Gamma(s+1)$ は正の実数 s に対する "$s!$" のようなものと考えられる．一般に $\alpha, \beta > 0$ のとき，

$$B(\alpha, \beta) = \frac{\Gamma(\alpha)\Gamma(\beta)}{\Gamma(\alpha+\beta)} \tag{6.14}$$

が成り立つことが知られている．

◆ポリアの壺：一般の場合◆

一般の a, b, c について，$c = 1$ の場合と同様の計算をしてみよう．

$$P(\text{はじめの } k \text{ 回が赤玉で，続く } (n-k) \text{ 回が白玉})$$

$$= \frac{a}{a+b} \cdot \frac{a+c}{a+b+c} \cdots \cdots \frac{a+(k-1)c}{a+b+(k-1)c}$$

$$\times \frac{b}{a+b+kc} \cdot \frac{b+c}{a+b+(k+1)c} \cdots \cdots \frac{b+(n-k-1)c}{a+b+(n-1)c}$$

$$= \frac{\frac{a}{c}}{\frac{a+b}{c}} \cdot \frac{\frac{a}{c}+1}{\frac{a+b}{c}+1} \cdots \cdots \frac{\frac{a}{c}+(k-1)}{\frac{a+b}{c}+(k-1)}$$

$$\times \frac{\frac{b}{c}}{\frac{a+b}{c}+k} \cdot \frac{\frac{b}{c}+1}{\frac{a+b}{c}+k+1} \cdots \cdots \frac{\frac{b}{c}+(n-k-1)}{\frac{a+b}{c}+(n-1)} \tag{6.15}$$

となり，この式は式 (6.10) において $\alpha = a/c$, $\beta = b/c$ とおいたものと同じであるから，式 (6.11) で $\alpha = a/c$, $\beta = b/c$ とおいた式が $P(H_n = k)$ を与えることが予想される．

定理 6.5　パラメータ a, b, c のポリアの壺において，n 回の取り出しで赤玉が H_n 回出るとする．このとき，$k = 0, 1, \cdots, n$ に対して，つぎが成り立つ．

$$P(H_n = k) = \int_0^1 \binom{n}{k} x^k (1-x)^{n-k} \frac{x^{\frac{a}{c}-1}(1-x)^{\frac{b}{c}-1}}{B\left(\frac{a}{c}, \frac{b}{c}\right)}\, dx \tag{6.16}$$

証明　ガンマ関数の性質「任意の $s > 0$ に対して $\Gamma(s+1) = s\Gamma(s)$」から，任意の $k = 1, 2, \cdots$ に対して，

$$\Gamma(s+k) = (s+k-1)(s+k-2)\cdots(s+1)s\Gamma(s),$$

つまり $s(s+1)\cdots(s+k-1) = \Gamma(s+k)/\Gamma(s)$ が成り立つ．したがって，

$$\text{式 (6.15)} = \frac{\Gamma\left(\frac{a}{c}+k\right)}{\Gamma\left(\frac{a}{c}\right)} \cdot \frac{\Gamma\left(\frac{b}{c}+n-k\right)}{\Gamma\left(\frac{b}{c}\right)} \cdot \frac{\Gamma\left(\frac{a+b}{c}\right)}{\Gamma\left(\frac{a+b}{c}+n\right)}$$

となり，ガンマ関数とベータ関数の関係式 (6.14) を用いると，

$$= \frac{B(\frac{a}{c}+k, \frac{b}{c}+n-k)}{B(\frac{a}{c}, \frac{b}{c})} = \int_0^1 x^k(1-x)^{n-k} \frac{x^{\frac{a}{c}-1}(1-x)^{\frac{b}{c}-1}}{B(\frac{a}{c}, \frac{b}{c})}\, dx$$

となる．赤白の並び方を考慮に入れると，式 (6.16) が得られる． ∎

◆独立試行による表現と，赤玉の取り出される割合の極限値◆

定理 6.5 はつぎのように解釈することができる：

- 0 以上 1 以下の実数 x を，確率密度関数 $f(x) := \dfrac{x^{\frac{a}{c}-1}(1-x)^{\frac{b}{c}-1}}{B(\frac{a}{c}, \frac{b}{c})}$ に従って選ぶ．
- 各回に確率 x で赤玉が，確率 $1-x$ で白玉が出るという独立試行を行い，n 回の取り出しで赤玉が k 回出る確率は $\binom{n}{k} x^k(1-x)^{n-k}$ である．
- この確率の平均 $\displaystyle\int_0^1 \binom{n}{k} x^k(1-x)^{n-k} f(x)\, dx$ が，ポリアの壺からの n 回の取り出しで赤玉が k 回出る確率 $P(H_n = k)$ を与える．

なお，この確率密度関数 $f(x)$ に従う確率分布は，**ベータ分布** $\mathrm{Beta}\left(\frac{a}{c}, \frac{b}{c}\right)$ とよばれる．

ボレルの大数の強法則（定理 3.13）からの類推で，赤玉の取り出される割合の極限値について，

$$\lim_{n \to \infty} \frac{H_n}{n} = x$$

が成り立つ確率が 1 であることがわかる．ここで，極限値 x はベータ分布 $\mathrm{Beta}\left(\frac{a}{c}, \frac{b}{c}\right)$ に従うから，「極限が存在する確率は 1 だが，その極限値はランダムな値になる」という独立な場合には起こらなかった現象が見られる．

> ✎ Markov は，今日『マルコフ連鎖』とよばれている確率過程について彼自身がはじめて論じた 1906 年の論文において，「従属性のある確率変数の列で，大数の法則の成立しない例」として，本節で調べたポリアの壺と本質的に同じモデルを考察している（馬場 (2008) の 10 ～13 ページを参照）．このモデルは，Eggenberger and Pólya (1923) が伝染病の発生などによる伝播現象を表す確率分布を導くのに用いたことで，有名になった．

問 6.3 ポリアの壺で，ずっと赤玉だけが取り出される確率は 0 であることを示せ．

> ✎ 問 6.3 の結果から，ずっと白玉だけが取り出される確率も 0 である．このことから，赤玉も白玉も無限回取り出されることがわかる．

6.5 エレファントランダムウォーク

エレファントランダムウォーク (elephant random walk) は，数直線 $\mathbb{Z}$ において原点から出発し，最近接点への移動を繰り返す離散時間ランダムウォークの一種で，Schütz and Trimper (2004) によって導入された．これは以下のようなものである．

ウォーカーの時刻 n での位置を S_n で表す．$S_0 = 0$ とし，

$$S_1 = X_1 = \begin{cases} +1 & (\text{確率 } q) \\ -1 & (\text{確率 } 1-q) \end{cases}$$

とする．時刻 $n = 1, 2, \cdots$ において，それまでの移動の様子 $X_1, \cdots, X_n$ の中から一様な確率で一つを選び，確率 p でそれと同じ方向に，確率 $1-p$ でそれと逆の方向に進む．つまり，U_n を $\{1, \cdots, n\}$ の上の一様分布に従う確率変数として，

$$X_{n+1} = \begin{cases} X_{U_n} & (\text{確率 } p) \\ -X_{U_n} & (\text{確率 } 1-p) \end{cases} \quad [n = 1, 2, \cdots]$$

および $S_{n+1} = S_n + X_{n+1}$ とする．なお，以上の選択はすべて独立とする．

◆期待値の計算◆

$n = 1, 2, \cdots$ とする．$X_1, \cdots, X_n$ で条件をつけた事象 A の条件付き確率 $P(A \mid X_1, \cdots, X_n)$ を $P(A \mid \mathcal{F}_n)$ と表すと，複号同順で

$$P(X_{n+1} = \pm 1 \mid \mathcal{F}_n)$$
$$= \frac{\#\{i = 1, \cdots, n : X_i = \pm 1\}}{n} \cdot p + \frac{\#\{i = 1, \cdots, n : X_i = \mp 1\}}{n} \cdot (1-p)$$
$$= (2p-1) \cdot \frac{\#\{i = 1, \cdots, n : X_i = \pm 1\}}{n} + 1 - p \tag{6.17}$$

が成り立つ．したがって，$X_1, \cdots, X_n$ で条件をつけた確率変数 X の条件付き期待値 $E[X \mid X_1, \cdots, X_n]$ を $E[X \mid \mathcal{F}_n]$ と表すと，

$$E[X_{n+1} \mid \mathcal{F}_n] = P(X_{n+1} = +1 \mid \mathcal{F}_n) - P(X_{n+1} = -1 \mid \mathcal{F}_n) = (2p-1) \cdot \frac{S_n}{n}$$

であり，

$$E[S_{n+1} \mid \mathcal{F}_n] = S_n + E[X_{n+1} \mid \mathcal{F}_n] = \left(1 + \frac{2p-1}{n}\right) S_n$$

となる．ここで，$\alpha := 2p - 1$ とおき，$k = 1, 2, \cdots$ に対して $\gamma_k := 1 + \alpha/k = (\alpha + k)/k$ および $a_n := \prod_{k=1}^{n-1} \gamma_k$ と定める（$a_1 = \prod_{k=1}^{0} \gamma_k$ は 1 と解釈する）．

補題 6.1 $M_n := S_n/a_n$ とおくと，$\{M_n\}$ はマルチンゲールである．

証明 $E[S_{n+1} \mid \mathcal{F}_n] = \gamma_n S_n$ と $a_{n+1} = \gamma_n a_n$ より，つぎのようにして確かめられる．

$$E[M_{n+1} \mid \mathcal{F}_n] = \frac{1}{a_{n+1}} \cdot E[S_{n+1} \mid \mathcal{F}_n] = \frac{1}{a_{n+1}} \cdot \gamma_n S_n = \frac{S_n}{a_n} = M_n \qquad \blacksquare$$

補題 6.1 により $E[M_n] = E[M_1] = E[X_1] = 2q - 1$ であるから, $\beta := 2q - 1$ とおくと,

$$E[S_n] = \beta a_n \tag{6.18}$$

と表される. さて, ガンマ関数を用いると,

$$a_n = \frac{\alpha + 1}{1} \cdot \frac{\alpha + 2}{2} \cdot \cdots \cdot \frac{\alpha + n - 1}{n - 1} = \frac{\Gamma(\alpha + n)/\Gamma(\alpha + 1)}{\Gamma(n)} = \frac{\Gamma(n + \alpha)}{\Gamma(n)\Gamma(\alpha + 1)}$$

と表すことができる. $k = 1, 2, \cdots$ に対して

$$\frac{(n + k)!}{n!} = (n + k) \cdots (n + 1) \sim n^k \quad (n \to \infty)$$

であるが, 一般に, 実数 a に対して $\Gamma(s + a)/\Gamma(s) \sim s^a \ (s \to \infty)$ が成り立つことがわかっているので,

$$a_n = \frac{\Gamma(n + \alpha)}{\Gamma(n)\Gamma(\alpha + 1)} \sim \frac{n^\alpha}{\Gamma(\alpha + 1)} \quad (n \to \infty) \tag{6.19}$$

であることがわかる. 式 (6.18) と合わせると,

$$E[S_n] \begin{cases} \equiv 0 & (\beta = 0) \\ \sim \dfrac{\beta}{\Gamma(\alpha + 1)} \cdot n^\alpha \quad (n \to \infty) & (\beta \neq 0) \end{cases} \tag{6.20}$$

が得られる.

◆二つのパラメータ α と β の意味◆

パラメータ $\alpha = 2p - 1$ を用いると, 式 (6.17) は

$$P(X_{n+1} = \pm 1 \mid \mathcal{F}_n) = \alpha \cdot \frac{\#\{i = 1, \cdots, n : X_i = \pm 1\}}{n} + (1 - \alpha) \cdot \frac{1}{2}$$

と表すことができる. $p \in [1/2, 1]$ のとき $\alpha \in [0, 1]$ であり, つぎのように解釈できる:

確率 α で, 過去の増分を一様な確率で選んでそれと同じ動きをし,

確率 $1 - \alpha$ で, 対称単純ランダムウォークと同じ推移確率で動く.

この意味で α は記憶の効果の強さを表すパラメータであり, 自らの歩みを記憶するランダムウォーク (step-reinforced random walk) の一種とみなされる. $\alpha = 0$ のとき, 最初の一歩を除いて対称単純ランダムウォークと同じ推移確率であるから, $\{S_n\}$ の長時間での挙動は対称単純ランダムウォークと同じである. 一方, $\alpha = 1$ のときは最初の一歩と同じ動きを繰り返すから,

$$P(任意の n で S_n = +n) = q, \quad P(任意の n で S_n = -n) = 1 - q$$

という特徴的な分布になる.

　$\beta = 2q - 1$ は最初の一歩の偏りの平均値 $E[X_1]$ に等しく，式 (6.20) は $\beta \neq 0$ のとき に最初の一歩が記憶の効果によって後の時刻のウォーカーの位置に及ぼす影響を表して いる．対称単純ランダムウォークでは時刻 n における原点からの距離が $\sqrt{n}$ の程度であ るから，$\alpha = 2p - 1 = 1/2$ となる $p = 3/4$ で何か変化が起こることが予想される.

　$p < 1/2$ のときは α が負になるので，α を確率として解釈することはできないが，計算 は基本的に支障なく進めることができる．実は，$p < 1/2$ のときは通常のランダムウォー クと同様の振る舞いをすることがわかっているので，以下では，より興味ある $p \in [1/2, 1]$ で $\alpha \in [0, 1]$ の場合に限定して考える.

◆ 2 乗平均距離の計算 ◆

　つぎに，$E[(S_n)^2]$ を求めよう．$S_1 = X_1 = \pm 1$ だから $E[(S_1)^2] = 1$ である．また， $n = 1, 2, \cdots$ に対して

$$
\begin{aligned}
E[(S_{n+1})^2 \mid \mathcal{F}_n] &= E[(S_n + X_{n+1})^2 \mid \mathcal{F}_n] \\
&= (S_n)^2 + 2S_n \cdot E[X_{n+1} \mid \mathcal{F}_n] + E[(X_{n+1})^2 \mid \mathcal{F}_n] \\
&= (S_n)^2 + 2S_n \cdot \alpha \cdot \frac{S_n}{n} + 1 = \left(1 + \frac{2\alpha}{n}\right) \cdot (S_n)^2 + 1
\end{aligned}
$$

が成り立つ．ここで，両辺の期待値をとると，

$$
E[(S_{n+1})^2] = \left(1 + \frac{2\alpha}{n}\right) \cdot E[(S_n)^2] + 1
$$

となる．$k = 1, 2, \cdots$ に対して $\gamma_k' := 1 + (2\alpha)/k$ とおくと，

$$
E[(S_{n+1})^2] = \gamma_n' \cdot E[(S_n)^2] + 1
$$

と表される．この漸化式を繰り返し用いると，

$$
E[(S_2)^2] = \gamma_1' + 1, \quad E[(S_3)^2] = \gamma_2' \cdot E[(S_2)^2] + 1 = \gamma_2'\gamma_1' + \gamma_2' + 1, \quad \cdots
$$

のようになるから，一般項 $E[(S_n)^2] = \displaystyle\sum_{l=1}^{n} \prod_{k=l}^{n-1} \gamma_k'$ を見い出すことができる．$n = 1, 2, \cdots$ に対して $a_n' := \displaystyle\prod_{k=1}^{n-1} \gamma_k'$ と定めると，

$$
a_n' = \frac{\Gamma(n + 2\alpha)}{\Gamma(n)\Gamma(2\alpha + 1)} \sim \frac{n^{2\alpha}}{\Gamma(2\alpha + 1)} \quad (n \to \infty) \tag{6.21}
$$

であり，

$$E[(S_n)^2] = \sum_{l=1}^{n} \frac{a_n'}{a_l'} = \frac{\Gamma(n+2\alpha)}{\Gamma(n)} \sum_{l=1}^{n} \frac{\Gamma(l)}{\Gamma(l+2\alpha)}$$

と表される. $\alpha = 0$ のときは $E[(S_n)^2] = n$ であり, $\alpha = 1/2$ のときは

$$E[(S_n)^2] = \frac{\Gamma(n+1)}{\Gamma(n)} \sum_{l=1}^{n} \frac{\Gamma(l)}{\Gamma(l+1)} = n \sum_{l=1}^{n} \frac{1}{l}$$

となる. $\alpha \neq 0, 1/2$ の場合は, Bercu (2018) にある, つぎの補題を用いて計算する.

補題 6.2 実数 a, b が $a \geqq 0$, $b > 0$, $b \neq a+1$ を満たすとき, $n = 1, 2, \cdots$ に対して, つぎが成り立つ.

$$\sum_{k=1}^{n} \frac{\Gamma(k+a)}{\Gamma(k+b)} = \frac{1}{a-b+1} \left(\frac{\Gamma(n+1+a)}{\Gamma(n+b)} - \frac{\Gamma(1+a)}{\Gamma(b)} \right)$$

証明 ガンマ関数の関係式 $\Gamma(s+1) = s\Gamma(s)$ $[s > 0]$ を用いると, $k = 1, 2, \cdots$ に対して

$$\frac{\Gamma(k+a)}{\Gamma(k+b)} = \frac{\Gamma(k+a)}{\Gamma(k+b)} \times \frac{(k+a) - (k+b-1)}{a-b+1}$$
$$= \frac{1}{a-b+1} \left(\frac{\Gamma(k+1+a)}{\Gamma(k+b)} - \frac{\Gamma(k+a)}{\Gamma(k-1+b)} \right)$$

が成り立つことがわかるから, つぎのように結論が得られる.

$$\sum_{k=1}^{n} \frac{\Gamma(k+a)}{\Gamma(k+b)} = \frac{1}{a-b+1} \sum_{k=1}^{n} \left(\frac{\Gamma(k+1+a)}{\Gamma(k+b)} - \frac{\Gamma(k+a)}{\Gamma(k-1+b)} \right)$$
$$= \frac{1}{a-b+1} \left(\frac{\Gamma(n+1+a)}{\Gamma(n+b)} - \frac{\Gamma(1+a)}{\Gamma(b)} \right)$$

補題 6.2 を用いると, $\alpha \neq 0, 1/2$ のとき

$$E[(S_n)^2] = \frac{\Gamma(n+2\alpha)}{\Gamma(n)} \sum_{l=1}^{n} \frac{\Gamma(l)}{\Gamma(l+2\alpha)}$$
$$= \frac{\Gamma(n+2\alpha)}{\Gamma(n)} \cdot \frac{1}{-2\alpha+1} \left(\frac{\Gamma(n+1)}{\Gamma(n+2\alpha)} - \frac{\Gamma(1)}{\Gamma(2\alpha)} \right)$$
$$= \frac{1}{1-2\alpha} \cdot n + \frac{1}{2\alpha-1} \cdot \frac{\Gamma(n+2\alpha)}{\Gamma(n)\Gamma(2\alpha)}$$

となることがわかる. 式 (6.21) に注意してまとめると,

$$E[(S_n)^2] = \begin{cases} \dfrac{1}{1-2\alpha} \cdot n + \dfrac{2\alpha}{2\alpha-1} \cdot a_n' & (\alpha \neq 1/2) \\ n \displaystyle\sum_{l=1}^{n} \frac{1}{l} & (\alpha = 1/2) \end{cases}$$

$$\sim \begin{cases} \dfrac{1}{1-2\alpha} \cdot n & (\alpha < 1/2) \\ n \log n & (\alpha = 1/2) \quad (n \to \infty) \\ \dfrac{1}{(2\alpha-1)\Gamma(2\alpha)} \cdot n^{2\alpha} & (\alpha > 1/2) \end{cases}$$

となる．この結果から，以下のことがわかる．

- $\alpha < 1/2$ のとき，S_n のゆらぎのオーダーは $\sqrt{n}$ であり，通常のランダムウォークと変わらない（**拡散的** (diffusive) であるという）．
- $\alpha > 1/2$ のとき，通常のランダムウォークよりも速く，n^α のオーダーで拡散する（**優拡散的** (superdiffusive) であるという）．
- **臨界的** (critical) な $\alpha = 1/2$ のときは，ゆらぎが $\sqrt{n \log n}$ のオーダーとなる．

◆極限定理◆

記憶のパラメータが α であるエレファントランダムウォーク $\{S_n\}$ の長時間挙動をよく表す極限定理について紹介しよう．

$\alpha = 0$ のとき，$\{S_n\}$ は本質的に対称単純ランダムウォーク（独立確率変数の和の一種）であり，$E[S_n] = \beta$, $E[(S_n)^2] = n$ であるから，

$$\dfrac{S_n}{\sqrt{n}} \text{ の分布は } n \to \infty \text{ で標準正規分布に収束する}$$

ことがわかる．$0 < \alpha \leqq 1/2$ であるときも，$\{M_n\}$ が独立確率変数の和の一般化であるマルチンゲールになること（補題 6.1）を用いて，同様の極限定理が示されている．

定理 6.6　エレファントランダムウォーク $\{S_n\}$ について，以下がわかる．

(1) $0 < \alpha < 1/2$ のとき，$\displaystyle \lim_{n \to \infty} E[S_n]/\sqrt{n} = 0$ となり，

$$\dfrac{S_n}{\sqrt{n/(1-2\alpha)}} \text{ の分布は } n \to \infty \text{ で標準正規分布に収束する．}$$

(2) $\alpha = 1/2$ のとき，$\displaystyle \lim_{n \to \infty} E[S_n]/\sqrt{n \log n} = 0$ となり，

$$\dfrac{S_n}{\sqrt{n \log n}} \text{ の分布は } n \to \infty \text{ で標準正規分布に収束する．}$$

(3) $0 \leqq \alpha \leqq 1/2$ のとき，原点から出発したウォーカーが再び原点に戻る確率は 1 である．

さて，右に動く確率が p で左に動く確率が q である非対称単純ランダムウォークでは，$\displaystyle \lim_{n \to \infty} S_n/n = p - q$ となる確率が 1 である．つまり，一定のドリフト $(p-q)n$ によってウォーカーが流されていき，原点から出発したウォーカーが二度と原点に戻らない確率

は正である．平均 $E[S_n] = (p-q)n$ からのゆらぎについては，分散が $V[S_n] = 4npq$ であることにより，$0 < p < 1$ のとき

$$\frac{S_n - (p-q)n}{\sqrt{4npq}} \text{ の分布が } n \to \infty \text{ で標準正規分布に収束する}$$

ことがわかっている．一方，エレファントランダムウォークで $\alpha = 1$ のとき，任意の n で $S_n = X_1 n$ であるから，$\lim_{n\to\infty} S_n/n = X_1$ となる確率が 1 である．すなわち，この極限値はランダムであって，符号が X_1 によって決まるオーダー n のドリフトによってウォーカーが流されていく．$1/2 < \alpha < 1$ のときは，この二つの状況を合わせたような，つぎの極限定理が示されている．

> **定理 6.7** $1/2 < \alpha < 1$ のエレファントランダムウォーク $\{S_n\}$ について，以下がわかる．
>
> (1) 補題 6.1 のマルチンゲール $\{M_n\}$ は L^2-有界になり，
>
> $$\lim_{n\to\infty} M_n = \lim_{n\to\infty} \frac{S_n}{a_n} =: L$$
>
> が存在する確率が 1 である．極限値 L はランダムであって，平均が β，分散が正である．また，L の分布は正規分布とは異なる．
>
> (2) (1) により $P(L \neq 0) > 0$ となるが，$L \neq 0$ のとき，
>
> $$L \cdot a_n \sim \frac{L}{\Gamma(\alpha+1)} \cdot n^\alpha \quad (n \to \infty)$$
>
> であるから，符号と強さが L と関係して決まるオーダー n^α のドリフトが記憶の効果によって形成され，ウォーカーが速く遠方に移動する．このランダムなドリフトからのゆらぎについては，
>
> $$\frac{S_n - L \cdot a_n}{\sqrt{n/(2\alpha-1)}} \text{ の分布が } n \to \infty \text{ で標準正規分布に収束する．}$$

✍ この小節で紹介した極限定理の証明については，Coletti, Gava, and Schütz (2017), Bercu (2018), Kubota and Takei (2019) を参照されたい．

6.6 強化ランダムウォーク

1986 年頃，Coppersmith and Diaconis は，はじめて訪れる街を散策するときの旅人の動きについて，

当初はどの道も同じぐらい不慣れなので等確率で道を選ぶが，時間が経つにつれて，過去に通った道ほど選びやすくなるであろう

と述べて，これを表すようなランダムウォークのモデルを導入した（Diaconis (1988) を参照）．このモデルは**強化ランダムウォーク**（random walk with reinforcement もしくは reinforced random walk）とよばれる．

◆最も簡単な強化ランダムウォーク◆

二つの頂点 0, 1 が赤と白の 2 本の辺で結ばれたグラフを考える（図 6.6）．

図 6.6　ポリアの壺と対応する強化ランダムウォーク．

最初，二つの辺の各々に重み 1 が与えられ，ウォーカーは時刻 0 に点 0 から出発する．各時刻に，ウォーカーはその時点での重みに比例した確率で赤い辺か白い辺のいずれかを選んで横断する．つまり，偶数の時刻には 0 に，奇数の時刻には 1 にいる．そして，ウォーカーがある辺を 1 回横断するたびに，その辺の重みを 1 だけ増やすものとする．このとき，時刻 n における赤い辺の重みの分布は，$a = b = c = 1$ のポリアの壺（6.4 節）において n 回の取り出しを行った後の赤玉の個数と同分布である．

◆半直線上の線型強化ランダムウォーク◆

非負整数の全体 $\mathbb{Z}_+ = \{0, 1, 2, \ldots\}$ を頂点の集合とし，$\{\{x, x+1\} : x \in \mathbb{Z}_+\}$ を辺の集合とするグラフを半直線とよぶ．最初，各辺の重みをすべて 1 とし，ウォーカーは時刻 0 に点 0 から出発する．点 x にいるとき，ウォーカーはその時点での重みに比例した確率で辺 $\{x-1, x\}$ か辺 $\{x, x+1\}$ のいずれかを選んで通過し，点 $x-1$ か点 $x+1$ に移動する．ただし，原点 0 にいるときは，つぎの時刻でつねに 1 に移動すると約束する．さらに，ウォーカーがある辺を 1 回通過するたびに，その辺の重みを 1 だけ増やすものとする．このモデルは，半直線上の**線型強化ランダムウォーク** (linearly reinforced random walk) とよばれる．図 6.7 にこのモデルの時間発展の例を示す．

半直線上の線型強化ランダムウォークは，ポリアの壺を使って，つぎのように表現し直すことができる (Pemantle (1988), Davis (1990))：

- 頂点 $x \in \mathbb{Z}_+$ の各々に，互いに独立なポリアの壺を配置する．そのパラメータは x によって異なり，
  - $x = 0$ のとき，$a = 1, b = 0, c = 2$ で，
  - $x > 0$ のとき，$a = 1, b = 2, c = 2$ である．
- ウォーカーは，現在地点に配置されたポリアの壺から玉を取り出し，赤玉が出れば $x + 1$ へ，白玉が出れば $x - 1$ へ進む．

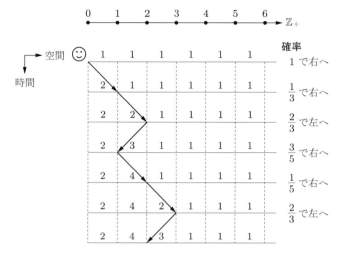

図 6.7　線型強化ランダムウォークの時間発展の例.

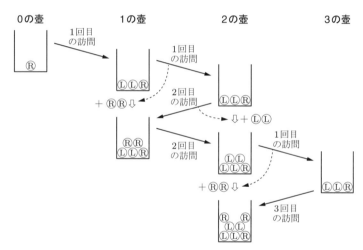

図 6.8　線型強化ランダムウォークとポリアの壺の対応.

図 6.8 では，赤玉を Ⓡ で，白玉を Ⓛ で表して，このモデルを表現している．

　半直線上のランダムウォークは，たとえば平面上のランダムウォークと違って「まわり道」ができないため，x から $x+1$ へ移動した後に再び x へ戻る場合，必ず辺 $\{x, x+1\}$ を通過する．したがって，途中の軌跡によらず，再び x へ戻った時点で辺 $\{x, x+1\}$ の重みが往復分の 2 だけ増加している．x から $x-1$ へ移動した後再び x へ戻る場合も同様で，再び x へ戻った時点で辺 $\{x-1, x\}$ の重みが 2 だけ増加している．これが，独立なポリアの壺を用いて半直線上の線型強化ランダムウォークを記述できる理由である．

◆線型強化ランダムウォークの再帰性◆

時刻 n でのウォーカーの位置を S_n とおく．$S_0 = 0$, $S_1 = 1$ である．このとき，

$$\tau := \inf\{n > 0 : S_n = 0\} \quad [\inf \emptyset = +\infty]$$

という停止時刻を定め，原点に戻るとそこで停止するランダムウォーク $\{S_n^\tau\}$ を考える．辺 $\{x, x+1\}$ の時刻 n での重みを $w_n(x)$ で表す．すなわち，

$$w_n(x) = 1 + (\text{ウォーカーが時刻 } n \text{ までに辺 } \{x, x+1\} \text{ を通過した回数})$$

である．

さて，$S_n^\tau = \displaystyle\sum_{i=0}^{S_n^\tau - 1} 1$ という等式は，辺 $\{0, 1\}, \cdots, \{S_n^\tau - 1, S_n^\tau\}$ の各々の長さを 1 と考えて合計しているように見える．一方，重みの大きい辺というのは「ウォーカーにとっては短く見える」であろう．そこで，$n = 1, 2, \cdots$ に対して，$\mathbb{Z}_+$ 上の関数 h_n を

$$h_n(x) := \sum_{i=0}^{x-1} \frac{1}{w_n(i)} \quad [x \in \mathbb{Z}_+] \tag{6.22}$$

によって定義し，$M_n := h_n(S_n^\tau)$ $[n = 1, 2, \cdots]$ とおく．$\{M_n\}$ は $\{S_n\}$ に関する非負の優マルチンゲールであることを示そう．$n \geqq \tau$ のとき $M_{n+1} = M_n = 0$ だから，$E[M_{n+1} - M_n \mid S_1, \cdots, S_n] = 0$ である．つぎに，$1 \leqq n < \tau$ とする．$S_i^\tau = S_i$ $[i = 1, \cdots, n, n+1]$ であり，

$$P(S_{n+1} = S_n + 1 \mid S_1, \cdots, S_n) = \frac{w_n(S_n)}{w_n(S_n - 1) + w_n(S_n)},$$

$$P(S_{n+1} = S_n - 1 \mid S_1, \cdots, S_n) = \frac{w_n(S_n - 1)}{w_n(S_n - 1) + w_n(S_n)}$$

と表される．$S_{n+1} = S_n + 1$ のとき，$w_{n+1}(S_n) = w_n(S_n) + 1 (\geqq w_n(S_n))$ であり，$i \neq S_n$ ならば $w_{n+1}(i) = w_n(i)$ であることに注意すると，

$$M_{n+1} = \sum_{i=0}^{(S_n+1)-1} \frac{1}{w_{n+1}(i)} = \sum_{i=0}^{S_n - 1} \frac{1}{w_n(i)} + \frac{1}{w_{n+1}(S_n)} = M_n + \frac{1}{w_n(S_n) + 1}$$

が得られる．また，$S_{n+1} = S_n - 1$ のとき，$i \neq S_n - 1$ ならば $w_{n+1}(i) = w_n(i)$ であることに注意すると，

$$M_{n+1} = \sum_{i=0}^{(S_n-1)-1} \frac{1}{w_{n+1}(i)} = \sum_{i=0}^{S_n - 2} \frac{1}{w_n(i)} = M_n - \frac{1}{w_n(S_n - 1)}$$

となる．まとめると，$n < \tau$ ならば

$$M_{n+1} - M_n = \begin{cases} \dfrac{1}{w_n(S_n) + 1} \leqq \dfrac{1}{w_n(S_n)} & (S_{n+1} = S_n + 1 \text{ のとき}) \\ -\dfrac{1}{w_n(S_n - 1)} & (S_{n+1} = S_n - 1 \text{ のとき}) \end{cases} \tag{6.23}$$

であるから，$E[M_{n+1} - M_n \mid S_1, \cdots, S_n] \leqq 0$ となる.

非負優マルチンゲールの収束定理（定理 5.14）により，確率 1 で $\lim\limits_{n \to \infty} M_n$ が存在し，したがって $\lim\limits_{n \to \infty} (M_{n+1} - M_n) = 0$ である. 一方，上の計算から，$\{S_n, S_{n+1}\}$ がそれまでにはじめて通過する辺であるとき，式 (6.23) より

$$M_{n+1} - M_n = \frac{1}{w_n(S_n) + 1} = \frac{1}{2}$$

となるから，ある時刻以降は新しい辺を通らなくなる. もし $\tau = +\infty$ ならば，$\{S_n\}$ は原点に戻らず，かといって右方向に逃げ切ることもできないため，ある時刻以降ずっと Ⓛ しか出さないポリアの壺がどこかに存在することになるが，問 6.3 の結果から，そのような確率は 0 である. これは $P(\tau < +\infty) = 1$，すなわち原点から出発したウォーカーは確率 1 で原点に戻ることを示している. はじめて原点に戻った時点で，有限個の辺を除き重みは 1 のままだから，同様の議論により，再度原点に戻る確率は 1 とわかる. これを繰り返すと，原点から出発したウォーカーが原点に無限回帰る確率は 1 となる.

◆線型強化ランダムウォークの行動範囲の広がり方◆

半直線上においては，対称単純ランダムウォークも線型強化ランダムウォークもすべての点を無限回訪問する確率が 1 である. しかし，行動範囲の広がり方には大きな違いがある. 前者については，ヒンチン（Khintchine）の重複対数の法則（定理 3.18）により，

$$\liminf_{n \to \infty} S_n = 0, \quad \limsup_{n \to \infty} \frac{S_n}{\sqrt{2n \log \log n}} = 1$$

となる確率が 1 である. 一方，後者については，

$$\liminf_{n \to \infty} S_n = 0, \quad \limsup_{n \to \infty} \frac{S_n}{\log_4 n} = 1$$

となる確率が 1 であることがわかっている（詳しくは Takei (2020) を参照されたい）. 半直線をはじめて訪れた旅人は，実にゆっくりと歩を進めていくのである.

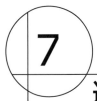

7 連続時間の確率過程

　本章では，連続時間の確率過程の代表例である，ポアソン過程とブラウン運動について簡単に紹介する．「独立確率変数の和」（ランダムウォークなど）のパラメータを連続的にした「加法過程」は，ある意味でポアソン過程とブラウン運動に分解できることがわかっている．これは，たとえば，株価過程のさらに詳細なモデルをつくるのに用いられている．また，逆に，ブラウン運動を通じて独立確率変数の和の性質を統一的に調べる方法についても述べる．

7.1 ポアソン過程

◆ポアソン過程とは◆

　時間が経過する中で偶然に起こる出来事（故障，事故など）に注目し，一定の時間内にそれらの起こった回数を観測することを確率モデルで考えよう．

　注目する出来事（事象）として，「ある機械の故障」を想定しよう．時刻 0 に観測を始め，時刻 t までに故障が起こった回数を $N(t)$ とする．時刻 0 では $N(0) = 0$ である．つぎの三つの仮定をおいて，$N(t)$ の分布 $P(N(t) = k)$ を求めよう．

(i) 故障の起こり方は時間が経過しても変化しない：$t < t'$ として，時刻 t から時刻 t' までの間に故障の起こった回数 $N(t') - N(t)$ の分布は，その時間の幅 $t' - t$ によって決まる．すなわち，任意の $0 \leqq t < t'$ と任意の $h > 0$ に対して，

$$N(t' + h) - N(t + h) \text{ の分布と } N(t') - N(t) \text{ の分布は等しい．}$$

これは，任意の $0 \leqq t < t'$ に対して

$$N(t') - N(t) \text{ の分布と } N(t' - t) - N(0) = N(t' - t) \text{ の分布が等しい}$$

ことと同値である（この性質を**増分の定常性**という）．

(ii) 未来の故障の起こり方は，過去の故障の起こり方と無関係である．すなわち，任意の $t_0 < t_1 < t_2 < \cdots < t_n$ に対して，

$$N(t_1) - N(t_0), \ N(t_2) - N(t_1), \ \cdots, \ N(t_n) - N(t_{n-1})$$

は互いに独立である（この性質を**増分の独立性**という）．

(iii) 観測する時間間隔 Δt が十分短ければ，その間に故障が 1 回起こる確率は Δt に

比例し，その間に 2 回以上の故障が起こることはめったにない．すなわち，任意の t に対して，

$$P(N(t + \Delta t) - N(t) = 1) \fallingdotseq \lambda \Delta t, \quad P(N(t + \Delta t) - N(t) \geqq 2) \fallingdotseq 0$$

である．正確には，任意の t に対して，

$$\lim_{\Delta t \to 0} \frac{P(N(t + \Delta t) - N(t) = 1)}{\Delta t} = \lambda, \quad \lim_{\Delta t \to 0} \frac{P(N(t + \Delta t) - N(t) \geqq 2)}{\Delta t} = 0$$

である．ここで，故障率に相当する比例定数 $\lambda > 0$ を**推移率**とよぶことがある．

✎ (i) を仮定すると，(iii) は

$$\lim_{\Delta t \to 0} \frac{P(N(\Delta t) = 1)}{\Delta t} = \lambda, \quad \lim_{\Delta t \to 0} \frac{P(N(\Delta t) \geqq 2)}{\Delta t} = 0$$

と同値である．これは

$$\Delta t \to 0 \text{ のとき，} P(N(\Delta t) = 1) = \lambda \Delta t + o(\Delta t), \quad P(N(\Delta t) \geqq 2) = o(\Delta t)$$

とも表すことができる．

定理 7.1 確率過程 $\{N(t) : t \geqq 0\}$ が仮定 (i)–(iii) を満たすとき，任意の $t > 0$ に対して，

$$P(N(t) = k) = e^{-\lambda t} \frac{(\lambda t)^k}{k!} \quad [k = 0, 1, 2, \cdots]$$

である．すなわち，$N(t)$ は平均 λt のポアソン分布に従う．

確率過程 $\{N(t) : t \geqq 0\}$ を，推移率 λ の**ポアソン過程** (Poisson process) とよぶ．

◆定理 7.1 の証明◆

証明の準備として，まず三つの補題を示しておく．

$P_k(t) := P(N(t) = k)$ とおく．仮定 (i) と (ii) から，つぎの重要な等式が成り立つ．

補題 7.1 任意の t, s と，任意の $k = 0, 1, 2, \cdots$ に対して，

$$P_k(t + s) = \sum_{i=0}^{k} P_{k-i}(t) P_i(s)$$

である．この等式は**チャップマン–コルモゴロフ** (Chapman–Kolmogorov) の関係式とよばれる．

証明 時刻 $(t + s)$ までに k 回の故障が起こるのは，

時刻 t までに $(k - i)$ 回故障が起こり，その後時刻 $(t + s)$ までに i 回故障が起こる

場合である $(i = 0, 1, \cdots, k)$. これらは排反する事象であり, 各々の確率は

$$P(N(t) - N(0) = k - i,\ N(t+s) - N(t) = i)$$
$$= P(N(t) - N(0) = k - i)P(N(t+s) - N(t) = i) \quad \text{((ii) を用いた)}$$
$$= P(N(t) = k - i)P(N(s) = i) \quad\quad\quad\quad\quad \text{((i) を用いた)}$$
$$= P_{k-i}(t)P_i(s)$$

であるから, $i = 0, 1, \cdots, k$ について和をとると, $P_k(t+s)$ が得られる. ∎

補題 7.2 $\quad P_0(t) = e^{-\lambda t}$.

証明 補題 7.1 において $k = 0$, $s = \Delta t$ とすると $P_0(t + \Delta t) = P_0(t)P_0(\Delta t)$ となる. $P_0(t)$ の微分を計算するため, 両辺から $P_0(t)$ を引いて Δt で割り,

$$\frac{P_0(t + \Delta t) - P_0(t)}{\Delta t} = P_0(t)\frac{P_0(\Delta t) - 1}{\Delta t}$$

と変形する. 任意の Δt に対して

$$P(N(\Delta t) = 0) + P(N(\Delta t) = 1) + P(N(\Delta t) \geqq 2) = 1$$

が成り立つから,

$$\lim_{\Delta t \to 0} \frac{P_0(\Delta t) - 1}{\Delta t} = \lim_{\Delta t \to 0} \frac{\{1 - P(N(\Delta t) = 1) - P(N(\Delta t) \geqq 2)\} - 1}{\Delta t}$$
$$= \lim_{\Delta t \to 0} \frac{-P(N(\Delta t) = 1) - P(N(\Delta t) \geqq 2)}{\Delta t} = -\lambda$$

が得られる (最後の等号では仮定 (iii) を用いた). ゆえに,

$$P_0'(t) = \lim_{\Delta t \to 0} \frac{P_0(t + \Delta t) - P_0(t)}{\Delta t} = -\lambda P_0(t)$$

となる. この微分方程式の一般解は $P_0(t) = Ce^{-\lambda t}$ だが, $P_0(0) = P(N(0) = 0) = 1$ を満たすのは $C = 1$ の場合である. ∎

   🖉　上の計算より, $\Delta t \to 0$ のとき $P(N(\Delta t) = 0) = 1 - \lambda \Delta t + o(\Delta t)$ だから, Δt が小さいとき $P_0(\Delta t) \fallingdotseq 1 - \lambda \Delta t$ と考えることができる.

補題 7.3 　任意の $k = 1, 2, \cdots$ に対して, つぎが成り立つ.

$$P_k'(t) + \lambda P_k(t) = \lambda P_{k-1}(t) \tag{7.1}$$

証明 補題 7.1 において $s = \Delta t$ とすると,

$$P_k(t + \Delta t) = P_k(t)P_0(\Delta t) + P_{k-1}(t)P_1(\Delta t) + \sum_{i=2}^{k} P_{k-i}(t)P_i(\Delta t)$$

となる. $P_k(t)$ の微分を計算するため, 両辺から $P_k(t)$ を引いて Δt で割り,

$$\frac{P_k(t + \Delta t) - P_k(t)}{\Delta t}$$

$$= P_k(t)\frac{P_0(\Delta t) - 1}{\Delta t} + P_{k-1}(t)\frac{P_1(\Delta t)}{\Delta t} + \sum_{i=2}^{k} P_{k-i}(t)\frac{P_i(\Delta t)}{\Delta t}$$

と変形する．補題 7.2 の計算から，右辺第 1 項は $\Delta t \to 0$ のとき $-\lambda P_k(t)$ に収束する．仮定 (iii) により，右辺第 2 項は $\Delta t \to 0$ のとき $\lambda P_{k-1}(t)$ に収束する．また，$0 \leqq P_{k-i}(t) \leqq 1$ だから，右辺第 3 項は

$$0 \leqq \sum_{i=2}^{k} P_{k-i}(t)\frac{P_i(\Delta t)}{\Delta t} \leqq \sum_{i=2}^{k} \frac{P_i(\Delta t)}{\Delta t}$$

$$= \frac{P(2 \leqq N(\Delta t) \leqq k)}{\Delta t} \leqq \frac{P(N(\Delta t) \geqq 2)}{\Delta t}$$

を満たす．再び (iii) により，右辺第 3 項は $\Delta t \to 0$ のとき 0 に収束する．よって，

$$P_k'(t) = \lim_{\Delta t \to 0} \frac{P_k(t + \Delta t) - P_k(t)}{\Delta t} = -\lambda P_k(t) + \lambda P_{k-1}(t)$$

となる． ∎

　以上の補題を用いて，定理 7.1 を証明しよう．積の微分の公式を念頭において，式 (7.1) の両辺に $e^{\lambda t}$ をかけると，

$$e^{\lambda t} P_k'(t) + \lambda e^{\lambda t} P_k(t) = \lambda e^{\lambda t} P_{k-1}(t),$$

すなわち $\dfrac{d}{dt}\left\{ e^{\lambda t} P_k(t) \right\} = \lambda e^{\lambda t} P_{k-1}(t)$ が得られる．$\widehat{P}_k(t) := e^{\lambda t} P_k(t)/\lambda^k$ とおくと，$\widehat{P}_k'(t) = \widehat{P}_{k-1}(t)$ である．$N(0) = 0$ より $k \geqq 1$ では $P_k(0) = 0$，したがって $\widehat{P}_k(0) = 0$ となることに注意すると，

$$\widehat{P}_k(t) = \int_0^t \widehat{P}_{k-1}(\tau)\, d\tau \quad [k = 1, 2, \cdots]$$

が成り立つ．補題 7.2 より $\widehat{P}_0(t) = 1$ であるから，一般に $\widehat{P}_k(t) = t^k/k!$ であることがわかり，定理 7.1 の結論が得られる．

◆ポアソン過程と指数分布◆

　i 回目の故障が起こる時刻を T_i とし，$T_0 = 0$ とおく．すると，$i = 0, 1, 2, \cdots$ に対して，$T_i \leqq t < T_{i+1}$ のとき $N(t) = i$ である（図 7.1）．

　$T_1 > t$ という事象は「時刻 t において，まだ一度も故障が起こっていない」ことと同値であるから，補題 7.2 により

$$P(T_1 > t) = P(N(t) = 0) = e^{-\lambda t} = \int_t^\infty \lambda e^{-\lambda x}\, dx$$

である．したがって，最初の故障が起こる時刻 T_1 は，確率密度関数が

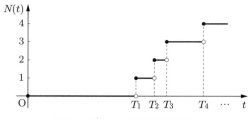

図 7.1　ポアソン過程の路の例.

$$f(x) = \begin{cases} \lambda e^{-\lambda x} & (x \geqq 0) \\ 0 & (x < 0) \end{cases}$$

の確率変数と考えられる. これはパラメータ λ の**指数分布** (exponential distribution) に従う確率変数である. より一般に, 故障の起こる時間間隔は互いに独立で, いずれもパラメータ λ の指数分布に従うことが知られている.

T_1 の期待値は

$$E[T_1] = \int_{-\infty}^{\infty} x \cdot f(x)\, dx = \int_{0}^{\infty} x \cdot \lambda e^{-\lambda x}\, dx = \frac{1}{\lambda}$$

であり, 故障率 λ に反比例している. この $E[T_1]$ は $\displaystyle\int_{0}^{\infty} P(T_1 > t)\, dt$ と一致しており, 補題 0.1 と似た計算ができることがわかる.

◆離散から連続へ◆

成功確率 $p = \lambda/N$ のベルヌーイ試行を時間 $1/N$ ごとに行う, という離散時間モデルを考察しよう (ここでの「成功」は「故障発見」と解釈する). $q = 1 - p$ とおくと, 0.3 節のパスカル分布について, i を正の整数とするとき,

$$\binom{Nt + i - 1}{Nt} q^{Nt} p^i$$

$$= \frac{(Nt+i-1)(Nt+i-2)\cdots(Nt+1)}{(i-1)!} \cdot \left(1 - \frac{\lambda}{N}\right)^{Nt} \cdot \left(\frac{\lambda}{N}\right)^i$$

$$= \lambda \cdot \frac{\lambda^{i-1}}{(i-1)!} \cdot \frac{(Nt+i-1)(Nt+i-2)\cdots(Nt+1)}{N^{i-1}} \cdot \left(1 - \frac{\lambda}{N}\right)^{Nt} \cdot \frac{1}{N}$$

$$\sim \lambda \cdot \frac{\lambda^{i-1}}{(i-1)!} \cdot t^{i-1} \cdot e^{-\lambda t} \cdot \frac{1}{N} \quad (N \to \infty)$$

が得られる (簡単のために, $\lfloor Nt \rfloor$ と書くべきところを Nt として計算した). そこで, $i = 1, 2, \cdots$ に対して

$$f_i(t) := \lambda \cdot \frac{(\lambda t)^{i-1}}{(i-1)!} \cdot e^{-\lambda t}$$

とおく．これは，ポアソン過程における T_i の確率密度関数であることがわかっており，アーラン分布 (Erlang distribution) とよばれる．これは，**ガンマ分布** (i を自然数に限定しない，より一般的な分布) の仲間である．また，

$$\int_0^t f_i(\tau)\,d\tau = \int_0^t \lambda \cdot \frac{(\lambda\tau)^{i-1}}{(i-1)!} \cdot e^{-\lambda\tau}\,d\tau$$

$$= \left[\frac{(\lambda\tau)^i}{i!} \cdot e^{-\lambda\tau} \right]_0^t - \int_0^t \frac{(\lambda\tau)^i}{i!} \cdot (-\lambda e^{-\lambda\tau})\,d\tau$$

$$= \frac{(\lambda t)^i}{i!} \cdot e^{-\lambda t} + \int_0^t f_{i+1}(\tau)\,d\tau$$

より，

$$\int_0^t \{f_i(\tau) - f_{i+1}(\tau)\}\,d\tau = \frac{(\lambda t)^i}{i!} \cdot e^{-\lambda t}$$

となるが，これは，ポアソン過程において時刻 t までに i 回の故障が起こる確率 $P(N(t)=i)$ と一致している．

7.2 ブラウン運動

◆ブラウン運動の定義◆

つぎの性質を満たす確率過程 $\{B(t) : t \geqq 0\}$ を考える．ただし，$P(B(0)=0)=1$ である．

(i) 任意の $0 \leqq t < t'$ と任意の $h > 0$ に対して，

$$B(t'+h) - B(t+h) \text{ の分布と } B(t') - B(t) \text{ の分布は等しい．}$$

これは，任意の $0 \leqq t < t'$ に対して

$$B(t') - B(t) \text{ の分布が } B(t'-t) - B(0) = B(t'-t) \text{ の分布と等しい}$$

ことと同値である（増分の定常性）．

(ii) 任意の $t_0 < t_1 < t_2 < \cdots < t_n$ に対して，

$$B(t_1) - B(t_0),\ B(t_2) - B(t_1),\ \cdots,\ B(t_n) - B(t_{n-1})$$

は互いに独立である（増分の独立性）．

(iii) 任意の t に対して，$B(t)$ は平均 0, 分散 t の正規分布 $N(0,t)$ に従う：

$$P(a \leqq B(t) \leqq b) = \int_a^b \frac{1}{\sqrt{2\pi t}} e^{-x^2/(2t)}\,dx.$$

(iv) $B(t)$ が t について連続となる確率は 1 である．

このような確率過程が存在することは示されており，**ブラウン運動** (Brownian motion)，あるいは**ウィーナー過程** (Wiener process) とよばれている．

◆ランダムウォークからブラウン運動へ◆

$X_1, X_2, \cdots$ は独立同分布で，$P(X_i = \pm 1) = 1/2$ とする．$S_N(t) := X_1 + \cdots + X_{\lfloor Nt \rfloor}$ とおくと，$\left\{ S_N(t)/\sqrt{N} \right\}$ は時間 $1/N$ ごとに幅 $1/\sqrt{N}$ だけジャンプするランダムウォークになっている．図 7.2(a) はこの一例である．

中心極限定理（定理 2.9）により

$$\lim_{N \to \infty} P\left(a \leqq \frac{S_N(t)}{\sqrt{\lfloor Nt \rfloor}} \leqq b \right) = \int_a^b \frac{1}{\sqrt{2\pi}} e^{-u^2/2}\, du$$

であるから，

$$\lim_{N \to \infty} P\left(a \leqq \frac{S_N(t)}{\sqrt{N}} \leqq b \right) = \lim_{N \to \infty} P\left(\frac{a}{\sqrt{t}} \leqq \frac{S_N(t)}{\sqrt{\lfloor Nt \rfloor}} \leqq \frac{b}{\sqrt{t}} \right)$$

$$= \int_{a/\sqrt{t}}^{b/\sqrt{t}} \frac{1}{\sqrt{2\pi}} e^{-u^2/2}\, du = \int_a^b \frac{1}{\sqrt{2\pi}} e^{-x^2/(2t)} \frac{dx}{\sqrt{t}} \qquad (u = x/\sqrt{t})$$

$$= \int_a^b \frac{1}{\sqrt{2\pi t}} e^{-x^2/(2t)}\, dx$$

となる．これが $B(t)$ の確率分布である．また，$t < t'$ のとき $S_N(t') - S_N(t) = X_{\lfloor Nt \rfloor + 1} + \cdots + X_{\lfloor Nt' \rfloor}$ であるから，これは $S_N(t)$ と独立である．したがって，$B(t)$ と $B(t') - B(t)$ が独立であることと，$B(t') - B(t)$ と $B(t' - t)$ の分布が同じであることは容易に想像できる．また，$\left\{ S_N(t)/\sqrt{N} \right\}$ は階段状の関数になるが，図 7.2(b) のように，各段の左端の点を線分でつないで得られる折れ線 $\left\{ \widetilde{S_N}(t)/\sqrt{N} \right\}$ に取り替えても，$N \to \infty$ とすると両者の違いが無視できる．これを用いると，ブラウン運動の路として図 7.3 のような連続曲線が現れる確率が 1 であることが示される．

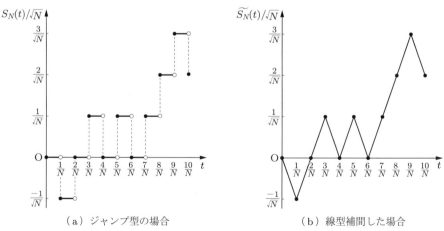

（ａ）ジャンプ型の場合　　　　　　　　　（ｂ）線型補間した場合

図 7.2　時間方向を $1/N$，空間方向を $1/\sqrt{N}$ にスケール変更したランダムウォーク．

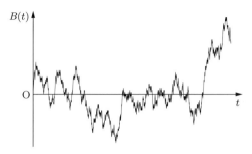

図 7.3 ブラウン運動の路のイメージ.

確率変数 X, Y の確率分布が同じであることを $X \overset{\mathrm{d}}{=} Y$ と表す. ランダムウォークとブラウン運動との関係から, $-B(t) \overset{\mathrm{d}}{=} B(t)$ となること, また, 任意の $c > 0$ に対して, $B(c^2 t) \overset{\mathrm{d}}{=} cB(t)$ が成り立つことが示唆される.

◆ブラウン運動からランダムウォークへ◆

ランダムウォークのスケーリング変更極限 (scaling limit) としてブラウン運動が得られることを説明したが, 逆にブラウン運動からランダムウォークを『抽出する』ことができる. ブラウン運動 $B(t)$ が整数の値をとる時刻を

$$0 = \tau_0 < \tau_1 < \tau_2 < \cdots$$

とすると, 各 $n = 0, 1, 2, \cdots$ に対して, $B(\tau_n)$ の確率分布は 1 次元対称単純ランダムウォーク S_n の確率分布と同じになる. もう少し詳しく, $\tau_0 := 0$ とおき,

$$\tau_i := \inf\{t > \tau_{i-1} : B(t) \notin (B(\tau_{i-1}) - 1, B(\tau_{i-1}) + 1)\} \quad [i = 1, 2, \cdots]$$

と定めると, $\tau_i < s$ となるかどうかは $\{B(t) : t < s\}$ の状況によって決まるから, 以下が成り立つ.

- 整数点に到達する時間間隔 $\tau_i - \tau_{i-1}$ $[i = 1, 2, \cdots]$ は独立であり, ブラウン運動が原点から出発して区間 $(-1, 1)$ から脱出するまでの時間と同じ確率分布に従う.
- 変位 $B(\tau_i) - B(\tau_{i-1})$ $[i = 1, 2, \cdots]$ は独立で, ブラウン運動の対称性から, いずれも確率 $1/2$ ずつで $+1$ または -1 となる.

◆ブラウン運動の区間からの脱出◆

$a, b > 0$ に対して, ブラウン運動が原点から出発して区間 $(-a, b)$ から脱出するまでの時間を

$$\tau := \inf\{t > 0 : B(t) \notin (-a, b)\}$$

とおく. このとき, ランダムウォークの場合（定理 5.11）と並行した議論ができて,

$$P(B(\tau) = -a) = \frac{b}{a+b}, \quad P(B(\tau) = b) = \frac{a}{a+b}, \quad E[\tau] = ab$$

が成り立つことがわかっている.

◆ド・モアブル–ラプラスの定理（定理 3.14）の証明◆

$0 < p < 1$ とし，$q = 1 - p$ とおく．確率変数 Y が $P(Y = 0) = q$, $P(Y = 1) = p$ を満たすとき，$E[Y] = p$ である．$X := Y - p$ とおくと $E[X] = 0$ となり，

$$P(X = -p) = q, \quad P(X = q) = p, \quad E[X^2] = pq$$

が成り立つ．確率変数の列 $Y_1, Y_2, \cdots$ は独立で，いずれも Y と同じ分布に従うとすると，$H_n := Y_1 + \cdots + Y_n$ は 2 項分布 $B(n, p)$ に従う．$i = 1, 2, \cdots$ に対して $X_i := Y_i - p$ とおくと，$X_1, X_2, \cdots$ も独立で，いずれも X と同じ分布に従う．$\tau_0 := 0$ とおき，

$$\tau_i := \inf\{t > \tau_{i-1} : B(t) \notin (B(\tau_{i-1}) - p, B(\tau_{i-1}) + q)\} \quad [i = 1, 2, \cdots]$$

と定めると，以下が成り立つ.

- $\tau_i - \tau_{i-1}$ $[i = 1, 2, \cdots]$ は独立であり，ブラウン運動が原点から出発して区間 $(-q, p)$ から脱出するまでの時間と同じ確率分布に従う．その期待値は pq である.
- $B(\tau_i) - B(\tau_{i-1})$ $[i = 1, 2, \cdots]$ は独立で，X と同じ分布に従う.

各 $n = 0, 1, 2, \cdots$ に対して，$S_n := X_1 + \cdots + X_n = H_n - np$ の確率分布は $B(\tau_n)$ の確率分布と等しい．さて，$S_n / \sqrt{n} \stackrel{\mathrm{d}}{=} B(\tau_n) / \sqrt{n} \stackrel{\mathrm{d}}{=} B(\tau_n/n)$ であり，コルモゴロフの大数の強法則（定理 5.21）により $P\left(\lim_{n \to \infty} \tau_n/n = pq\right) = 1$ が成り立つから，$\lim_{n \to \infty} S_n / \sqrt{n} \stackrel{\mathrm{d}}{=} B\left(\lim_{n \to \infty} \tau_n/n\right) \stackrel{\mathrm{d}}{=} B(pq)$ となる．これは，$n \to \infty$ で $(H_n - np) / \sqrt{n}$ の確率分布が正規分布 $N(0, pq)$ に収束することを示している.

◆スコロホッドの埋め込み定理と独立同分布確率変数列に対する中心極限定理◆

さらに，一般につぎのことが成り立つ.

> **定理 7.2** ［スコロホッド (Skorokhod) の埋め込み定理］　確率変数 X は $E[X] = 0$, $E[X^2] < +\infty$ を満たすとする．確率変数の列 $0 = \tau_0 < \tau_1 < \tau_2 < \cdots$ が存在して，つぎが成り立つ.
> (1) $B(\tau_i) - B(\tau_{i-1})$ $[i = 1, 2, \cdots]$ は独立同分布で，X と同じ確率分布に従う.
> (2) $\tau_i - \tau_{i-1}$ $[i = 1, 2, \cdots]$ も独立同分布であり，各々の期待値は $E[X^2]$ に等しい.

これを用いると，つぎの重要な定理が得られる.

定理 7.3 ［中心極限定理］ 確率変数 X は $E[X] = 0$, $E[X^2] < +\infty$ を満たすとする. 確率変数の列 $X_1, X_2, \cdots$ は独立で, いずれも X と同じ分布に従うとき, $n \to \infty$ で $(X_1 + \cdots + X_n)/\sqrt{n}$ の確率分布は正規分布 $N(0, E[X^2])$ に収束する.

定理 7.2 の証明はいろいろとあるが, ここでは Dubins のアイディアに基づく Mörters and Peres (2010) の方法について少し触れよう. $E[X] = 0$, $E[X^2] < +\infty$ を満たす確率変数 X を考え, $B(\tau) \overset{\mathrm{d}}{=} X$ となる確率変数 τ を構成できればよい. 確率変数の列 $\{X_n\}$ をつぎのように定める:

- $X_0 := E[X] = 0$ とし, $\xi_0 := \begin{cases} +1 & (X \geqq X_0 \text{ のとき}) \\ -1 & (X < X_0 \text{ のとき}) \end{cases}$ とする.

- $n = 1, 2, \cdots$ に対して,

$$X_n := E[X \mid \xi_0, \cdots, \xi_{n-1}] \text{ とし}, \quad \xi_n := \begin{cases} +1 & (X \geqq X_n \text{ のとき}) \\ -1 & (X < X_n \text{ のとき}) \end{cases} \text{ とする}.$$

「確率変数 X の値は平均値の 0 より上ですか？ 下ですか？」という質問への返答が ξ_0 である. この返答を踏まえて計算した条件付き期待値が X_1 であり, 「確率変数 X の値は X_1 より上ですか？ 下ですか？」と尋ねたときの返答が ξ_1 である. このような問答を粘り強く繰り返せば, X の値が見えてくると考えられる. このとき, $\{X_n\}$ は L^2-有界なマルチンゲールになり, $\lim_{n \to \infty} X_n = X$ となる確率が 1 であることが示される.

さて, 確率変数の列 $\{\tau_i\}$ をつぎのように定める:

- $\tau_0 := 0$ とすると, $B(\tau_0) = 0 = E[X] = X_0$.

- $\tau_1 := \inf\{t > 0 : B(t) \notin (E[X \mid \xi_0 = -1], E[X \mid \xi_0 = +1])\}$ とする. $B(\tau_1)$ の実現値がこの区間の右端か左端かに応じて, ξ_0 の実現値が $+1, -1$ となると考える.

- 同様に, $i = 2, 3, \cdots$ に対して, $B(t)$ が時刻 τ_{i-1} より後に

$$(E[X \mid \xi_0, \cdots, \xi_{i-2}, \xi_{i-1} = -1], E[X \mid \xi_0, \cdots, \xi_{i-2}, \xi_{i-1} = +1])$$

  という区間から脱出する時刻を τ_i とする. $B(\tau_i)$ の実現値がこの区間の右端か左端かに応じて, ξ_{i-1} の実現値が $+1, -1$ となると考える.

このとき, $i = 0, 1, 2, \cdots$ に対して $B(\tau_i) \overset{\mathrm{d}}{=} X_i$ および $E[\tau_i] = E[(X_i)^2]$ が成り立つことがわかる. $\tau := \lim_{i \to \infty} \tau_i$ とおくと, ブラウン運動の連続性により $B(\tau) \overset{\mathrm{d}}{=} X$ である. さらに, 単調収束定理から, $E[\tau] = \lim_{i \to \infty} E[\tau_i] = \lim_{i \to \infty} E[(X_i)^2] = E[X^2]$ となる.

問題の解答

◆第 0 章◆

0.1 $n = 1$ の場合は容易だから, $n \geqq 2$ とする. $k = 1, \cdots, n - 1$ に対して

$$\frac{p_k}{p_{k-1}} = \frac{(n-k+1)p}{kq} = 1 + \frac{(n+1)p - k}{kq}, \quad \frac{p_{k+1}}{p_k} = 1 + \frac{(n+1)p - 1 - k}{(k+1)q}$$

であるから, $k \leqq (n+1)p$ のときは $p_{k-1} \leqq p_k$ となり, $k \geqq (n+1)p - 1$ のときは $p_k \geqq p_{k+1}$ となる. したがって, p_k は $(n+1)p - 1 \leqq k \leqq (n+1)p$ を満たす整数 k で最大値をとる. とくに, $k = \lfloor (n+1)p \rfloor$ では必ず最大となる.

0.2 $n = 1, 2, \cdots$ を任意に固定し, $x \neq 1$ とする.

$$\sum_{k=0}^{n} \binom{n}{k} p^k (1-p)^{n-k} \cdot x^k = (px + 1 - p)^n$$

の両辺を p について積分すると,

$$\sum_{k=0}^{n} \left\{ \int_0^1 \binom{n}{k} p^k (1-p)^{n-k} \, dp \right\} \cdot x^k = \int_0^1 \{ (x-1)p + 1 \}^n \, dx$$

$$= \left[\frac{1}{(n+1)(x-1)} \{ (x-1)p + 1 \}^{n+1} \right]_{p=0}^{p=1}$$

$$= \frac{1}{(n+1)(x-1)} (x^{n+1} - 1) = \frac{1}{n+1} \sum_{k=0}^{n} x^k$$

となる. $k = 0, 1, \cdots, n$ に対して x^k の係数を比較すると, 求めるべき等式が得られる.

0.3 二項定理により,

$$(1+x)^n = \binom{n}{0} + \binom{n}{1} x + \binom{n}{2} x^2 + \cdots + \binom{n}{n} x^n,$$

$$(x+1)^n = \binom{n}{0} x^n + \binom{n}{1} x^{n-1} + \binom{n}{2} x^{n-2} + \cdots + \binom{n}{n}$$

となる. 左辺の積は $(1+x)^{2n}$ で, その x^n の係数は $\binom{2n}{n}$ である. 右辺の積の x^n の係数と比較すると,

$$\binom{2n}{n} = \binom{n}{0}^2 + \binom{n}{1}^2 + \binom{n}{2}^2 + \cdots + \binom{n}{n}^2 = \sum_{k=0}^{n} \binom{n}{k} \binom{n}{n-k}$$

が得られる. 組合せの意味を考えて解釈すると, $2n$ 個から n 個選ぶ選び方は, n 個ずつの二組に分けて, 第 1 の組から k 個選び, 第 2 の組から $(n-k)$ 個を選ぶ選び方の数を $k = 0, 1, 2, \cdots, n$ について足し合わせれば求められる.

◆第 1 章◆

1.1　(1) 時刻 n に状態 i にくるためには時刻 $(n-1)$ に i 以外の状態にいる必要があり，そこから（条件付き）確率 $\dfrac{1}{N-1}$ で状態 i に移ることができる．したがって，任意の $i \in S$ に対して，つぎのようになる．

$$
\begin{aligned}
p_i^{(n)} &= \sum_{j \in S} p_j^{(n-1)} p_{ji} = p_i^{(n-1)} p_{ii} + \sum_{j \in S: j \neq i} p_j^{(n-1)} p_{ji} \\
&= p_i^{(n-1)} \cdot 0 + \frac{1}{N-1} \sum_{j \in S: j \neq i} p_j^{(n-1)} = \frac{1}{N-1} \left\{ 1 - p_i^{(n-1)} \right\}
\end{aligned}
$$

(2) $\alpha = \dfrac{1}{N-1}(1-\alpha)$ を満たすのは $\alpha = \dfrac{1}{N}$ だから，$p_i^{(n)} = \dfrac{1}{N-1} \left\{ 1 - p_i^{(n-1)} \right\}$ から引き算すると，

$$
p_i^{(n)} - \frac{1}{N} = \frac{1}{N-1} \left\{ \frac{1}{N} - p_i^{(n-1)} \right\}
$$

となり，両辺の絶対値を考えると，$\left| p_i^{(n)} - \dfrac{1}{N} \right| = \dfrac{1}{N-1} \left| p_i^{(n-1)} - \dfrac{1}{N} \right|$ となる．

(3) (2) の式を繰り返し用いると，$\left| p_i^{(n)} - \dfrac{1}{N} \right| = \left(\dfrac{1}{N-1} \right)^n \left| p_i^{(0)} - \dfrac{1}{N} \right|$ となる．

$N \geqq 3$ より $0 < \dfrac{1}{N-1} \leqq \dfrac{1}{2}$ だから，（$p_i^{(0)}$ の値に関係なく）$\displaystyle \lim_{n \to \infty} \left| p_i^{(n)} - \dfrac{1}{N} \right| = 0$ が得られる．

1.2　$T_{12} > n$ は，最初の n ステップの間状態 1 に留まることと同値だから，

$$
E[T_{12}] = \sum_{n=0}^{\infty} P(T_{12} > n) = \sum_{n=0}^{\infty} (1-a)^n = \frac{1}{1-(1-a)} = \frac{1}{a}
$$

である．また，$P(T_{11} > 0) = 1$ と $P(T_{11} > n) = a(1-b)^{n-1} \; [n \geqq 1]$ が成り立つから，

$$
E[T_{11}] = \sum_{n=0}^{\infty} P(T_{11} > n) = 1 + \sum_{n=1}^{\infty} a(1-b)^{n-1} = 1 + \frac{a}{b} = \frac{a+b}{b}
$$

となる．a と b を入れ替えると，$E[T_{22}]$ と $E[T_{21}]$ も求められる．

◆第 2 章◆

2.1　明らかに $v_0 = 0$, $v_N = 1$ であり，最初の 1 歩で場合分けすると，$v_i = q v_{i-1} + p v_{i+1}$ という関係が成り立つことがわかる．$p + q = 1$ に注意すると，

$$
q(v_i - v_{i-1}) = p(v_{i+1} - v_i), \quad \text{すなわち} \quad v_{i+1} - v_i = \frac{q}{p}(v_i - v_{i-1})
$$

と変形できることがわかる．$v_0, v_1, \cdots, v_N$ の間隔は q/p 倍になっており，その合計は 1 だから，

$$
v_1 + \frac{q}{p} v_1 + \cdots + \left(\frac{q}{p} \right)^{N-1} v_1 = v_1 \sum_{i=0}^{N-1} \left(\frac{q}{p} \right)^i = v_1 \cdot \frac{1 - (q/p)^N}{1 - q/p} = 1
$$

となる．よって，$v_1 = \dfrac{1 - q/p}{1 - (q/p)^N}$ である．また，

$$v_i = v_1 + \frac{q}{p} v_1 + \cdots + \left(\frac{q}{p}\right)^{i-1} v_1$$

$$= v_1 \sum_{i=0}^{i-1} \left(\frac{q}{p}\right)^i = \frac{1 - q/p}{1 - (q/p)^N} \cdot \frac{1 - (q/p)^i}{1 - q/p} = \frac{1 - (q/p)^i}{1 - (q/p)^N}$$

となる．w_i についても同様の考察をすると，$w_i = 1 - v_i = \dfrac{(q/p)^i - (q/p)^N}{1 - (q/p)^N}$ という結果が得られる．

✎ 問 2.1 のマルコフ連鎖は既約ではなく，状態空間 S が $C_1 = \{1, \cdots, N-1\}$, $C_2 = \{0\}$, $C_3 = \{N\}$ の三つの成分に分かれる．C_1 は非再帰的であり，C_2 と C_3 は再帰的である．最初の持ち点が i のとき，最終的な持ち点の分布 $\boldsymbol{\pi} = (\pi_x)_{x \in S}$ は

$$\pi_0 = w_i, \quad \pi_x = 0 \ (0 < x < N), \quad \pi_N = v_i$$

となって，i に依存する．この結果は，既約で非周期的なマルコフ連鎖に対する定理 1.14 の結論と大きく異なっている．

2.2 定理 2.1 の証明と同じ記号を用いる．最初の 1 歩で右に動いた場合を調べよう．$0 < p < 1$ で $p \neq q$ のとき，問 2.1 の結果から $P_1(E_N) = 1 - \dfrac{1 - q/p}{1 - (q/p)^N}$ であるから，$N \to \infty$ とすると，

$$P_1(E) = \begin{cases} \dfrac{q}{p} & (p > q \text{ のとき}) \\ 1 & (p < q \text{ のとき}) \end{cases}$$

となる．最初の 1 歩で左に動いた場合については，p と q の役割を入れ替えることで，

$$P_{-1}(E) = \begin{cases} 1 & (p > q \text{ のとき}) \\ \dfrac{p}{q} & (p < q \text{ のとき}) \end{cases}$$

が得られる．したがって，

$$P_0(E) = p \cdot P_1(E) + q \cdot P_{-1}(E) = \begin{cases} 2q & (p > q \text{ のとき}) \\ 2p & (p < q \text{ のとき}) \end{cases}$$

となり，いずれの場合も 1 より小さい．

✎ 原点から出発した 1 次元単純ランダムウォークが原点に戻らない確率は，$p + q = 1$ に注意すると，$\begin{cases} 1 - 2q = p - q & (p > q \text{ のとき}) \\ 1 - 2p = q - p & (p < q \text{ のとき}) \end{cases}$ であるから，$p = 0, 1$ の自明な場合や $p = q = 1/2$ の場合の結果（定理 2.1）も含めて，$|p - q|$ と簡潔に表すことができる．

2.3　(1) 抵抗の逆数を**コンダクタンス** (conductance) という．左右のコンダクタンスの比が $q:p$ となればよい．したがって，左右の抵抗の比が $(1/q):(1/p)$，すなわち $1:(q/p)$ になるように $\gamma_i = (q/p)^i$ $[i = 0, 1, \cdots, N-1]$ とおけばよい．

(2) $v_i - v_0 = 1 \times \dfrac{(\text{点 } 0 \text{ から点 } i \text{ までの合成抵抗})}{(\text{点 } 0 \text{ から点 } N \text{ までの合成抵抗})}$ と考えると，

$$(\text{点 } 0 \text{ から点 } i \text{ までの合成抵抗}) = \sum_{k=0}^{i-1} \gamma_k = \frac{1-(q/p)^i}{1-q/p} \quad [i = 1, \cdots, N]$$

より，$v_i = \dfrac{1-(q/p)^i}{1-(q/p)^N}$ が得られる．この式は $i = 0$ のときも正しい．

(3) $p > q$ のとき $q/p < 1$ だから，$\displaystyle\lim_{N\to\infty} (\text{点 } 0 \text{ から点 } N \text{ までの合成抵抗}) = \dfrac{1}{1-q/p}$．

✎　(3) の極限値の逆数 $1 - q/p \ (> 0)$ は「点 0 から無限遠点まで流れる電流」に対応しているが，半直線上で原点から出発したランダムウォークが原点に戻らない確率に一致している（この値は問 2.2 の解答の中にも現れている）．

2.4　各頂点から出発した場合の期待値について，以下の関係式が得られる．

$$m_{\mathrm{b}} = m_{\mathrm{c}} = 0, \quad m_{\mathrm{e}} = m_{\mathrm{f}},$$

$$m_{\mathrm{a}} = \frac{1}{2}(1+m_{\mathrm{e}}) + \frac{1}{2}(1+m_{\mathrm{f}}) = \frac{1}{2}(m_{\mathrm{e}} + m_{\mathrm{f}}) + 1,$$

$$m_{\mathrm{e}} = \frac{1}{4}(1+m_{\mathrm{a}}) + \frac{1}{4}(1+m_{\mathrm{c}}) + \frac{1}{4}(1+m_{\mathrm{d}}) + \frac{1}{4}(1+m_{\mathrm{f}})$$
$$= \frac{1}{4}(m_{\mathrm{a}} + m_{\mathrm{c}} + m_{\mathrm{d}} + m_{\mathrm{f}}) + 1,$$

$$m_{\mathrm{d}} = \frac{1}{4}(1+m_{\mathrm{b}}) + \frac{1}{4}(1+m_{\mathrm{c}}) + \frac{1}{4}(1+m_{\mathrm{e}}) + \frac{1}{4}(1+m_{\mathrm{f}})$$
$$= \frac{1}{4}(m_{\mathrm{b}} + m_{\mathrm{c}} + m_{\mathrm{e}} + m_{\mathrm{f}}) + 1.$$

$m_{\mathrm{e}} = m_{\mathrm{f}} = M$ とおき，$m_{\mathrm{b}} = m_{\mathrm{c}} = 0$ とともに代入すると，

$$m_{\mathrm{a}} = M + 1, \quad M = \frac{1}{4}(m_{\mathrm{a}} + m_{\mathrm{d}} + M) + 1, \quad m_{\mathrm{d}} = \frac{M}{2} + 1$$

となる．したがって，

$$M = \frac{1}{4}\left(M + 1 + \frac{M}{2} + 1 + M\right) + 1$$
$$\Leftrightarrow \quad M = 4$$

である．ゆえに，$m_{\mathrm{a}} = 5$ である．

2.5　時刻 6 までの路は全部で $2^6 = 64$ 通りある．このうち，正側滞在時間が 6 や 0 の路はそれぞれ 20 通りあることが，右図よりわかる．正側滞在時間が 4 や 2 の路は，それぞれ $(64 - 40) \div 2 = 12$ 通りずつある．表にまとめると，以下のようになる．

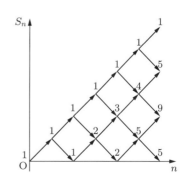

時刻 6 までの正側滞在時間	0	2	4	6
確率	$\dfrac{20}{64}$	$\dfrac{12}{64}$	$\dfrac{12}{64}$	$\dfrac{20}{64}$

2.6 (1) $\dfrac{1}{2^{2n}}\dbinom{2n}{n} = \dfrac{1}{2^{2n}} \cdot \dfrac{(2n)!}{n!\,n!} = \dfrac{(2n)!}{\{2^n n!\}^2}$ であり，

$(2n)! = (2 \text{ から } 2n \text{ までの偶数の積}) \times (1 \text{ から } 2n-1 \text{ までの奇数の積}),$

$2^n n! = (2 \text{ から } 2n \text{ までの偶数の積})$

であるから，つぎのようになる．

$$\dfrac{1}{2^{2n}}\dbinom{2n}{n} = \dfrac{(1 \text{ から } 2n-1 \text{ までの奇数の積})}{(2 \text{ から } 2n \text{ までの偶数の積})} = \prod_{k=1}^{n} \dfrac{2k-1}{2k} = \prod_{k=1}^{n}\left(1 - \dfrac{1}{2k}\right)$$

(2) (1) の最後から一つ前の式から計算を進めれば，つぎのようになる．

$$\dfrac{1}{2^{2n}}\dbinom{2n}{n} = \prod_{k=1}^{n}\dfrac{2k-1}{2k} = \prod_{k=1}^{n}(-1)\cdot\dfrac{\frac{1}{2}-k}{k}$$

$$= (-1)^n \cdot \dfrac{(-\frac{1}{2})(-\frac{1}{2}-1)\cdots\cdots(-\frac{1}{2}-n+1)}{n!} = (-1)^n\dbinom{-\frac{1}{2}}{n}$$

2.7 $|S_{2n}| \leqq (x-h)\sqrt{2n}$ のとき，

$$|S_{2n+1}| \leqq |S_{2n}| + 1 \leqq (x-h)\sqrt{2n} + 1$$

であるから，右辺が $x\sqrt{2n+1}$ 以下になるためには，

$$x\left(1 - \dfrac{\sqrt{2n+1}}{\sqrt{2n}}\right) + \dfrac{1}{\sqrt{2n}} \leqq h$$

となるように n を大きくとればよい．また，$|S_{2n+1}| \leqq x\sqrt{2n+1}$ のとき，

$$|S_{2n}| \leqq |S_{2n+1}| + 1 \leqq x\sqrt{2n+1} + 1$$

であるから，右辺が $(x+h)\sqrt{2n}$ 以下になるためには，

$$x\left(\dfrac{\sqrt{2n+1}}{\sqrt{2n}} - 1\right) + \dfrac{1}{\sqrt{2n}} \leqq h$$

となるように n を大きくとればよい．

◆第 3 章◆

3.1 テイラー展開 $e^x = \displaystyle\sum_{k=0}^{\infty}\dfrac{x^k}{k!}$ を利用すると，

$$\dfrac{e^\lambda + e^{-\lambda}}{2} = \dfrac{1}{2}\sum_{k=0}^{\infty}\left\{\dfrac{\lambda^k}{k!} + \dfrac{(-\lambda)^k}{k!}\right\} = \sum_{k=0}^{\infty}\dfrac{\lambda^{2k}}{(2k)!}$$

となることがわかる．さて，$k \geqq 1$ のとき

$$(2k)! = (1 \text{ から } 2k \text{ までの整数の積}) \geqq (2 \text{ から } 2k \text{ までの偶数の積}) = 2^k \cdot k!$$

であり，不等式 $(2k)! \geqq 2^k \cdot k!$ 自体は $k = 0$ の場合も含めて成り立つことから，

$$\frac{e^\lambda + e^{-\lambda}}{2} = \sum_{k=0}^{\infty} \frac{\lambda^{2k}}{(2k)!} \leqq \sum_{k=0}^{\infty} \frac{\lambda^{2k}}{2^k \cdot k!} = \sum_{k=0}^{\infty} \frac{(\lambda^2/2)^k}{k!} = e^{\lambda^2/2}$$

となる.

3.2　右の表より,

$$P(X_3 = 1) = P(X_3 = 0) = 1/2$$

X_1	0	1	0	1
X_2	0	0	1	1
X_3	0	1	1	0
確率	$\frac{1}{4}$	$\frac{1}{4}$	$\frac{1}{4}$	$\frac{1}{4}$

とわかる.

(1) 任意の $x_1, x_3 = 0, 1$ に対して

$$P(X_1 = x_1, X_3 = x_3) = \frac{1}{4} = P(X_1 = x_1)P(X_3 = x_3)$$

が成り立っている.

(2) たとえば,

$$P(X_1 = X_2 = X_3 = 0) = \frac{1}{4} \neq \frac{1}{8} = P(X_1 = 0)P(X_2 = 0)P(X_3 = 0)$$

である.

　　🔖　X_1, X_2, X_3 はペアごとには独立だが, 独立ではない.

3.3　$\mathrm{Cov}[cX, Y] = E\left[(cX - E[cX])(Y - E[Y])\right]$
　　　　　　　　$= cE\left[(X - E[X])(Y - E[Y])\right] = c\mathrm{Cov}[X, Y],$
　　　$\mathrm{Cov}[X + Y, Z] = E\left[\{(X + Y) - E[X + Y]\}(Z - E[Z])\right]$
　　　　　　　　$= E\left[(X - E[X])(Z - E[Z])\right] + E\left[(Y - E[Y])(Z - E[Z])\right]$
　　　　　　　　$= \mathrm{Cov}[X, Z] + \mathrm{Cov}[Y, Z].$

3.4　(1) $\mathrm{Cov}[X_1 + X_2, X_1 - X_2]$
　　　　　$= E\left[\{X_1 + X_2 - E[X_1 + X_2]\}\{X_1 - X_2 - E[X_1 - X_2]\}\right]$
　　　　　$= E\left[\{(X_1 - E[X_1]) + (X_2 - E[X_2])\}\{(X_1 - E[X_1]) - (X_2 - E[X_2])\}\right]$
　　　　　$= E\left[(X_1 - E[X_1])^2 - (X_2 - E[X_2])^2\right] = V[X_1] - V[X_2] = 0.$

(2) $P(X_1 + X_2 = X_1 - X_2 = 0) = P(X_1 = X_2 = 0) = \dfrac{1}{4}$ だが,

$$P(X_1 + X_2 = 0) = P(X_1 = X_2 = 0) = \frac{1}{4},$$
$$P(X_1 - X_2 = 0) = P(X_1 = X_2) = \frac{1}{2}$$

であるから, $X_1 + X_2$ と $X_1 - X_2$ は独立でない.

3.5　$H_n \leqq an$ と $n - H_n \geqq (1-a)n$ は同値であり, $n - H_n$ が二項分布 $B(n, 1-a)$ に従うことと $H(1 - a \mid p) = H(a \mid p)$ であることを用いると, 求めるべき結論が得られる.

◆第 4 章◆

4.1 (1) 平均出生個体数は $m = \sum_{k=0}^{\infty} kp_k = 0 \times (1-p) + 2 \times p = 2p$ だから，$m > 1$ となるのは $p > 1/2$ のときである．

(2) 出生分布の母関数は $f(x) = \sum_{k=0}^{\infty} p_k x^k = (1-p) + px^2$ である．$p = 0$ のとき $f(x) = 1$ だから，$f(x) = x$ の解は $x = 1$ である．また，$p > 0$ のとき $f(1) = 1$ であることに注意すると，

$$f(x) - x = px^2 - x + (1-p) = (x-1)\{px - (1-p)\}$$

と因数分解されることがわかるから，$f(x) = x$ の解は $x = (1-p)/p,\ 1$ である．

(3) $p_1 = 0$ だから定理 4.2 の仮定は満たされている．

- $p = 0$ のとき，$f(x) = x$ の解は $x = 1$ のみだから，絶滅確率 $\varepsilon = 1$ である．
- $p > 0$ で $m \leqq 1$ となるのは $0 < p \leqq 1/2$ のときであり，$0 < p \leqq 1-p$ だから $(1-p)/p \geqq 1$ となる．したがって，$f(x) = x$ を満たす 0 以上 1 以下の最小の x は 1 であり，絶滅確率 $\varepsilon = 1$ である．
- $p > 0$ で $m > 1$ となるのは $1/2 < p \leqq 1$ のときであり，$1-p < p$ だから $0 \leqq (1-p)/p < 1$ となる．したがって，$f(x) = x$ を満たす 0 以上 1 以下の最小の x は $(1-p)/p$ であり，絶滅確率 $\varepsilon = (1-p)/p$ である．

以上の結果をまとめると，この分枝過程の絶滅確率は

$$\varepsilon = \begin{cases} 1 & (0 \leqq p \leqq 1/2) \\ \dfrac{1-p}{p} & (1/2 \leqq p \leqq 1) \end{cases}$$

である．

4.2 (1) $f(x) = \sum_{k=0}^{\infty} e^{-\lambda} \dfrac{\lambda^k}{k!} x^k = e^{-\lambda} \sum_{k=0}^{\infty} \dfrac{(\lambda x)^k}{k!} = e^{-\lambda} e^{\lambda x} = e^{\lambda(x-1)}$.

(2) $f'(x) = \lambda e^{\lambda(x-1)}$, $f''(x) = \lambda^2 e^{\lambda(x-1)}$ より，

$$m = f'(1) = \lambda, \quad \sigma^2 = f''(1) + f'(1) - \{f'(1)\}^2 = \lambda.$$

(3) 条件付き確率の定義から

$$p_k^* = P(X_1 = k \mid E) = \frac{P(\{X_1 = k\} \cap E)}{P(E)}$$

である．$X_1 = k$ であるとき，第 1 世代の k 個体の各々から独立な分枝過程が始まり，それらがすべて絶滅する確率は ε^k だから，

$$P(\{X_1 = k\} \cap E) = P(E \mid X_1 = k) \cdot P(X_1 = k) = \varepsilon^k \cdot p_k = e^{-\lambda} \frac{(\varepsilon \lambda)^k}{k!}$$

となる．また，$P(E) = \varepsilon = f(\varepsilon) = e^{\lambda(\varepsilon - 1)}$ であるから，

$$p_k^* = \frac{e^{-\lambda}}{e^{\lambda(\varepsilon-1)}} \frac{(\varepsilon\lambda)^k}{k!} = e^{-\varepsilon\lambda} \frac{(\varepsilon\lambda)^k}{k!}$$

となる．したがって，$\{p_k^*\}$ は強さ $\varepsilon\lambda$ のポアソン分布である．$\lambda > 1$ だが，$\varepsilon\lambda < 1$ で
あることに注意されたい．

4.3 $\varepsilon_n = \dfrac{m^n - 1}{m^{n+1} - 1}$ を用いると，

$$\begin{aligned}
f_n(x) &= \frac{m^n - 1 - (m^n - m)x}{m^{n+1} - 1 - (m^{n+1} - m)x} = \varepsilon_n \cdot \frac{1 - m\varepsilon_{n-1}x}{1 - m\varepsilon_n x} \\
&= \varepsilon_n \left\{ 1 + \frac{m(\varepsilon_n - \varepsilon_{n-1})x}{1 - m\varepsilon_n x} \right\} = \varepsilon_n + (\varepsilon_n - \varepsilon_{n-1}) \cdot \frac{m\varepsilon_n x}{1 - m\varepsilon_n x}
\end{aligned}$$

と表される．$|x| < 1/m$ で考えると，

$$f_n(x) = \varepsilon_n + (\varepsilon_n - \varepsilon_{n-1}) \cdot \sum_{k=1}^{\infty} (m\varepsilon_n)^k x^k$$

と展開できるから，

$$P(X_n = k) = \begin{cases} \varepsilon_n & (k = 0) \\ (\varepsilon_n - \varepsilon_{n-1}) \cdot (m\varepsilon_n)^k & (k = 1, 2, \cdots) \end{cases}$$

となる．

◆第5章◆

5.1 $f(x) = x^3$ とおくと，

$$\begin{aligned}
f'(x) &= \frac{(x+1)^3 - (x-1)^3}{2} = \frac{6x^2 + 2}{2} = 3x^2 + 1, \\
f''(x) &= (x+1)^3 - 2x^3 + (x-1)^3 = 6x
\end{aligned}$$

である．したがって，伊藤の公式により，

$$(S_i)^3 - (S_{i-1})^3 = \{3(S_{i-1})^2 + 1\}(S_i - S_{i-1}) + 3S_{i-1}$$

となる．つぎに，$f(x) = e^{\alpha x}$ とおくと，

$$\begin{aligned}
f'(x) &= \frac{e^{\alpha(x+1)} - e^{\alpha(x-1)}}{2} = \frac{e^{\alpha x}(e^\alpha - e^{-\alpha})}{2} = (\sinh\alpha)e^{\alpha x}, \\
f''(x) &= e^{\alpha(x+1)} + e^{\alpha(x-1)} - 2e^{\alpha x} = 2\left(\frac{e^\alpha + e^{-\alpha}}{2} - 1 \right)e^{\alpha x} = 2(\cosh\alpha - 1)e^{\alpha x}
\end{aligned}$$

である．したがって，伊藤の公式により，つぎのようになる．

$$e^{\alpha S_i} - e^{\alpha S_{i-1}} = (\sinh\alpha)e^{\alpha S_{i-1}}(S_i - S_{i-1}) + (\cosh\alpha - 1)e^{\alpha S_{i-1}}$$

5.2 $S_{n+1} = S_n + X_{n+1}$ であり，S_n は $X_1, \cdots, X_n$ の関数だから，つぎのように計算される．

$$E[M_{n+1} \mid X_1, \cdots, X_n] = E\left[\left(\frac{q}{p} \right)^{S_{n+1}} \Bigg| X_1, \cdots, X_n \right]$$

$$= \left(\frac{q}{p} \right)^{S_n} \cdot E\left[\left(\frac{q}{p} \right)^{X_{n+1}} \Bigg| X_1, \cdots, X_n \right]$$

$$= M_n \cdot E\left[\left(\frac{q}{p} \right)^{X_{n+1}} \right] = M_n$$

◆第 6 章◆

6.1 $n \neq m$ なのに $\langle n\alpha \rangle = \langle m\alpha \rangle$ だとすると，ある整数 k が存在して，$n\alpha = m\alpha + k$ と表される．このとき，$\alpha = k/(n-m)$ となり，α は有理数でなければならない．

6.2 $0 < i < j < b$ に対して，ia と ja を b で割った余りが同じであると仮定すると，$ia - ja = (i-j)a$ は b で割り切れるはずであるが，$0 < i - j < b$ であり，a と b が互いに素であることから，そのようなことは起こらない．

6.3 最初の n 回の取り出しで赤玉だけが取り出される確率は

$$\prod_{k=0}^{n-1} \frac{a+kc}{a+b+kc} = \prod_{k=0}^{n-1} \left(1 - \frac{b}{a+b+kc} \right)$$

であり，任意の x に対して $1 - x \leqq \exp(-x)$ が成り立つことから，この確率は

$$\prod_{k=0}^{n-1} \exp\left(-\frac{b}{a+b+kc} \right) = \exp\left(-\sum_{k=0}^{n-1} \frac{b}{a+b+kc} \right)$$

以下である．この式は $n \to \infty$ とすると 0 になるので，$\displaystyle\prod_{k=0}^{\infty} \frac{a+kc}{a+b+kc} = 0$ が得られる．

参考文献

◆書籍◆

［1］ Bernoulli, J., Ars conjectandi, 1713.

［2］ Billingsley, P., Probability and measure, anniversary edition, Wiley, 2012.

［3］ Breiman, L., Probability, *Classics in Applied Mathematics*, **7**, SIAM, 1992.

［4］ de Moivre, A., The doctrine of chances, second edition, 1738.

［5］ Durrett, R., Probability: Theory and examples, fifth edition, Cambridge University Press, 2019.

［6］ Feller, W., An introduction to probability theory and its applications, I, third edition, John Wiley and Sons, Inc., 1968.

［7］ 藤田岳彦, ランダムウォークと確率解析 — ギャンブルから数理ファイナンスへ, 日本評論社, 2008.

［8］ 舟木直久, 確率論, 講座数学の考え方, **20**, 朝倉書店, 2004.

［9］ Grimmett, G. R. and Stirzaker, D. R., Probability and random processes, third edition, Oxford University Press, 2001.

［10］ 樋口保成, パーコレーション — ちょっと変わった確率論入門（POD 版）, 森北出版, 2021.

［11］ Hoel, P. G., Port, S. C., and Stone, C. J., Introduction to stochastic processes, Houghton Mifflin, 1972.

［12］ 小谷眞一, 測度と確率 1・2, 岩波講座現代数学の基礎, 岩波書店, 1997.

［13］ 熊谷隆, 確率論, 共立出版, 2003.

［14］ Laplace P.-S., Théorie analytique des probabilités, 1812.

［15］ Lawler, G., Random walk and the heat equation, *Student Mathematical Library*, **55**, American Mathematical Society, 2010.

［16］ Mörters, P. and Peres, Y., Brownian motion, *Cambridge Series in Statistical and Probabilistic Mathematics*, **30**, Cambridge University Press, 2010.

［17］ Rényi, A., Foundations of probability, Holden-Day, Inc., 1970.

［18］ Stirzaker, D., Elementary probability, second edition, Cambridge University Press, 2003.

［19］ 杉田洋, 確率と乱数, 数学書房選書, **4**, 数学書房, 2014.

［20］ Williams, D., Probability with martingales. Cambridge University Press, 1991.

◆論文・解説記事◆

［21］ Arratia, R. and Gordon, L., Tutorial on large deviations for the binomial distribution, *Bull. Math. Biol.*, **51**, 125–131, 1989.

［22］ 馬場良和（訳）, A. A. マルコフの二つの論文, *Rokko Lectures in Mathematics*, **20**, 神戸大学理学部数学教室, 2008.

[23] Benford, F., The law of anomalous numbers, *Proc. Am. Phil. Soc.*, **78**, 551–572, 1938.

[24] Bercu, B., A martingale approach for the elephant random walk, *J. Phys. A: Math. Theor.*, **51**, 015201, 2018.

[25] Borel, É., Les probabilités dénombrables et leurs applications arithmetique, *Rend. Circ. Mat. Palermo (2)*, **27**, 247–271, 1909.

[26] Chung, K. L. and Feller, W., On fluctuations in coin-tossing, *Proc. Natl. Acad. Sci. U. S. A.*, 605–608, 1949.

[27] Coletti, C. F., Gava, R. J., and Schütz, G. M., Central limit theorem for the elephant random walk, *J. Math. Phys.*, **58**, 053303, 2017.

[28] Cox, J. C., Ross, S. A., and Rubinstein, M., Option pricing: a simplified approach, *J. Financ. Econ.*, **7**, 229–263, 1979.

[29] Davis, B., Reinforced random walk, *Probab. Theory Relat. Fields*, **84**, 203–229, 1990.

[30] Diaconis, P., Recent progress on de Finetti's notions of exchangeability, *Bayesian statistics*, **3**, 111–125, Oxford University Press, 1988.

[31] Dvoretzky, A. and Erdős, P., Some problems on random walk in space, *Proceedings of the Second Berkeley Symposium on Mathematical Statistics and Probability*, 353–367, 1951.

[32] Eggenberger, F. and Pólya, G., Über die Statistik verketteter Vorgänge, *Z. Angew. Math. Mech.*, **3**, 279–289, 1923.

[33] Ehrenfest, P. and Ehrenfest, T., Über zwei bekannte Einwände gegen das Boltzmannsche *H*-Theorem, *Phys. Z.*, **8**, 311–314, 1907.

[34] 福山克司, フーリエ級数と確率論, 数理科学, 2007 年 10 月号, 41–45, 2007.

[35] Khintchine, A., Über einen Satz der Wahrscheinlichkeitsrechnung, *Fund. Math.*, **6**, 9–20, 1924.

[36] Khintchine, A. and Kolmogoroff, A., Über Konvergenz von Reihen, deren Glieder durch den Zufall bestimmt werden, *Moscou, Rec. Math.*, **32**, 668–677, 1925.

[37] Kubota, N. and Takei, M., Gaussian fluctuation for superdiffusive elephant random walks, *J. Statist. Phys.*, **177**, 1157–1171, 2019.

[38] Kudžma, R., Itô's formula for a random walk, *Lith. Math. J.*, **22**, 302–306, 1982.

[39] 森毅, 確率論, 大学数学入門, 現代数学社, 1971.

[40] Newcomb, S., Note on the frequency of use of the different digits in natural numbers, *Amer. J. Math.*, **4**, 39–40, 1881.

[41] Pearson, K., The problem of the random walk, *Nature*, **72**, 294, 1905.

[42] Pemantle, R., Phase transition in reinforced random walk and RWRE on trees, *Ann. Probab.*, **16**, 1229–1241, 1988.

[43] Pólya, G., Über den zentralen Grenzwertsatz der Wahrscheinlichkeitsrechnung und das Momentenproblem, *Math. Z.*, **8**, 171–181, 1920.

[44] Pólya, G., Über eine Aufgabe der Wahrscheinlichkeitsrechnung betreffend die Irrfahrt im Straßennetz, *Math. Ann.*, **84**, 149–160, 1921.

[45] Rademacher, H., Einige Sätze über Reihen von allgemeinen Orthogonalfunktionen, *Math. Ann.*, **87**, 112–138, 1922.

[46] Schmuland, B., Random harmonic series, *Amer. Math. Monthly*, **110**, 407–416, 2003.

[47] Schütz, G. M. and Trimper, S., Elephants can always remember: Exact long-range memory effects in a non-Markovian random walk, *Phys. Rev. E*, **70**, 045101, 2004.

[48] Snell, J. L., Applications of martingale system theorems, *Trans. Amer. Math. Soc.*, **73**, 293–312, 1952.

[49] Snell, J. L., Gambling, probability and martingales, *Math. Intelligencer*, **4**, 118–124, 1982.

[50] Sugita, H., Random Weyl sampling — A secure Monte Carlo integration method, *Nonlinear Theory and Its Applications, IEICE*, **7**, 2–13, 2016.

[51] Takei, M., Almost sure behavior of linearly edge-reinforced random walks on the half-line, arXiv:2005.11135, 2021.

[52] ボルチャンスキー，V.（著），馬場良和（訳），2 のベキ乗が 1 で始まる確率は，BASIC 数学，1985 年 3 月号，4–9，1985.

索　引

著 者 略 歴

竹居　正登（たけい・まさと）

2005 年　神戸大学 大学院自然科学研究科 情報メディア科学専攻
　　　　　博士課程 修了
2005 年　慶應義塾大学 理工学部 特別研究助手
2007 年　大阪電気通信大学 工学部 講師
2013 年　横浜国立大学 大学院工学研究院 准教授
2023 年　横浜国立大学 大学院工学研究院 教授
　　　　　現在に至る. 博士（理学）

編集担当　村瀬健太（森北出版）
編集責任　上村紗帆（森北出版）
組　　版　三美印刷
印　　刷　　同
製　　本　　同

入門 確率過程　　　　　　　　　　　　　　　Ⓒ 竹居正登　*2020*

2020 年 7 月 20 日　第 1 版第 1 刷発行　　　【本書の無断転載を禁ず】
2024 年 1 月 19 日　第 1 版第 2 刷発行

著　　者　竹居正登
発 行 者　森北博巳
発 行 所　森北出版株式会社
　　　　　東京都千代田区富士見 1-4-11（〒 102-0071）
　　　　　電話 03-3265-8341／FAX 03-3264-8709
　　　　　https://www.morikita.co.jp/
　　　　　日本書籍出版協会・自然科学書協会　会員
　　　　　JCOPY ＜（一社）出版者著作権管理機構 委託出版物＞

Printed in Japan／ISBN978-4-627-09441-3

MEMO

MEMO

MEMO